知识生产的原创基地
BASE FOR ORIGINAL CREATIVE CONTENT

DEEP LEARNING
WITH PYTORCH LIGHTNING

SWIFTLY BUILD HIGH-PERFORMANCE ARTIFICIAL INTELLIGENCE (AI)
MODELS USING PYTHON

基于PyTorch Lightning的深度学习

使用Python快速构建高性能人工智能（AI）模型

[印] 库纳尔·萨瓦卡 —— 著　江红 余青松 余靖 —— 译

北京理工大学出版社
BEIJING INSTITUTE OF TECHNOLOGY PRESS

图书在版编目(CIP)数据

基于PyTorch Lightning的深度学习：使用Python快速构建高性能人工智能(AI)模型／(印)库纳尔·萨瓦卡著；江红，余青松，余靖译. -- 北京：北京理工大学出版社，2023.5

书名原文：Deep Learning with PyTorch Lightning：Swiftly build high-performance Artificial Intelligence (AI) models using Python

ISBN 978-7-5763-2376-4

Ⅰ. ①基… Ⅱ. ①库… ②江… ③余… ④余… Ⅲ. ①人工智能-程序设计 Ⅳ. ①TP18

中国国家版本馆CIP数据核字(2023)第087202号

出版发行／北京理工大学出版社有限责任公司
社　　址／北京市海淀区中关村南大街5号
邮　　编／100081
电　　话／(010)68914775(总编室)
　　　　　(010)82562903(教材售后服务热线)
　　　　　(010)68944723(其他图书服务热线)
网　　址／http://www.bitpress.com.cn
经　　销／全国各地新华书店
印　　刷／三河市中晟雅豪印务有限公司
开　　本／787毫米×1092毫米　1/16
印　　张／15.75
字　　数／354千字
版　　次／2023年5月第1版　2023年5月第1次印刷
定　　价／99.00元

责任编辑／钟　博
文案编辑／钟　博
责任校对／刘亚男
责任印制／施胜娟

图书出现印装质量问题，请拨打售后服务热线，本社负责调换

贡献者
Contributors

作者简介

库纳尔·萨瓦卡（Kunal Sawarkar）是一位首席数据科学家和人工智能（Artificial Intelligence，AI）思想的先驱人物。他目前领导全球合作伙伴生态系统，旨在开发创新性的人工智能产品。他是咨询委员会成员和天使投资人。他拥有哈佛大学的硕士学位，主修应用统计学。他一直致力于应用机器学习［特别是深度学习（Deep Learning，DL）］来解决行业中以前悬而未决的问题。他在该领域拥有20多项专利，并撰写了大量的相关论文。他是人工智能产品研发实验室的主要负责人。

在深入研究数据之余，他还一直热衷于天文学和野生动植物的研究和探索，另外他还擅长攀岩，并学习过飞行技术。

“数据科学引人入胜之处在于它是概率学和确定性完美结合的诗篇。构建人工智能就像在混沌世界中创造动人的交响乐。

“我要向深度学习的创始人——杨立昆（Yann LeCun）和杰弗里·欣顿（Geoffrey Hinton）致敬，他们引导了人工智能领域中天翻地覆的变革。”

迪拉杰·阿雷姆塞蒂（Dheeraj Arremsetty）在数据科学和架构设计以及将概念转化为可行的业务解决方案，乃至为全球公司实施前沿技术解决方案等诸多方面拥有多年的行业经验。在利用大数据、深度学习和实时体系结构来构建高度可扩展的端到端数据科学平台和技术方面，其能力受到广泛的认可。

“感谢我的家人对我的支持和爱护，他们是我生活的动力。没有他们，一切将毫无意义。”

阿米特·乔格莱卡（Amit Joglekar）是一位经验丰富的机器学习工程师，非常关注设计理念及其实现。他富有创新精神，热衷于学习新技术，并且非常喜欢使用云原生技术和深度学习进行程序设计和实现。

“感谢我的父母和兄弟鼓励我从事计算机科学事业。感谢我的妻子和孩子们在我继续探索这个令人兴奋的领域时给予我的支持。”

审稿人简介

阿迪蒂亚・奥克（Aditya Oke）是一名软件工程师和深度学习实践者。他拥有计算机科学的本科学位。他是 Torchvision 和 Lightning Bolts 图书馆的撰稿人。他在计算机视觉和自动驾驶汽车方面具有丰富的经验。

“我要感谢我的家人，尤其是我的父母，感谢他们对我的鼓励。我还要向 PyTorch Lightning 团队表示热烈的感谢，感谢他们建立了一个伟大的框架和社区。我还要感谢 PyTorch 团队，感谢他们让每个人都能够使用深度学习技术。”

阿什维尼・巴古费尔（Ashwini Badgujar）是 PulseLogic 有限公司的一名机器学习工程师。过去三年来，她一直参与机器学习领域的相关项目。她具有自然语言处理和计算机视觉，特别是神经网络方面的研究经验。她还从事地球科学领域的研究工作，并结合机器学习开展了多个地球科学的项目研发。她曾在美国国家航空航天局（NASA）从事数据处理和火灾项目的研究和分析，对混合高度进行相关的计算，并在康卡斯特（Comcast）从事优化机器学习模型的相关工作。

译者序
Foreword

在大数据和人工智能时代，深度学习（Deep Learning，DL）已经成为各行各业解决问题的有效方法。深度学习使机器能够“看”（通过视觉模型）、“听”（通过语音设备）、“说”（通过聊天机器人）、“写”（通过问答系统等生成模型），甚至“画”（通过风格转换模型）。

目前，数量众多的深度学习框架（如 TensorFlow、PyTorch、Keras 等）可以帮助人们创建深度学习模型。谷歌趋势（Google Trends）提供的数据表明，PyTorch 在最近几年已经赶上并几乎超越了 TensorFlow。而基于 PyTorch 的 PyTorch Lightning 深度学习框架则实现了完美的平衡，因为它提供了进行“数据科学”的强大功能，同时自动化了大部分“工程”部分的内容，从而降低了深度学习的门槛，提高了使用深度学习解决实际领域问题的效率。另外，PyTorch Lightning 深度学习框架具有更好的 GPU 利用率，支持 16 位精度，还以 Lightning Bolts 形式收集了大量先进的模型存储库。

本书作者库纳尔・萨瓦卡（Kunal Sawarkar）是一位首席数据科学家和人工智能思想的先驱人物，本书贡献者之一迪拉杰・阿雷姆塞蒂（Dheeraj Arremsetty）则在实施前沿技术解决方案等诸多方面拥有多年的行业经验。本书以案例的方式，详细阐述了实现 PyTorch Lightning 模型及其相关思想的实践方法——如何构建一个网络，并部署一个应用程序，同时讨论如何根据特定的需求对其进行扩展，从而突破框架所能提供的功能。本书可以帮助读者快速启动、运行和部署模型。

本书介绍了如何使用 PyTorch Lightning 深度学习框架构建和训练常用的深度学习模型，包括时间序列（Time Series）、自监督学习（Self – Supervised Learning，SSL）、半监督学习（Semi – Supervised Learning），以及生成式对抗网络（Generative Adversarial Network，GAN）。

本书详细讨论了对深度学习模型进行本地部署的技术和方法，并讨论对模型进行规模化训练以及管理训练所面临的挑战，还详细描述了一些常见的陷阱，以及避免这些陷阱的提示和技巧。

本书的读者对象主要包括使用 PyTorch Lightning 深度学习框架解决实际领域应用问题的数据工程师，以及使用 PyTorch Lightning 深度学习框架进行深度学习研究的专业数据科学家。当然，本书同样适用于使用 PyTorch Lightning 深度学习框架进行学习和研究的广大教师和学生。

本书由华东师范大学江红、余青松和余靖共同翻译。衷心感谢北京颉腾文件传媒有限公司以及鲁秀敏老师积极帮助我们筹划翻译事宜并认真审阅翻译稿件。翻译也是一种再创造，同样需要艰辛的付出，感谢朋友、家人以及同事的理解和支持。译者在本书翻译的过程中力求忠于原著，但由于时间和译者的学识有限，且本书涉及各个领域的专业知识，故书中的不足之处在所难免，敬请诸位同行、专家和读者指正。

江红　余青松　余靖

2023 年 4 月

前言
Preface

深度学习是将机器人性化的重要途径。研究人员可以使用 PyTorch Lightning 构建自己的深度学习模型，而无须书写冗长的样板代码。本书将帮助读者最大限度地提高深度学习项目的生产率，同时确保从模型制定到具体实施的充分灵活性。

本书提供了实现 PyTorch Lightning 模型及其相关思想的实践方法，这些方法将允许读者在较短的时间内启动、运行和部署模型。读者将学习如何在云平台上配置 PyTorch Lightning，了解其体系结构组件，并探索如何对这些体系结构组件进行配置以构建各种行业的解决方案。然后，读者将从头开始构建一个网络，并部署一个应用程序，同时学习如何根据特定的需求对其进行扩展，从而突破框架所能提供的功能。

读者对象

如果读者一直对深度学习充满了好奇，但又不知道从哪里开始入手学习，或者对大型神经网络的复杂性备感恐惧，那么本书将非常适合这类读者！本书会让学习深度学习像散步一样轻松！

本书主要面向正在开始学习深度学习并且需要实践指南的数据科学家！本书也适用于从其他框架过渡到 PyTorch Lightning 的专业数据科学家。对于刚刚开始使用 PyTorch Lightning 进行深度学习的研究人员而言，如果想将深度学习作为现成的计算工具进行深度学习模型编码，本书也将具有吸引力。

本书要求读者具有 Python 程序设计的基本知识，同时对统计学和深度学习的基础知识有一定的理解。

本书涵盖的内容

第 1 章“PyTorch Lightning 体验之旅”主要讨论什么是 PyTorch Lightning，它是如何构建的，以及它与 PyTorch 的区别。该章将介绍 PyTorch Lightning 的模块结构，以及如何使用 PyTorch Lightning 减少用户在工程设计中的工作量，帮助用户将主要的精力投入建模，从而使研究更加可行。

第 2 章“深入研究第一个深度学习模型”主要讨论如何开始使用 PyTorch Lightning 对模型进行构建。作为示例，该章将建立多个模型：从多层感知器（Multilayer Perceptron，MLP）到图像识别模型（CNN）。

第 3 章“使用预训练的模型进行迁移学习”主要讨论如何对使用预训练体系结构构建的模型进行定制，以适应不同的数据集、优化器以及“训练—验证—测试”拆分步骤。该章将向读者介绍使用 PyTorch Lightning 进行模型定制的基本步骤。

第 4 章“Bolts 中的现成模型”主要讨论 PyTorch Lightning Bolts。这是一个最先进的模型库，其中包含了大多数现成的通用算法或框架，从而极大地提高了数据科学家的工作效率。该章将分享各种 Bolts 模型，包括逻辑回归模型和自动编码器。

第 5 章“时间序列模型”主要讨论时间序列模型的工作原理，以及与这些模型相应的 PyTorch 实现方法。该章将讨论一些示例的详细操作步骤，这些示例涵盖从基本到高级的时间序列技术，如循环神经网络模型和长短期记忆网络模型，以及真实世界的用例。

第 6 章“深度生成式模型”主要讨论深度学习模型中生成式网络类型的详细操作和具体实现步骤，如用于生成图像的生成式对抗网络。

第 7 章“半监督学习”主要讨论半监督模型的工作原理，以及如何使用 PyTorch Lightning 实现这些半监督模型。该章还将详细讨论从基本到高级半监督模型的工作示例以及具体实现，如何使用 PyTorch Lightning 处理标签传播，以及如何使用卷积神经网络和循环神经网络的组合来生成图像说明文字。

第 8 章“自监督学习”主要讨论如何使用 PyTorch Lightning 实现自监督模型。该章还将介绍对比学习的工作示例和一些技术，如 SimCLR 体系结构。

第 9 章“部署和评分模型”主要讨论对深度学习模型进行本地部署的技术和方法，以及采用类似 ONNX 等的互操作格式来部署深度学习模型的技术和方法。该章还将介绍在海量数据上执行模型评分的技术和方法。

第 10 章“规模化和管理训练”主要讨论对模型进行规模化训练及管理训练所面临的挑战。该章将描述一些常见的陷阱，以及避免这些陷阱的提示和技巧。该章还将描述如何设置实验环境，如何使模型训练适应底层硬件中所面临的问题，以及如何使用硬件来提高训练的效率等。

如何充分利用本书的资源。

读者应该熟悉以下软件和硬件环境：

本书涉及的软件/硬件	操作系统需求
PyTorch Lightning	Cloud，Anaconda （Mac，Windows）
Torch	Cloud，Anaconda （Mac，Windows）
TensorBoard	Cloud，Anaconda （Mac，Windows）

使用 PyTorch Lightning 非常简单。读者可以使用 Anaconda 发行版在本地设置环境，也可以使用云选项（如 Google Colab、AWS、Azure 或 IBM Watson Studio）开始使用（建议使用带有 GPU 的云环境，以运行一些比较复杂的模型）。

在 Jupyter 笔记本环境中，可以使用 pip 命令安装 PyTorch Lightning。命令如下：

```
pip install pytorch-lightning
```

除了导入 PyTorch Lightning（以下代码片段中的第一条导入语句），通常代码中还会包含以下导入语句块：

```
import pytorch_lightning as pl
import torch
from torch import nn
import torch.nn.functional as F
from torchvision import transforms
```

torch 软件包用于定义张量并对张量执行数学运算。torch. nn 软件包用于构造神经网络，其中 nn 表示 neural network（神经网络）。torch. nn. functional 软件包含激活函数和损失函数，而 torchvision. transforms 则是一个单独的库，该库提供常见的图像转换功能。

如果读者使用的是本书的数字版本，建议读者输入代码或从本书的 GitHub 存储库中访问代码（下文提供了这些代码的下载网址）。这样可以避免复制和粘贴代码所产生的任何潜在错误。

下载示例代码文件

读者可以从 GitHub 存储库中下载本书的示例代码文件，下载网址为 https://github. com/PacktPublishing/Deep - Learning - with - PyTorch - Lightning。如果代码有更新，将在 GitHub 存储库中做相应的更新。

我们还提供了丰富的书籍和视频目录中的其他代码包，下载网址为 https://github. com/PacktPublishing/。

下载本书的彩色图片

我们还提供了一个 PDF 文件，其中包含本书中使用的屏幕截图和图表的彩色图片。读者可以从以下网址进行下载：https://static. packt - cdn. com/downloads/9781800561618_ColorImages. pdf。

目录
Contents

第一部分　开始使用 PyTorch Lightning

第 1 章　PyTorch Lightning 体验之旅//003
1.1　PyTorch Lightning 的独特之处//005
1.1.1　第一个深度学习模型//005
1.1.2　数量众多的框架//006
1.1.3　PyTorch 与 TensorFlow 的比较//007
1.1.4　最佳平衡：PyTorch Lightning//008
1.2　<pip install>：PyTorch Lightning 体验之旅//009
1.3　了解 PyTorch Lightning 的关键组件//010
1.3.1　深度学习管道//010
1.3.2　PyTorch Lightning 抽象层//011
1.4　使用 PyTorch Lightning 创建人工智能应用程序//012
1.5　进一步阅读的资料//013
1.6　本章小结//014

第 2 章　深入研究第一个深度学习模型//015
2.1　技术需求//017
2.2　神经网络入门//017
2.2.1　为什么使用神经网络//017
2.2.2　关于 XOR 运算符//017
2.2.3　多层感知器体系结构//018
2.3　Hello World 多层感知器模型//019
2.3.1　准备数据//019
2.3.2　构建模型//020
2.3.3　训练模型//023
2.3.4　加载模型//025
2.3.5　预测分析//026
2.4　构建第一个深度学习模型//026
2.4.1　究竟什么构成了“深度”//026

2.4.2 卷积神经网络体系结构//027
2.5 用于图像识别的卷积神经网络模型//028
2.5.1 加载数据//028
2.5.2 构建模型//030
2.5.3 训练模型//035
2.5.4 计算模型的准确率//036
2.5.5 模型改进练习//037
2.6 本章小结//037

第3章 使用预训练的模型进行迁移学习//039
3.1 技术需求//041
3.2 迁移学习入门//041
3.3 使用预训练 VGG -16 体系结构的图像分类器//043
3.3.1 加载数据//044
3.3.2 构建模型//046
3.3.3 训练模型//051
3.3.4 计算模型的准确率//051
3.4 基于 BERT transformer 的文本分类//052
3.4.1 初始化模型//054
3.4.2 自定义输入层//055
3.4.3 准备数据//056
3.4.4 设置数据加载器实例//057
3.4.5 设置模型训练//057
3.4.6 设置模型测试//058
3.4.7 训练模型//059
3.4.8 测量准确率//059
3.5 本章小结//060

第4章 Bolts 中的现成模型//061
4.1 技术需求//062
4.2 使用 Bolts 的逻辑回归//063
4.2.1 加载数据集//063
4.2.2 构建逻辑回归模型//064
4.2.3 训练模型//065
4.2.4 测试模型//065
4.3 使用 Bolts 的生成式对抗网络//066
4.3.1 加载数据集//067

4.3.2　配置生成式对抗网络模型//068
4.3.3　训练模型//069
4.3.4　加载模型//070
4.3.5　生成伪造图像//070
4.4　使用 Bolts 的自动编码器//073
4.4.1　加载数据集//074
4.4.2　配置自动编码器模型//075
4.4.3　训练模型//076
4.4.4　获得训练结果//077
4.5　本章小结//078

第二部分　使用 PyTorch Lightning 解决问题

第 5 章　时间序列模型//083
5.1　技术需求//084
5.2　时间序列概述//085
5.3　时间序列模型入门//086
5.4　基于循环神经网络的每日天气预报时间序列模型//087
5.4.1　加载数据//088
5.4.2　特征工程//090
5.4.3　创建自定义数据集//091
5.4.4　使用 PyTorch Lightning 配置循环神经网络模型//094
5.4.5　训练模型//097
5.4.6　度量训练损失//098
5.4.7　加载模型//098
5.4.8　对测试数据集进行预测//099
5.5　基于长短期记忆网络的时间序列模型//101
5.5.1　数据集分析//101
5.5.2　特征工程//104
5.5.3　创建自定义数据集//105
5.5.4　使用 PyTorch Lightning 配置长短期记忆网络模型//108
5.5.5　训练模型//113
5.5.6　度量训练损失//115
5.5.7　加载模型//117
5.5.8　对测试数据集进行预测//117
5.6　本章小结//119

第 6 章 深度生成式模型//120
6. 1 技术需求//121
6. 2 生成式对抗网络模型入门//122
6. 3 使用生成式对抗网络创建新的鸟类物种//123
6. 3. 1 加载数据集//125
6. 3. 2 特征工程实用函数//127
6. 3. 3 配置鉴别器模型//127
6. 3. 4 配置生成器模型//131
6. 3. 5 配置生成式对抗网络模型//134
6. 3. 6 训练生成式对抗网络模型//139
6. 3. 7 获取虚假鸟类图像的输出//140
6. 4 本章小结//144

第 7 章 半监督学习//145
7. 1 技术需求//147
7. 2 半监督学习入门//147
7. 3 CNN - RNN 体系结构概览//148
7. 4 为图像生成说明文字//150
7. 4. 1 下载数据集//150
7. 4. 2 组装数据//153
7. 4. 3 训练模型//160
7. 4. 4 生成说明文字//169
7. 4. 5 进一步改进的方向//174
7. 5 本章小结//175

第 8 章 自监督学习//176
8. 1 技术需求//178
8. 2 自监督学习入门//179
8. 3 什么是对比学习//181
8. 4 SimCLR 体系结构//182
8. 5 用于图像识别的 SimCLR 对比学习模型//185
8. 5. 1 收集数据集//186
8. 5. 2 设置数据增强//187
8. 5. 3 加载数据集//188
8. 5. 4 配置训练//190
8. 5. 5 模型训练//196
8. 5. 6 评估模型的性能//197

8.6　进一步改进的方向//203
8.7　本章小结//203

第三部分　高级主题

第9章　部署和评分模型//207
9.1　技术需求//209
9.2　在本地部署和评分深度学习模型//209
9.2.1　pickle（.PKL）模型文件格式//209
9.2.2　部署深度学习模型//210
9.2.3　保存和加载模型检查点//210
9.2.4　使用 Flask 部署和评分模型//211
9.3　部署和评分可以移植的模型//214
9.3.1　ONNX 的格式及其重要性//215
9.3.2　保存和加载 ONNX 模型//215
9.3.3　使用 Flask 部署和评分 ONNX 模型//216
9.4　进一步的研究方向//219
9.5　进一步阅读的资料//219
9.6　本章小结//220

第10章　规模化和管理训练//221
10.1　技术需求//222
10.2　管理训练//222
10.2.1　保存模型超参数//223
10.2.2　高效调试//224
10.2.3　使用 TensorBoard 监测训练损失//225
10.3　规模化训练//229
10.3.1　利用多个工作线程加速模型训练//229
10.3.2　GPU/TPU 训练//230
10.3.3　混合精度训练/16 位精度训练//231
10.4　控制训练//231
10.4.1　使用云计算时保存模型检查点//232
10.4.2　更改检查点功能的默认行为//233
10.4.3　从保存的检查点恢复训练//234
10.4.4　使用云计算时保存下载和组装的数据//236
10.5　进一步阅读的资料//237
10.6　本章小结//238

第一部分
开始使用 PyTorch Lightning

第一部分的各个章节为初学者介绍 PyTorch Lightning 的基础知识——从了解如何安装 PyTorch Lightning 并构建简单的模型开始。这一部分的各个章节还将介绍如何快速学会使用 PyTorch Lightning Bolts 这个当前最先进的库模型。

第一部分包括以下章节内容。

- 第 1 章　PyTorch Lightning 体验之旅
- 第 2 章　深入研究第一个深度学习模型
- 第 3 章　使用预训练的模型进行迁移学习
- 第 4 章　Bolts 中的现成模型

第 1 章

PyTorch Lightning 体验之旅

欢迎来到 PyTorch Lightning 的世界！

我们正在见证由人工智能推动的第四次工业革命。自从 350 年前蒸汽机问世以来，人类走上了工业化的道路，随后又经历了两次工业革命。大约 100 年前，我们看到电力带来了翻天覆地的变化；50 年后的数字时代彻底改变了当今的生活方式。人工智能也具有同样的变革力量。我们对这个世界所知的一切都在快速变化，并将以前所未有的、超出人们预期的速度持续变化。随着人工智能聊天机器人的出现，我们联系客户服务的方式正在发生重大变革；人工智能推荐我们应该观看什么内容，我们观看电影/视频的方式也在发生变化；使用针对供应链优化的算法，我们的购物方式也在发生变化；使用自动驾驶技术，我们驾驶汽车的方式也在发生变化；通过将人工智能应用于蛋白质折叠等复杂问题，我们开发新药的方式也在发生变化；通过在海量数据中发现隐藏的模式，我们执行医疗诊断的方式也在发生变化。在以上每一项技术的背后，其支撑力量都是人工智能。人工智能对世界的影响不仅表现在我们所使用的技术，更重要的影响是就如何与社会互动、如何帮助人们实施工作行为，以及如何更好地生活而言，它更具变革性。正如许多人所说，人工智能是新的电力，它为 21 世纪的引擎提供动力。

人工智能对我们的生活和心理产生的巨大影响是深度学习领域最近取得突破的结果。长期以来，科学家们一直梦想着创造出一种能够模仿人类大脑的东西。人类大脑是一种神奇的自然进化现象。人类大脑中神经元突触的数量甚至比宇宙中的恒星数量还要多，正是这些神经连接使我们变得聪明，并使我们能够进行思考、分析、识别物体、进行逻辑推理以及描述我们的理解。虽然人工神经网络（Artificial Neural Networks，ANN）的工作方式与生物神经元并不相同，但它们确实起到了启发作用。

在物种的进化过程中，最早的生物是单细胞生物（如变形虫），出现在大约 40 亿年前，其次是出现在大约 35 亿年前的没有方向感的盲目游走的多细胞物种。当我们周围的所有人都是盲人时，第一个进化出视觉的物种比所有其他物种更具有显著的优势，必将成为最聪明的物种。在进化生物学中，这一进化步骤（发生在大约 5 亿年前）被称为寒武纪生命大爆发（Cambrian Explosion）。这个单一的事件促进了物种进化的显著增长，从而产生了我们今天在地球上看到的一切物种。换句话说，尽管地球大约有 45 亿年的历史，但所有复杂的生命形式，包括人类的大脑，都是在过去 5 亿年（仅占地球寿命的 10%）中进化而来的，而这一进化事件又使生物体具有“看见”事物的能力。

事实上，人类大脑的 1/3 与视觉皮层相连接，这比与任何其他感官的连接都要多。这也许可以解释我们是如何首先通过拥有“视觉”能力，从而进化成最聪明物种。

使用深度学习的图像识别模型，我们终于可以让机器“看见”东西（李飞飞将其描述为寒武纪机器学习的大爆发），这一事件将人工智能置于完全不同的轨道上，有朝一日人工智能可能真的可以与人类智能媲美。

2012 年，一个深度学习模型在图像识别方面达到了接近人类的精度。随后，人们创建了许多框架，以帮助数据科学家轻松地训练复杂的模型。创建特征工程（Feature Engineering，FE）的步骤、复杂的转换、训练反馈循环和优化等，这些都需要大量手动编码。框架有助于对某些模块进行抽象，从而简化编码，同时实现标准化。PyTorch Lightning 不仅是最新的框架，而且可以说是在正确的抽象级别和执行复杂研究的能力之间实现完美平衡的最佳框架。PyTorch Lightning 框架是深度学习初学者的理想框架，也是希望将模型产品化的专业数据科学家的理想框架。本章讨论为什么会出现这种情况，以及如何利用 PyTorch Lightning 的强大功能来快速、轻松地构建有影响力的人工智能应用程序。

本章涵盖以下主题。

- PyTorch Lightning 的独特之处。
- <pip install>：PyTorch Lightning 体验之旅。
- 了解 PyTorch Lightning 的关键组件。
- 使用 PyTorch Lightning 创建人工智能应用程序。

1.1　PyTorch Lightning 的独特之处

如果读者是一位数据科学方面的新手，那么可能思考这样的一个问题：“应该从哪一个深度学习框架开始学习？”如果读者对 PyTorch Lightning 感到好奇，那么很可能会问自己：“为什么应该学习 PyTorch Lightning 框架而不是其他框架呢？”另外，如果读者是一位专业级别的数据科学家，并且已经从事构建深度学习模型一段时间，那么肯定已经熟悉了其他流行的框架，如 TensorFlow、Keras 和 PyTorch。此时，读者可能会提出如下的问题：“如果我们已经在这个领域有工作经验了，为什么还要切换到一个新的框架呢？如果我们已经熟悉一种工具，那么是否值得努力去学习不同的工具？”这些都是非常合情合理的问题，我们将在本节中尝试回答所有这些问题。

首先从深度学习框架的简要历史开始，以确定 PyTorch Lightning 在该领域的适用性。

1.1.1　第一个深度学习模型

第一个深度学习模型由深度学习教父杨立昆于 1993 年在麻省理工学院（Massachusetts Institute of Technology，MIT）实验室实现。该模型是采用 Lisp 语言编写的。出人意料的是，该模型甚至包含卷积层，就像现代卷积神经网络（Convolutional Neural Network，CNN）模型一样。杨立昆在其论文 *Handwritten digit recognition with a backpropagation network*（带反向传播网络的手写数字识别）中描述了这个网络示例，该论文于 1989 年发表在 *Neural Information Processing Systems*（NIPS，神经信息处理系统）论文集中。

图 1－1 所示的屏幕截图摘自该论文所描述的网络示例。

图 1－1　杨立昆在麻省理工学院演示了手写数字识别（1993 年）

杨立昆在他的博客文章中详细描述了第一个深度学习模型，具体信息请观看在线视频（https://www.youtube.com/watch?v=FwFduRA_L6Q）。

正如所料，使用 C 语言编写整个卷积神经网络并不是一件容易的事情。杨立昆的团队花了数年时间，才完成了实现该功能的手工编码工作。

深度学习的下一个重大突破是在 2012 年，AlexNet 的创建赢得了 ImageNet 竞赛。Geoffrey Hinton 等的 AlexNet 论文被认为是最具影响力的论文，也是社区中引用次数最多的论文。AlexNet 在准确度上设置了标杆，并让人工神经网络再一次风靡。AlexNet 是一个在优化的图形处理单元（Graphics Processing Units，GPU）上训练的大型网络。他们还引入许多非常关键的技术，如 BatchNorm、MaxPool、Dropout、SoftMax 和 ReLU，这些技术将在稍后的章节中讨论。由于网络架构如此复杂和庞大，所以很快就需要一个专门的框架来训练这些网络架构。

1.1.2　数量众多的框架

Theano、Caffe 和 Torch 可以被描述为帮助数据科学家创建深度学习模型的第一波深度学习框架。虽然 Lua 是一些数据科学家的首选程序设计语言（Torch 最初使用 Lua 语言编写，并实现为 LuaTorch），但还有许多数据科学家的首选程序设计语言是 C++，C++有助于在分布式硬件（如 GPU）上训练模型，并管理优化过程。当该领域刚刚出现且不稳定时，其主要使用者是学术界的机器学习研究人员（通常是博士后）。这就要求数据科学家掌握如何使用梯度下降代码编写优化函数，并使其在特定硬件上运行，同时还要对内存进行操作。显然，这不是业内人士可以轻易用来训练模型并将其投入生产的框架。

模型训练框架的一些示例如图 1－2 所示。

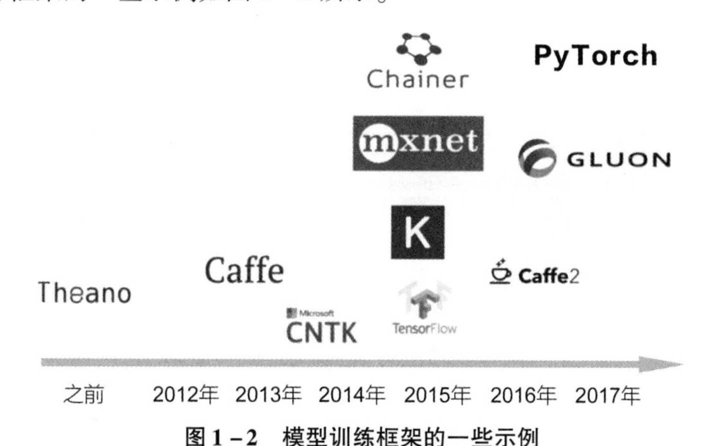

图 1－2　模型训练框架的一些示例

谷歌公司开发的 TensorFlow 框架，通过回归到一个基于 Python 的抽象函数驱动框架，从而成为这一领域的游戏规则改变者。非研究人员可以使用该框架进行实验，同时屏蔽在硬件上运行深度学习代码的复杂性。紧随其后的是 Keras 框架，该框架进一步简化了深度学习，因此只需了解一些基本知识，就可以使用四行代码训练一个深度学习的模型。

然而，TensorFlow 并没有很好地实现并行化。TensorFlow 也更难在分布式 GPU 环境中进行有效的训练，因此社区觉得需要一个新的框架，一个结合基于研究框架的功能与 Python 易用性的新框架。在这个背景下，PyTorch 横空出世！自推出以来，PyTorch 框架在机器学习世界风靡一时。

1.1.3　PyTorch 与 TensorFlow 的比较

通过了解谷歌趋势提供的 PyTorch 和 TensorFlow 之间的竞争数据，我们可以发现，PyTorch 在最近几年已经赶上并几乎超越了 TensorFlow。虽然有些人可能会说，谷歌趋势并不是判断机器学习社区动向的最科学方法，但我们也可以发现许多拥有大量工作负载的活跃人工智能玩家，如（Facebook 脸书）、（Tesla 特斯拉）和（Uber 优步），它们默认使用 PyTorch 框架来管理深度学习的工作负载，并在计算和内存方面实现了显著的节约。

图 1－3 所示是谷歌趋势的摘录。

这两个框架都有各自的铁杆粉丝，但鉴于 PyTorch 固有的体系结构，它在分布式 GPU 环境中的效率更高。PyTorch 相对于 TensorFlow 的一些优势如下。

- 提供更高的稳定性。
- 易于构建扩展和包装。

- 具有更全面的领域库。
- TensorFlow 中的静态图形表示并没有提供太大的帮助。它无法轻松地训练网络。
- PyTorch 中的动态张量是游戏规则的改变者，可以使训练更加容易，并更容易扩展。

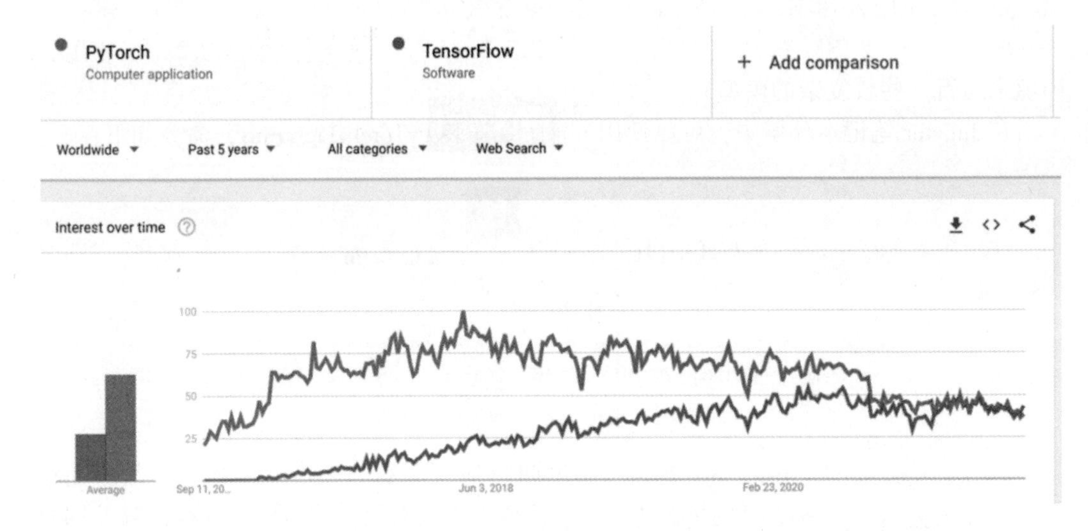

图 1-3　谷歌趋势中的社区对 PyTorch 和 TensorFlow 的兴趣变化对比分析图

1.1.4　最佳平衡：PyTorch Lightning

我们很少能遇到像 PyTorch Lightning 这样可以令人激动的框架！PyTorch Lightning 框架是 William Falcon 的创意，而他的博士生导师（猜猜是谁）正是杨立昆！以下是 PyTorch Lightning 脱颖而出的原因。

- 不仅编程方式很酷，而且可以进行严肃的机器学习研究（与 Keras 不同）。
- 具有更好的 GPU 利用率（与 TensorFlow 相比）。
- 支持 16 位精度［对于不支持张量处理单元（Tensor Processing Units，TPU）的平台非常有用，如 IBM Cloud］。
- 收集了大量最先进的（State - Of - The - Art，SOTA）模型存储库，其形式为 Lightning Bolts。
- 是第一个具有原生能力和自监督学习能力的框架。

简而言之，PyTorch Lightning 让构建深度模型和执行快速实验变得既有趣又炫酷，同时不会因为对数据科学家过于抽象而降低核心数据科学方面的标准，并且总是为随时深入 PyTorch 敞开了一扇门！

我们认为 PyTorch Lightning 实现了完美的平衡，因为它提供了进行“数据科学”的强大功能，同时自动化了大部分“工程”部分的内容。这是否意味着 PyTorch Lightning 是 TensorFlow 的终结者呢？对于这个问题的答案，我们只能拭目以待。

1.2　<pip install>：PyTorch Lightning 体验之旅

开始使用 PyTorch Lightning 非常简单。可以使用 Anaconda 发行版设置本地的运行环境，也可以使用云选项［如 Google Colaboratory（Google Colab）、Amazon Web Services（AWS）、Azure 或 IBM Watson Studio］开始 PyTorch Lightning 的体验之旅（建议使用云环境来运行一些较复杂的模型）。

在 Jupyter 笔记本环境中，可以使用 pip 命令安装 PyTorch Lightning，命令如下：

```
pip install pytorch-lightning
```

除了导入 PyTorch Lightning（以下代码片段中的第一条导入语句），通常代码中还会包含以下导入语句块：

```
import pytorch_lightning as pl
import torch
from torch import nn
import torch.nn.functional as F
from torchvision import transforms
```

torch 软件包用于定义张量并对张量执行数学运算。torch. nn 包用于构造神经网络，其中 nn 表示 neural network（神经网络）。torch. nn. functional 包含激活函数和损失函数。而 torchvision. transforms 是一个单独的库，该库提供常见的图像转换。安装 PyTorch Lightning 框架和所有软件包后，会显示图 1－4 所示的完成日志。

```
In [2]: pip install pytorch-lightning==1.1.2

        Collecting pytorch-lightning==1.1.2
          Downloading pytorch_lightning-1.1.2-py3-none-any.whl (671 kB)
             |████████████████████████████████| 671 kB 4.5 MB/s eta 0:00:01
        Requirement already satisfied: numpy>=1.16.6 in /opt/anaconda3/lib/python3.7/site-packages (from pytorch-lightning=
        =1.1.2) (1.18.1)
        Requirement already satisfied: torch>=1.3 in /opt/anaconda3/lib/python3.7/site-packages (from pytorch-lightning==1.
        1.2) (1.6.0)
        Requirement already satisfied: fsspec>=0.8.0 in /opt/anaconda3/lib/python3.7/site-packages (from pytorch-lightning=
        =1.1.2) (0.8.4)
        Requirement already satisfied: future>=0.17.1 in /opt/anaconda3/lib/python3.7/site-packages (from pytorch-lightning
        ==1.1.2) (0.18.2)
        Requirement already satisfied: tqdm>=4.41.0 in /opt/anaconda3/lib/python3.7/site-packages (from pytorch-lightning==
        1.1.2) (4.42.1)
        Requirement already satisfied: tensorboard>=2.2.0 in /opt/anaconda3/lib/python3.7/site-packages (from pytorch-light
        ning==1.1.2) (2.3.0)
        Requirement already satisfied: PyYAML>=5.1 in /opt/anaconda3/lib/python3.7/site-packages (from pytorch-lightning==
        1.1.2) (5.3)
        Requirement already satisfied: requests<3,>=2.21.0 in /opt/anaconda3/lib/python3.7/site-packages (from tensorboard>
        =2.2.0->pytorch-lightning==1.1.2) (2.22.0)
        Requirement already satisfied: six>=1.10.0 in /opt/anaconda3/lib/python3.7/site-packages (from tensorboard>=2.2.0->
        pytorch-lightning==1.1.2) (1.14.0)
        Requirement already satisfied: google-auth<2,>=1.6.3 in /opt/anaconda3/lib/python3.7/site-packages (from tensorboar
        d>=2.2.0->pytorch-lightning==1.1.2) (1.22.1)
        Requirement already satisfied: markdown>=2.6.8 in /opt/anaconda3/lib/python3.7/site-packages (from tensorboard>=2.
        2.0->pytorch-lightning==1.1.2) (3.3)
        Requirement already satisfied: grpcio>=1.24.3 in /opt/anaconda3/lib/python3.7/site-packages (from tensorboard>=2.2.
        0->pytorch-lightning==1.1.2) (1.32.0)
        Requirement already satisfied: setuptools>=41.0.0 in /opt/anaconda3/lib/python3.7/site-packages (from tensorboard>=
        2.2.0->pytorch-lightning==1.1.2) (46.0.0.post20200309)
        Requirement already satisfied: tensorboard-plugin-wit>=1.6.0 in /opt/anaconda3/lib/python3.7/site-packages (from te
        nsorboard>=2.2.0->pytorch-lightning==1.1.2) (1.7.0)
        Requirement already satisfied: absl-py>=0.4 in /opt/anaconda3/lib/python3.7/site-packages (from tensorboard>=2.2.0-
        >pytorch-lightning==1.1.2) (0.10.0)
        Requirement already satisfied: protobuf>=3.6.0 in /opt/anaconda3/lib/python3.7/site-packages (from tensorboard>=2.
        2.0->pytorch-lightning==1.1.2) (3.13.0)
        Requirement already satisfied: werkzeug>=0.11.15 in /opt/anaconda3/lib/python3.7/site-packages (from tensorboard>=
        2.2.0->pytorch-lightning==1.1.2) (1.0.0)
        Requirement already satisfied: wheel>=0.26; python_version >= "3" in /opt/anaconda3/lib/python3.7/site-packages (fr
        om tensorboard>=2.2.0->pytorch-lightning==1.1.2) (0.34.2)
```

图 1－4　PyTorch Lightning 的安装结果

安装好环境后，就可以开始我们的深度学习体验之旅了！

1.3 了解 PyTorch Lightning 的关键组件

在开始构建深度学习模型之前，先复习一个深度学习项目所遵循的典型管道。

1.3.1 深度学习管道

图 1－5 所示是一个深度学习体系结构的典型管道。

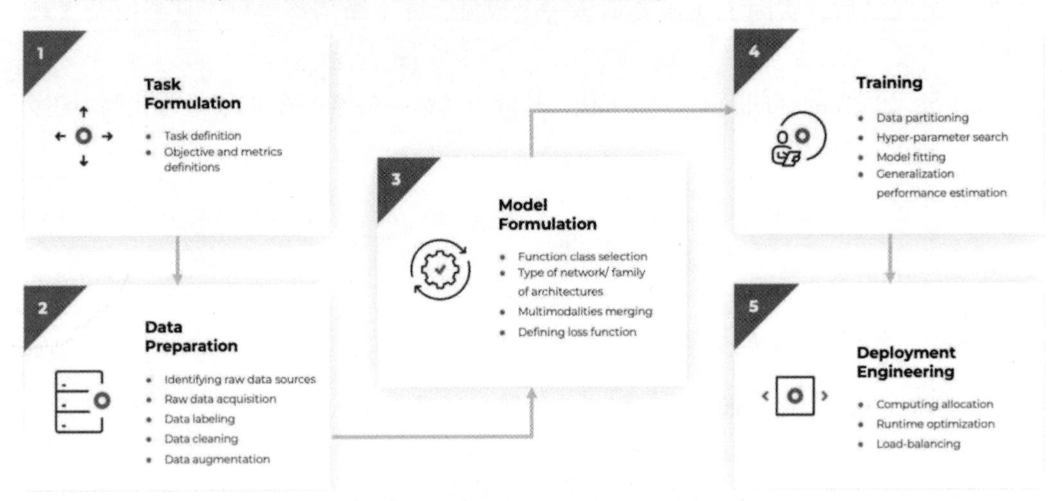

图 1－5 深度学习体系结构的典型管道

深度学习管道通常包括以下操作步骤。我们将在后续章节对这些步骤展开讨论，并将这些步骤用于解决问题的各个方面。

1. 定义问题

为预期设定明确的任务和目标。

2. 数据准备

（1）数据准备包括查找正确的数据集来解决这个问题，获取数据集，并进行数据清理。对于大多数深度学习的项目，这往往涉及图像、视频或文本语料库的数据工程，以获取数据集（有时通过 Web 抓取），然后将获取到的数据集分类成为不同大小的数据集。

（2）大多数深度学习模型需要海量的数据，同时深度学习模型还需要适应图像中的微小变化（如裁剪）。为此，工程师通过创建原始图像或黑白（Black and White，B/W）版本的裁剪，或者将图像反转等方法来扩充数据集。

3. 建模

（1）建模将首先涉及特征工程，并定义我们想要构建什么类型的网络体系结构。

（2）在数据科学家创建新的图像识别模型的情况下，这将涉及定义一个卷积神经网络体系结构，其中可以定义三层卷积、步幅、滑动窗口、梯度下降优化、损失函数等。

（3）对于机器学习研究人员来说，这一步可能涉及定义新的损失函数，以更有用的方式对准确率进行测量，或者通过使用密度较小的网络来制作模型序列，以执行一些魔术算法，从而提供相同的准确率，或者定义一个分布良好或收敛更快的新梯度优化。

4. 训练

（1）训练是一个非常有趣的操作步骤。在数据科学家定义了深度学习网络体系结构的所有配置之后，实际上还需要训练一个模型，并不断调整模型，直到模型实现收敛。

（2）对于海量的数据集（这在深度学习中是常态），这可能是一个噩梦般的操作步骤。数据科学家必须兼任机器学习工程师，通过编写代码将其分发到底层 GPU 或中央处理器（CPU）或 TPU，管理内存和训练周期（epochs），并对充分利用计算能力的代码进行不断迭代执行。较低的 16 位精度可能有助于更快地训练模型，因此数据科学家可能会尝试这样做。

（3）使用分布式快速梯度下降方法来更快地优化。如果读者对其中一些术语瞠目结舌，那么也无须焦虑。许多数据科学家都经历过这种情况。实际上，分布式快速梯度下降方法与统计学关系不大，反而与工程学关系更加紧密（这正是 PyTorch Lightning 发挥作用的地方）。

（4）分布式计算的另一个主要挑战是能够充分利用所有硬件并准确计算分布在各种 GPU 中的各种损耗。执行数据并行化（将数据分批次分发到不同的 GPU）或者执行模型并行化（将模型分发到不同的 GPU）都没有想象得那么容易。

5. 部署工程

（1）一旦模型经过训练后，就需要将模型投入生产。机器学习运维（ML Operations，MLOps）工程师将创建可以在运行环境中工作的部署格式文件。

（2）创建一个应用程序编程接口（Application Programming Interface，API），以便与最终应用程序有机集成并加以使用。有时，如果模型预计会有大量工作负载，则还可能涉及创建基础设施，对各种不同的输入信息量模型打分。

1.3.2　PyTorch Lightning 抽象层

PyTorch Lightning 框架可以帮助数据科学家简化构建整个深度学习模型的过程。其实现方法如下。

- LightningModule 类用于定义模型结构、推理逻辑、优化器和调度器的具体细节、训练逻辑和验证逻辑等。
- Lightning Trainer（训练器）对循环、硬件交互、模型拟合和模型评估等所需的逻辑进行抽象。
- 既可以直接将 PyTorch DataLoader（数据加载器）传递给训练器，也可以选择定义一个 LightningDataModule，以提高共享性和可重用性。

1.4　使用 PyTorch Lightning 创建人工智能应用程序

在本书中，将讨论如何使用 PyTorch Lightning 轻松高效地构建各种类型的人工智能模型。通过具有全行业应用和实际效益的实践示例，读者不仅会获得 PyTorch Lightning 方面的训练知识和应用技能，还会获得各种不同深度学习系列的训练知识和应用技能。

1. 图像识别模型

在第 2 章中，将创建一个图像识别模型，作为第一个深度学习模型，从而开始我们的学习旅程。图像识别是深度学习框架的典型特征，通过 PyTorch Lightning，本书将讨论如何构建基本的卷积神经网络模型。

2. 迁移学习

因为深度学习模型需要经过大量的训练才能收敛，所以在收敛过程中会消耗大量的 GPU 算力。在第 3 章中，读者将学习一种称为迁移学习（Transfer Learning，TL）的技术，该技术可以在无须进行大量训练的情况下获得良好的结果，甚至可以在 CPU 机器上快速收敛。

3. NLP Transformer 模型

我们还将研究自然语言处理（Natural Language Processing，NLP）模型，并了解深度学习如何在海量文本数据上实现文本分类。在第 3 章中，读者将学习如何使用著名的预训练自然语言处理模型，包括 Transformer，并轻松适应实际的业务需求。

4. Lightning Bolts

创建深度学习模型还涉及相当复杂的机器学习管道和前向工程步骤。大多数数据科学家都采用最先进的模型开始学习和创造过程，这些最先进的模型来自 Kaggle 竞赛获奖模型或有影响力的研究论文。在第 4 章中，读者将了解类似 Lightning Bolts 等现成实用工具如何通过提供标准网络体系结构库来提高生产率。在该章中，读者还将了解到 PyTorch Lightning 不仅支持深度学习模型，还支持传统模型，如逻辑回归。

5. LSTM 时间序列模型

对时间序列中的下一个事件进行预测和预报是行业内一个永恒的挑战。在第 5 章中，读者将了解如何使用 PyTorch Lightning，并使用时间序列模型对销售和天气进行预测。

6. 自动编码器生成式对抗网络

生成式对抗网络（Generative Adversarial Network，GAN）模型是深度学习应用程序最吸引人的方面之一，可以创建现实生活中根本不存在的人、地点或对象的逼真图像。在第 6 章中，读者将学习如何使用 PyTorch Lightning 轻松创建生成式对抗网络模型，并且使用机器学习为下一部科幻电影构建新的鸟类物种。

7. 结合 CNN 和 RNN 的半监督模型

深度学习模型的应用不仅限于使用生成式对抗网络创建奇特的虚假图像，甚至可以让机器描述电影中的场景，或者询问有关图像内容的信息性问题（例如，询问照片中的人是谁，或者询问这些人在做什么）。这种模型体系结构被称为半监督模型，在第 7 章中，读者将学习 CNN – RNN 体系结构，其中 RNN 代表 Recurrent Neural Network（循环神经网络）的混合模型，可以用来教授机器如何书写情景诗篇。在第 7 章中，读者还将了解如何从头开始训练模型，并使用 16 位精度和其他操作技巧加快训练速度，以确保训练顺利进行。

8. 对比学习的自监督模型

如果机器能够创造出逼真的图像，或者写出类似人类语言的描述，难道它们不能自学吗？自监督模型的目的是让机器学习如何在缺少标签或者完全没有标签的情况下执行复杂任务，从而彻底改变我们可以借助人工智能所能完成的一切。在第 8 章中，读者将了解 PyTorch Lightning 如何原生地支持自监督模型，还将学习如何教授机器执行对比学习（Contrastive Learning，CL），从而可以通过表征学习来区分没有任何标签的图像。

9. 部署模型和评价模型

每一个可以被训练的深度学习模型都希望有一天被生产化并用于在线预测。这项机器学习工程要求数据科学家熟悉各种模型文件的格式。在第 9 章中，读者将学习如何在可移植模型中部署模型和评价模型。在生产环境中，借助 Pickle 和开放式神经网络交换（Open Neural Network Exchange，ONNX）格式，这些模型可以独立于语言，而不依赖硬件。

10. 规模化模型和生产力技巧

最后，PyTorch Lightning 的功能不仅限于在已定义的体系结构上创建新模型，还可以利用新的研究推动最先进的模型。在第 10 章中，读者将看到一些使此类新研究成为可能的功能，并学习如何通过提供故障排除技巧和快速技巧来提高生产率。该章还将讨论对模型训练进行规模化的各种方式。

1.5　进一步阅读的资料

以下是一些关于 PyTorch Lightning 参考资料的网址链接，这些参考资料有助于读者理解贯穿本书的相关内容。

- 官方文档网址：https://pytorch-lightning.readthedocs.io/en/latest/?_ga=2.177043429.1358501839.1635911225-879695765.1625671009。
- GitHub 源代码网址：https://github.com/PyTorchLightning/pytorchlightning。
- 如果读者在代码中遇到任何问题，可以通过在 GitHub 上提出问题来寻求帮助。PyTorch Lightning 团队通常会作出非常迅速的反应，具体网址为 https://

github. com/PyTorchLightning/lightning - flash/issues。
- 读者可以通过 PyTorch Lightning 社区渠道寻求帮助。PyTorch Lightning 社区发展得非常迅速，而且十分活跃。

1.6 本章小结

也许读者是一位探索深度学习领域的新手，正尝试该领域是否适合自己。也许读者是一名攻读高级学位的学生，正试图使用机器学习进行研究，以完成论文或发表论文。再或者，读者是一名数据科学专家，在训练深度学习模型并将其投入生产方面拥有多年的经验。在深度学习领域中，PyTorch Lightning 几乎可以满足所有人的所有需求。

PyTorch Lightning 将 PyTorch 的原始功能（目的是提高效率和严谨性）与 Python 的简单性结合在一起，从而为复杂性提供了一个包装器。在进行一些创新性工作的同时，可以深入研究（将在本书后续章节中进行讨论），同时也可以得到许多现成的神经网络体系结构。PyTorch Lightning 与 PyTorch 完全兼容，代码可以很容易地重构。PyTorch Lightning 可能也是为数据科学家的角色设计的第一个框架，其设计对象并不是面向其他角色，如机器学习研究员、机器学习系统运维工程师或数据工程师。

我们将从一个简单的深度学习模型开始学习旅程，并将在每一章中不断扩展学习范围直到更高级和更复杂的模型。读者将会发现，PyTorch Lightning 涵盖了所有著名的模型，让我们拥有深入学习的技能，从而在组织中产生影响力。在下一章中，我们将开始创建第一个深度学习模型。

第 2 章

深入研究第一个深度学习模型

近年来，深度学习模型受到了极大的欢迎。这些模型也引起了学术界和工业界的数据科学家的广泛关注。深度学习取得巨大成功的原因在于，深度学习有能力解决计算机科学中最简单最古老的问题——计算机视觉。长期以来，计算机科学家一直梦想能够找到一种算法，使机器看起来像人类一样……或者至少能够像人类一样识别物体。深度学习模型不仅为对象识别提供了动力，而且可以应用于所有领域，从预测图像中的人物到自然语言处理。在自然语言处理中，深度学习可以用于预测和生成文本、理解语音，甚至可以创建深度伪造（Deepfake，deep learning 和 fake 的组合单词），如视频。其核心是使用神经网络算法建立所有的深度学习模型，然而，这些模型不仅是一个神经网络。虽然自 20 世纪 50 年代以来，人们就开始使用神经网络，但直到最近几年，深度学习才能够对工业领域产生重大的影响。1955 年，随着 IBM 在世界博览会上的演示，神经网络得以普及。在世界博览会上，一台机器居然能够作出预测，全世界都看到了人工智能的巨大潜力。人工智能可以让机器学习任何东西，预测任何东西。该系统是基于感知器（Perceptron）的网络，感知器是后来被称为多层感知器的前身。基于感知器的网络成了神经网络和深度学习模型的基础。

随着神经网络的成功，许多人试图将其用于更高级的问题，如图像识别。1965 年，麻省理工学院的一位教授首次正式尝试计算机视觉［是的，在 20 世纪 50 年代末和 60 年代初，机器学习（Machine Learning，ML）同样重要］。这位教授给学生们布置了一个暑期作业，让学生们去寻找一种图像识别算法。无须猜测，尽管学生们都十分努力并且无比聪明，但在那个暑假，没有一个学生可以成功地解决这个问题。事实上，在计算机视觉中，目标识别的问题不仅多年来一直没有解决，而且在未来的几十年里也没有能够解决，这段时间也就是人们通常所说的人工智能寒冬（AI winter）。在 20 世纪 90 年代中期，随着卷积神经网络的发明（卷积神经网络是一种经过进化的神经网络形式），计算机视觉出现了重大突破。2012 年，当一种更先进的卷积神经网络在规模化训练中赢得了 ImageNet 竞赛的奖项，并在测试集上取得了与人类一样高的准确率时，卷积神经网络成为计算机视觉的首选。从那时起，卷积神经网络不仅成了图像识别问题的基石，还创造了一个称为深度学习的机器学习分支。在过去的几年里，卷积神经网络被设计成更先进的形式，新的深度学习算法每天都在不断涌现，这些算法提升了技术水平，并将人类对人工智能的掌握提升到了新的水平。本章将研究深度学习模型的基础，这对于理解和充分利用最新算法非常重要。这不仅是一个实践章节，因为多层感知器和卷积神经网络对于大多数商业应用程序仍然非常有用。

本章将涵盖以下主题。

- 神经网络入门。
- 构建 Hello World 多层感知器模型。
- 构建第一个深度学习模型。
- 使用卷积神经网络模型进行图像识别。

2.1 技术需求

在本章中，主要使用以下 Python 模块。

- PyTorch Lightning（版本 1.2.3）。
- torch（版本 1.7.1）。
- 可选项（GPU－1）。
- torchvision（版本 0.8.2）。

要求在 Jupyter 笔记本中导入上述所有的软件包。有关导入软件包的操作指南，请参阅第 1 章中的相关内容。

可以在以下 GitHub 链接中找到本章的工作示例：https://github.com/PacktPublishing/Deep-Learning-with-PyTorch-Lightning/tree/main/Chapter02。

源数据集（猫和狗数据集）的链接网址：https://www.kaggle.com/tongpython/cat-and-dog。

2.2 神经网络入门

在本节中，通过了解神经网络的基础知识开始学习之旅。

2.2.1 为什么使用神经网络

在深入研究神经网络之前，有必要回答一个简单的问题。既然已经存在许多伟大的分类算法（如决策树），为什么还需要一个新的分类算法呢？答案非常简单，因为有些分类问题是决策树永远无法解决的。我们可能知道，决策树的工作原理是在一个类中找到一组对象，然后在该集合中创建拆分，以继续创建一个纯类。当数据集中不同的类别之间有明显的区别时，决策树算法可以很好地解决问题，然而当这些类混合在一起时，决策树算法就会失效。决策树无法解决的一个非常基本的问题是 XOR 问题。

2.2.2 关于 XOR 运算符

XOR 运算符也称为异或运算。该运算来自一个数字逻辑门。XOR 门是一种数字逻辑门，当该运算具有不同的输入时，会产生结果为 True 的输出。图 2－1 所示为 XOR 门的输入和输出真值表。

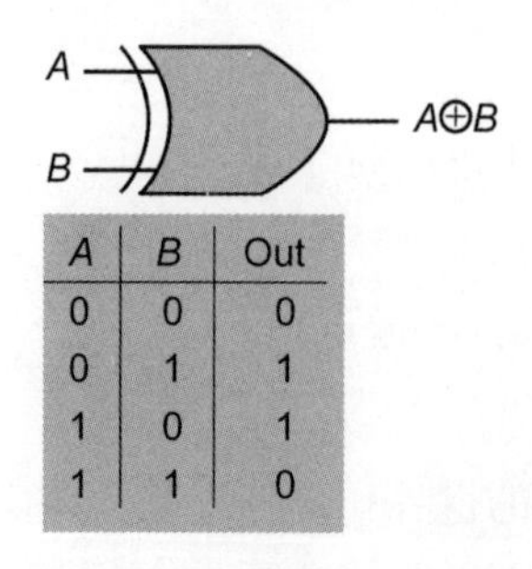

A	B	Out
0	0	0
0	1	1
1	0	1
1	1	0

图 2-1　XOR 门的输入和输出真值表

简而言之，XOR 门是一个函数，该函数接收两个输入，如 *A* 和 *B*，并产生一个输出。从图 2-1 所示的真值表可以看出，XOR 门函数提供了以下输出。

- 当输入 *A* 和 *B* 不相同时，输出为 1。
- 当输入 *A* 和 *B* 相同时，输出为 0。

正如所见，如果我们想要构建一个决策树分类器，则该分类器将离析出 0 和 1，并且总是给出一个 50% 错误的预测。为了解决这个问题，我们需要一种本质上不同的模型，该模型并不只是训练输入值，而是概念化输入和输出对，并学习输入和输出之间的关系。多层感知器就是这样一种基本但功能强大的算法。

本章尝试建立简单的多层感知器模型来模拟 XOR 门的行为。

2.2.3　多层感知器体系结构

下面使用 PyTorch Lightning 体系结构来构建 XOR 神经网络架构。我们的目标是构建一个简单的多层感知器模型，如图 2-2 所示。

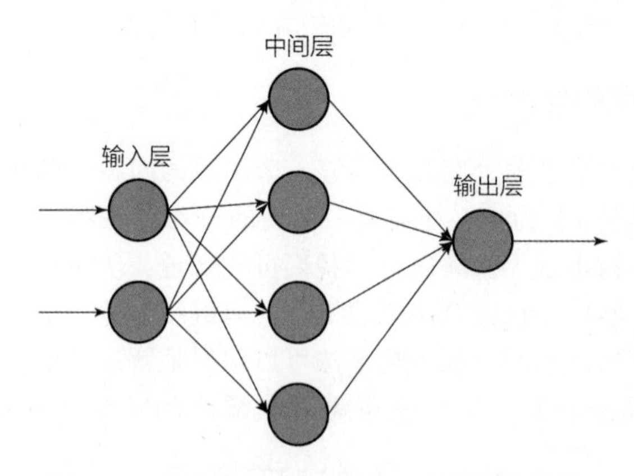

图 2-2　多层感知器体系结构（神经网络架构）

图 2-2 所示的神经网络架构包括以下内容。

- 输入层、中间层和输出层。
- 需要两个输入，用于传递 XOR 的输入。

- 中间层有四个节点。
- 输出层只有一个节点，用于存放预期的 XOR 操作的输出结果。

我们将要建立的神经网络旨在模拟 XOR 门。现在开始编写第一个 PyTorch Lightning 模型。

2.3　Hello World 多层感知器模型

欢迎来到 PyTorch Lightning 的世界！

至此，可以使用 PyTorch Lightning 构建第一个模型。在本节中，我们将构建一个简单的多层感知器模型来实现 XOR 运算符。这类似 PyTorch Lightning 的 Hello World 入门程序。下面按照以下步骤构建第一个 XOR 运算符。

（1）准备数据。

（2）构建模型。

（3）训练模型。

（4）加载模型。

（5）预测分析。

2.3.1　准备数据

XOR 门接收两个输入，包含四行数据（见图 2-1）。在数据科学术语中，可以将 *A* 列和 *B* 列称为特征，将 Out 列称为目标变量。

在开始为 XOR 运算准备输入数据和目标数据之前，有必要先了解 PyTorch Lightning 如何通过数据加载器来训练模型。在本小节中，我们将构建最简单的数据加载器，使其包含输入和目标。我们将在训练模型时使用数据加载器，具体步骤如下。

（1）构建数据集。创建输入特征的代码如下：

```
inputs = [Variable(torch.Tensor([0,0])),
          Variable(torch.Tensor([0,1])),
          Variable(torch.Tensor([1,0])),
          Variable(torch.Tensor([1,1]))]
```

由于 PyTorch Lightning 是基于 PyTorch 框架构建的，所以传递到模型中的所有数据都必须是张量形式。

在以上代码中创建了四个张量，每个张量有两个值，也就是说，代码中有两个特征 *A* 和 *B*。我们已经准备好了所有的输入特征。总共有四行数据可以输入 XOR 模型。

（2）准备好输入特征之后，就可以构建目标变量了。代码如下：

```
targets = [Variable(torch.Tensor([0])),
           Variable(torch.Tensor([1])),
```

```
            Variable(torch.Tensor([1])),
            Variable(torch.Tensor([0]))]
```

上述创建目标变量的代码与创建输入特征变量的代码类似。唯一的区别是每个目标变量都是一个单一值。

我们已经为准备数据集的最后一步准备了输入值和目标值。接下来，可以创建一个数据加载器。我们可以通过不同的方式创建数据集，并将其作为数据加载器传递给 PyTorch Lightning。在接下来的章节中，我们将演示使用数据加载器的不同方式。

（3）使用最简单的方法为 XOR 模型构建数据集。代码如下：

```
data_inputs_targets = list(zip(inputs, targets))
data_inputs_targets
```

PyTorch Lightning 中的数据加载器将查找两个主要内容，即键和值。在示例中，这两个内容对应于特性值和目标值。在上述代码中，使用 Python 的 zip( ) 函数创建了输入变量和目标变量的元组，然后将这些元组转换为列表对象。上述代码片段的输出结果如下：

```
[(tensor([0., 0.]), tensor([0.])),
 (tensor([0., 1.]), tensor([1.])),
 (tensor([1., 0.]), tensor([1.])),
 (tensor([1., 1.]), tensor([0.]))]
```

以上代码片段创建了一个数据集，该数据集是一个元组列表，每个元组有两个值：第一个值是两个特征/输入；第二个值是给定输入的目标值。

2.3.2　构建模型

至此，我们可以训练第一个 PyTorch Lightning 模型。可以采用与 PyTorch 中类似的方式构建 PyTorch Lightning 中的模型。PyTorch Lightning 的一个优点是使代码的生命周期方法更加结构化，并且大多数模型训练代码都由框架处理，这有助于避免样板代码。另一个优点是可以轻松地跨多个 GPU 和 TPU 扩展深度学习模型，我们将在接下来的章节中使用这些模型。

使用 PyTorch Lightning 构建的每个模型都必须继承 LightningModule 类。这是一个包含样板代码的类，也是使用 Lightning 生命周期方法的地方。简单来说，我们可以认为 PyTorch LightningModule 与 PyTorch nn. Module 相同，但是添加了一些生命周期方法和其他操作。如果查看一下源代码，就可以发现 PyTorch LightningModule 继承自 PyTorch nn. Module，这意味着 PyTorch LightningModule 中也包含了 PyTorch nn. Module 中的大部分功能。

所有的 PyTorch Lightning 模型都至少需要两种生命周期方法：一种用于训练循环来训练模型，称为 training_step；另一种用于为模型配置优化器，称为 configure_optimizers。除了这两种生命周期方法外，还使用 forward 方法将接收的输入数据传递给模型。

为了建立第一个简单的 PyTorch Lightning 模型，我们主要使用刚刚讨论的两种生命周期方法。

重要提示

优化器可以加速随机梯度下降过程，并有助于模型找到全局极小值。如果读者不熟悉优化器，那么可以通过以下网址了解其工作原理：

https://arxiv.org/abs/1412.6980

构建 XOR 多层感知器模型将遵循以下过程，下面将详细讨论其中的每一个步骤。

1. 初始化模型

为了初始化模型，可以执行以下步骤。

（1）创建 XOR 类，该类继承自 PyTorch LightningModule。代码如下：

```
class XOR(pl.LightningModule)
```

（2）创建自己的层。可以在__init__方法中对层进行初始化。代码如下：

```
def __init__(self):
    super(XOR,self).__init__()
    self.input_layer = nn.Linear(2, 4)
    self.output_layer = nn.Linear(4,1)
    self.sigmoid = nn.Sigmoid()
    self.loss = nn.MSELoss()
```

在以上代码片段中，执行了以下操作。

（1）设置隐藏层，第一层接收两个输入，返回四个输出，然后输出就变成中间层。中间层合并为单个节点，从而变成输出节点。

（2）初始化激活函数。使用 Sigmoid 函数来构建 XOR 门。

（3）初始化损失函数。使用均方误差（Mean Squared Error，MSE）损失函数构建 XOR 模型。

2. 将输入映射到模型

这是一个简单的步骤，我们使用 forward 方法接收输入并生成模型的输出。代码如下：

```
def forward(self, input):
    x = self.linear1(input)
    x = self.sigmoid(x)
    output = self.final_layer(x)
    return output
```

forward 方法的作用类似映射器或媒介，其中数据在多个层和激活函数之间传递。在 forward 方法中，主要执行以下操作。

（1）接收 XOR 门的输入，并将其传递到第一个输入层。

（2）将第一个输入层产生的输出传递到 sigmoid 激活函数。

（3）将 sigmoid 激活函数的输出结果传递到最后一层，相同的输出通过 forward 方法返回。

3. 配置优化器

PyTorch Lightning 中的所有优化器都可以在 configure_optimizers 方法中配置。在该方法中，可以配置一个或多个优化器。对于本示例，可以使用单个优化器，但在后面的第 4 章中，有一些模型使用了多个优化器。

对于 XOR 模型，我们使用 Adam 优化器。configure_optimizers 方法的代码如下：

```
def configure_optimizers(self):
    params = self.parameters()
    optimizer = optim.Adam(params = params, lr = 0.01)
    return optimizer
```

使用 self 对象和 self. parameters 方法可以访问所有的模型参数。上述代码片段创建了 Adam 优化器，用于接收模型参数，学习率为 0.01，并返回相同的优化器。

4. 设置训练参数

这是生命周期的重要方法之一，也是所有模型训练的地方。下面尝试详细了解这个方法。training_step 方法的代码如下：

```
def training_step(self, batch, batch_idx):
    inputs, targets = batch
    outputs = self(inputs)
    loss = self.loss(outputs, targets)
    return loss
```

training_step 方法接收以下两种输入。

（1）batch：批量访问数据加载器中传递的数据。每个批次有两项：一项是输入/特征数据；另一项是目标值。

（2）batch_idx：数据批次的索引号或序列号。

在前面的 training_step 方法中，我们从批次中访问输入值和目标值，然后将输入传递给 self 方法。当输入被传递给 self 方法时，会间接调用 forward 方法，该方法返回 XOR 多层神经网络的输出。我们使用均方误差损失函数来计算损失，并返回该方法的损失值。

重要提示

将输入传递给 self 方法，并间接调用 forward 方法。在 forward 方法中，在层和激活函数之间进行数据映射，并生成模型的输出。

training_step 方法的输出是一个单一的损失值，而在接下来的章节中，我们将讨论构建和研究神经网络的不同方法和技巧。

PyTorch Lightning 中还包含许多其他可用的生命周期方法。我们将在接下来的章节中讨论这些方法，具体取决于用例和场景。

至此，我们已经完成了构建第一个 XOR 多层感知器模型所需的所有步骤。XOR 模型完整代码如下：

```
class XOR(pl.LightningModule):
    def __init__(self):
        super(XOR,self).__init__()
        self.input_layer = nn.Linear(2, 4)
        self.output_layer = nn.Linear(4,1)
        self.sigmoid = nn.Sigmoid()
        self.loss = nn.MSELoss()

    def forward(self, input):
        x = self.input_layer(input)
        x = self.sigmoid(x)
        output = self.output_layer(x)
        return output

    def configure_optimizers(self):
        params = self.parameters()
        optimizer = optim.Adam(params =params, lr = 0.01)
        return optimizer

    def training_step(self, batch, batch_idx):
        inputs, targets = batch
        outputs = self(inputs)
        loss = self.loss(outputs, targets)
        return loss
```

总之，以上的代码包含以下内容。

- XOR 模型接收大小为 2 的 XOR 输入。
- 数据被传递到中间层，中间层有四个节点，并返回单个值输出。
- 使用 sigmoid 作为激活函数，MSE 作为损失函数，Adam 作为优化器。

如果仔细观察，读者会发现我们没有设置任何反向传播、清除梯度、优化器参数更新以及其他操作，因为 PyTorch Lightning 框架会自动进行处理。

2.3.3 训练模型

PyTorch Lightning 内置的所有模型都可以使用 Trainer 类训练。接下来展开讨论 Trainer 类。

Trainer 类是对一些关键处理的一种抽象，如在数据集上循环、反向传播、清除梯度和优化器等步骤。PyTorch Lightning 的 Trainer 类封装了 PyTorch 的所有样板代码。此外，Trainer 类还支持许多其他功能，可以轻松构建模型。其中一些功能包括各种回调函数、模型检查点、提前停止、单元测试的开发运行、对 GPU 和 TPU 的支持、日志记录器、日志、训练周期等。在本书的各个章节中，我们将尝试介绍 Trainer 类支持的大多数重要功能。

训练 XOR 模型的代码如下：

```
checkpoint_callback = ModelCheckpoint()
model = XOR()
trainer = pl.Trainer(max_epochs=500, callbacks=[checkpoint_callback])
```

在 PyTorch Lightning 中，我们看到的一个优势是，当多次训练一个模型时，所有不同版本的模型都会保存到一个名为 lightning_logs 的默认文件夹中，一旦生成了所有不同版本的模型，就可以从文件中加载不同的模型版本并进行结果的比较。例如，这里已经运行了两次 XOR 模型，当查看 lightning_logs 文件夹时，可以看到 XOR 模型的两个版本，如图 2-3 所示。

```
[ ] ls lightning_logs/

version_0/  version_1/
```

图 2-3　lightning_logs 文件夹中的所有文件列表

这些版本的子文件夹包含有关正在训练和构建的模型的所有信息。可以轻松加载这些信息，并且可以执行相应的预测。这些文件夹中的文件包含一些有用的信息，如超参数，这些信息都保存在文件 hparams. yaml 中；还包含一个 checkpoints 子文件夹，这就是 XOR 模型以序列化形式存储的地方。lightning_logs 文件夹中的子文件夹和文件列表如图 2-4 所示。

```
ls lightning_logs/*/

lightning_logs/version_0/:
checkpoints/  events.out.tfevents.1615663387.6a881f5bc643.58.0  hparams.yaml

lightning_logs/version_1/:
checkpoints/  events.out.tfevents.1615663398.6a881f5bc643.58.1  hparams.yaml
```

图 2-4　lightning _logs 文件夹中的子文件夹和文件列表

重要提示

在 Collab 中运行 Shell 命令时，请务必在前面加上“!”号。

子文件夹 checkpoints 中的文件清单列表如图 2-5 所示。其中，version_0 运行了 99 个训练周期；version_1 运行了 499 个训练周期。

```
ls lightning_logs/*/checkpoints

lightning_logs/version_0/checkpoints:
'epoch=99-step=399.ckpt'

lightning_logs/version_1/checkpoints:
'epoch=499-step=1999.ckpt'
```

图 2-5　子文件夹 checkpoints 中的文件清单列表

如果运行多个版本并且希望从前面的代码段加载模型的最新版本，则模型的最新版本将存储在文件夹 version_1 中。我们可以手动找到模型最新版本的路径，或者使用模型检查点回调函数。

在下一步中将创建一个训练器对象。我们运行该模型的时间最多为 500 个训练周期，并以回调的形式传递模型检查点。在最后一步中，一旦模型的训练器准备就绪，就将调用 fit 方法来传递模型和输入数据。具体请参见如下代码片段：

```
trainer.fit(model, train_dataloader = data_inputs_targets)
```

在对该模型运行 500 个训练周期之后，将获得图 2 – 6 所示的输出结果。

```
GPU available: False, used: False
TPU available: None, using: 0 TPU cores

  | Name         | Type    | Params
----------------------------------------
0 | input_layer  | Linear  | 12
1 | output_layer | Linear  | 5
2 | sigmoid      | Sigmoid | 0
3 | loss         | MSELoss | 0
----------------------------------------
17        Trainable params
0         Non-trainable params
17        Total params
Epoch 499: 100%  4/4 [00:00<00:00, 116.03it/s, loss=0.147, v_num=1]

1
```

图 2 – 6　模型运行 500 个训练周期之后的输出结果

如果仔细观察模型训练的进度，可以发现损失值显示在最后。PyTorch Lightning 支持一种良好且灵活的方式来配置显示在进度条上的值，我们将在接下来的章节中介绍。

将本小节的内容总结如下：我们创建了一个 XOR 模型对象，并使用 Trainer 类对模型进行了 500 个训练周期的训练。

2.3.4　加载模型

建立模型之后，下一步就是加载该模型。如前一小节所述，可以使用 checkpoint_callback 识别在前一步中创建的最新版本的模型。在本小节中，我们将运行两个版本的模型，以获取最新版本模型的路径。代码片段如下：

```
print(checkpoint_callback.best_model_path)
```

以上代码的输出结果如图 2 – 7 所示，其中显示了模型的最新文件路径。稍后，将从检查点开始加载模型并进行预测。

```
print(checkpoint_callback.best_model_path)

/content/lightning_logs/version_1/checkpoints/epoch=499-step=1999.ckpt
```

图 2 – 7　最新版本模型文件的路径输出

通过传递模型检查点的路径参数，同时使用模型对象的 load_from_checkpoint 方法，可以很容易地从检查点处开始加载模型。代码片段如下：

```
train_model = model.load_from_checkpoint(checkpoint_callback.
best_model_path)
```

以上代码将从检查点处开始加载模型。在这一步中，我们为两个不同的版本构建和训练模型，并从检查点处加载最新的模型。

2.3.5 预测分析

现在模型已经准备好，可以进行预测分析。代码如下：

```
for input in inputs:
    result = train_model(input)
    print("Input: ",[int(input[0]),int(input[1])], "Model_output:",
int(result.round()))
```

以上代码是进行预测的一种简单方法，即循环迭代 XOR 数据集，将输入值传递给模型并进行预测。以上代码的输出结果如图 2－8 所示。

```
Input:  [0, 0] Model_output: 0
Input:  [0, 1] Model_output: 1
Input:  [1, 0] Model_output: 1
Input:  [1, 1] Model_output: 0
```

图 2－8 XOR 模型的输出结果

从以上的输出结果可以观察到输入模型预测出了正确的结果。

下面做如下总结。

（1）为 XOR 模型创建一个数据集。

（2）使用 LightningModule 类构建模型。

（3）使用 Trainer 类对模型进行 500 个训练周期的训练。

（4）使用回调函数加载最佳模型，然后进行预测。

2.4 构建第一个深度学习模型

现在可以利用创建多层感知器的知识，来构建一个深度学习模型。

2.4.1 究竟什么构成了“深度”

虽然人们常常对“深度学习”这一术语的确切起源进行辩论，但一个普遍的误解是，深度学习只涉及一个具有数百或数千层的真正大型神经网络模型。虽然大多数深度学习模型规模都很大，但重要的是要理解其真正的奥秘是一个称为反向传播（backpropagation）的概念。

正如我们所看到的，像多层感知器这样的神经网络已经存在很长一段时间了，它们本身可以解决以前未解决的分类问题，如 XOR，或者提供比传统分类器更好的预测。然而，在处理大型非结构化数据（如图像）时，其结果仍然不够准确。为了在高维空间中学习，可以使用一种称为反向传播的简单方法，该方法向系统提供反馈。这种反馈让模型了解它在预测方面做得好还是不好，并且所犯的错误在模型的每次迭代中都会受到惩罚。渐渐地，在使用优化方法的大量迭代中，系统学习将错误最小化，并且最终实现收敛。我们通过使用反馈循环的损失函数来实现收敛，并不断减小损失，从而实现所需的优化。到目前为止，有各种各样的损失函数，最流行的是对数损失（log loss）函数和余弦损失（cosine loss）函数。

反向传播再加上海量数据以及云提供的计算能力，可以创造奇迹，这就是最近机器学习复兴的原因。自 2012 年卷积神经网络架构以接近人类的精确度赢得 ImageNet 竞赛以来，机器学习变得越来越强大。在本节中，我们将了解如何构建卷积神经网络模型。下面概述卷积神经网络体系结构。

2.4.2 卷积神经网络体系结构

众所周知，计算机只能理解二进制位语言，这意味着计算机只能接收数字形式的输入。那么，怎么才能把一个图像转换成一个数字呢？卷积神经网络架构由表示卷积的不同层组成。卷积神经网络的简单目标是获取高维对象（如图像），并将其转换为低维实体［例如，以矩阵形式（也称为张量）表示的数学形式的数值］。

当然，卷积神经网络不仅是将图像转换成张量，还学习使用反向传播和优化方法识别图像中的对象。一旦对一定数量的图像进行了训练，卷积神经网络就可以轻松准确地识别出新的图像。卷积神经网络的成功之处在于其在规模上的灵活性：只需简单地增加硬件，随着规模的增大，卷积神经网络就可以提供一流的准确度表现。

我们将为猫和狗数据集（Cats and Dogs Dataset）建立卷积神经网络模型（见图 2－9），以判断图像是否包含猫或狗。

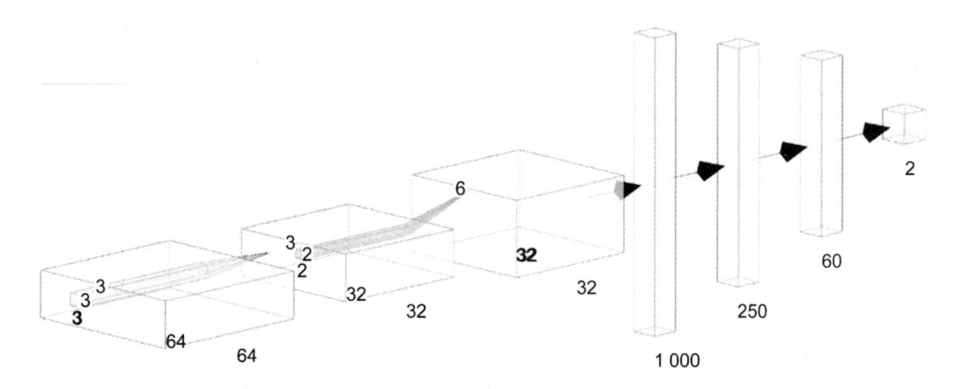

图 2－9 猫和狗用例的卷积神经网络体系结构

下面使用一个简单的卷积神经网络架构作为示例，具体如下所示。

- 源图像数据集为带有三个颜色通道的 64 像素 ×64 像素的图像。对其进行第一次卷积，内核大小为3，步幅为1。

- 第一个卷积层之后得到的是最大池化（MaxPool）层，其中图像被转换为低维的32 像素 ×32 像素的对象。
- 接下来是另一个具有 6 个通道的卷积层。卷积层之后是三个特征长度分别为1 000，250 和 60 的全连接层，最终到达一个 SoftMax 层，并给出最终的预测。

我们将使用 ReLU 作为激活函数，Adam 作为优化器，CrossEntropy 作为损失函数。

2.5 用于图像识别的卷积神经网络模型

PyTorch Lightning 是一个很酷的框架，可以使用它轻松地编写和扩展深度学习模型。PyTorch Lightning 附带了许多用于构建深度学习模型的有用功能和选项。很难在一章的篇幅中涵盖所有的相关主题，因此我们将逐步探索和使用 PyTorch Lightning 的重要主题和不同功能。

以下是使用卷积神经网络构建图像分类器的具体步骤。

（1）加载数据。

（2）构建模型。

（3）训练模型。

（4）计算模型的准确率。

2.5.1 加载数据

猫和狗数据集由各种颜色、角度、品种以及不同年龄组的猫和狗组成。该数据集包含以下两个子文件夹。

- cat - and - dog/training_set/training_set。
- cat - and - dog/test_set/test_set。

第一个子文件夹中包含大约 8 000 张猫和狗的图片。这是用来训练卷积神经网络模型的数据。第二个子文件中包含大约 2 000 张猫和狗的图片。我们将使用这个数据集测试卷积神经网络的 ImageClassifier 模型。

猫和狗的部分样本图片如图 2 - 10 所示。

对于卷积神经网络模型，我们将创建两个数据加载器：一个用于测试；另一个用于训练。每个数据加载器批量提供 256 个图像，每个图像的大小为 64 像素 ×64 像素。以下代码演示如何加载和转换数据。

```
image_size = 64
batch_size = 256
data_path_train = "cat - and - dog/training_set/training_set"
data_path_test = "cat - and - dog/test_set/test_set"
```

在以上代码中，我们首先设置初始化参数：image_size 图像大小为 64 像素 ×64 像素、batch_size 为 256，以及 data_path_train 和 data_path_test 的路径。

图 2 – 10　猫和狗的部分样本图片

首先导入 torchvision 库。我们将使用 torchvision. transforms、torchvision. datasets 的 ImageFolder、torch. utils. data 的数据加载器。

对所有的变量完成初始化后，就可以使用 torchvision 的内置库方便地加载数据集，并对文件夹应用转换。代码如下：

```
train_dataset = ImageFolder(data_path_train, transform=T.
Compose([
    T.Resize(image_size),
    T.CenterCrop(image_size),
    T.ToTensor()]))

test_dataset = ImageFolder(data_path_test, transform=T.
Compose([
```

```
    T.Resize(image_size),
    T.CenterCrop(image_size),
    T.ToTensor()]))

train_dataloader = DataLoader(train_dataset, batch_size,
num_workers=2, pin_memory=True, shuffle=True)
test_dataloader = DataLoader(test_dataset, batch_size,
num_workers=2, pin_memory=True)
```

在上述代码中，我们执行了以下操作。

（1）使用 torchvision. datasets 包的 ImageFolder。

（2）使用 ImageFolder 模块，通过读取 test 和 train 文件夹中的图像，创建两个数据集。

（3）在创建数据集的过程中，还使用了 torchvision 的 transform 模块，将图像转换为 64 个像素，并将图像进行居中裁剪，即将图像转换为 64 像素 ×64 像素的正方形，同时将图像转换为张量。

（4）使用创建的两个数据集 train 和 test，并为这两个数据集分别创建了两个数据加载器。

至此，我们已经创建了一个包含大约 8 000 张图像的训练数据加载器，以及一个包含大约 2 000 张图像的测试数据加载器。所有图像的大小均为 64 像素 ×64 像素，并且被转换为张量形式，将以 256 张图像为一批数据进行批次处理。我们将使用训练数据加载器来训练模型，并使用测试数据加载器来测量模型的准确性。

重要提示

在某些情况下，我们可能需要创建自定义的数据加载程序。接下来的章节将介绍这些技术。

2.5.2 构建模型

为了构建卷积神经网络图像分类器，这里将构建模型的过程分为以下几个步骤。

1. 模型初始化

与 XOR 模型类似，我们首先创建 ImageClassifier 类，该类继承自 PyTorch LightningModule 类。代码如下：

```
class ImageClassifier(pl.LightningModule)
```

重要提示

PyTorch Lightning 中构建的每个模型都必须继承自 PyTorch LightningModule 类，这一点将会贯穿全书。

（1）设置 ImageClassifier 类。可以在__init__方法中对这个类进行初始化。为了让读者更容易理解，将这个方法分解成了几个部分：

```
def __init__(self, learning_rate = 0.001):
    super().__init__()

    self.learning_rate = learning_rate

    #输入大小:(256, 3, 64, 64)
    self.conv_layer1 = nn.Conv2d(in_channels=3,
    out_channels=3,kernel_size=3,stride=1,padding=1)
    #输出形状:(256, 3, 64, 64)
    self.relu1=nn.ReLU()
    #输出形状:(256, 3, 64, 64)
    self.pool=nn.MaxPool2d(kernel_size=2)
    #输出形状:(256, 3, 32, 32)
    self.conv_layer2 = nn.Conv2d(in_channels=3,
    out_channels=6,kernel_size=3,stride=1,padding=1)
    #输出形状:(256, 3, 32, 32)
    self.relu2=nn.ReLU()
    #输出形状:(256, 6, 32, 32)
    self.fully_connected_1 =nn.Linear(in_features=32 * 32
    * 6,out_features=1000)
    self.fully_connected_2 =nn.Linear(in_features=1000,out_features=250)
    self.fully_connected_3 =nn.Linear(in_features=250,out_features=60)
    self.fully_connected_4 =nn.Linear(in_features=60,out_features=2)
    self.loss = nn.CrossEntropyLoss()
```

在以上代码中，ImageClassifier 类接收单个参数，即默认值为 0.001 的学习率。

（2）构建两个卷积层。下面是构建两个卷积层的代码，包括最大池和激活函数：

```
    #输入大小:(256, 3, 64, 64)
    self.conv_layer1 = nn.Conv2d(in_channels=3,
    out_channels=3,kernel_size=3,stride=1,padding=1)
    #输出形状:(256, 3, 64, 64)
    self.relu1=nn.ReLU()
    #输出形状:(256, 3, 64, 64)
    self.pool=nn.MaxPool2d(kernel_size=2)
    #输出形状:(256, 3, 32, 32)
    self.conv_layer2 = nn.Conv2d(in_channels=3,
    out_channels=6,kernel_size=3,stride=1,padding=1)
    #输出形状:(256, 3, 32, 32)
    self.relu2=nn.ReLU()
```

在以上代码中，主要构建了两个卷积层——conv_layer1 和 conv_layer2。从数据加载器获得的图像是作为一批数据进行处理的 256 张彩色图像，因此这些图像有三个输入通道（RGB），每个通道的大小为 64 像素 ×64 像素。

第一个卷积层 conv_layer1 接收大小为（256，3，64，64）的输入，即 256 张图像，每张图像包含三个通道（RGB），每个通道的宽度和高度均为 64 像素。如果观察 conv_layer1，会发现该卷积层是一个二维卷积神经网络，接收三个输入通道，输出三个通道，其内核大小为 3，步幅和填充均为 1 个像素。同时，它还初始化了内核大小为 2 的最大池。

第二个卷积层 conv_layer2 接收三个输入通道作为输入，输出 6 个通道，其内核大小为 3，步幅和填充均为 1。此处，使用两个 ReLU 激活函数，分别初始化为变量 relu1 和 relu2。在后面章节中，我们将介绍如何在这些卷积层上传递数据。

（3）构建两个卷积层，在卷积层之后是其他全连接的线性层。构建四个全连接的线性层以及损失函数的代码如下：

```
self.fully_connected_1 =nn.Linear(in_features =32 * 32
* 6,out_features =1000)
self.fully_connected_2 =nn.Linear(in_features =1000,out_features =250)
self.fully_connected_3 =nn.Linear(in_features =250,out_features =60)
self.fully_connected_4 =nn.Linear(in_features =60,out_features =2)
self.loss = nn.CrossEntropyLoss()
```

在以上代码中，创建了四个全连接的线性层，具体如下所示。

第一个线性层为 self. fully_connected_1，接收 conv_layer2 生成的输出作为输入，self. fully_connected_1 输出 1 000 个节点。

第二个线性层为 self. fully_connected_2，接收第一个线性层的输出，并输出 250 个节点。

第三个线性层为 self. fully_connected_3，接收第二个线性层的输出，并输出 60 个节点。

第四个线性层为 self. fully_connected_4，接收第三线性层的输出，并输出两个节点。

由于这是一种二元分类，这种神经网络结构的输出是两个值之一。最后，初始化损失函数，即 CrossEntropyLoss（交叉熵损失）函数。

（4）体系结构被定义为卷积神经网络和完全连接的线性网络的组合，因此需要在不同层与激活函数直接传递数据。可以通过重载 forward 方法来实现。forward 方法的代码如下：

```
def forward(self, input):
    output =self.conv_layer1(input)
    output =self.relu1(output)
    output =self.pool(output)
    output =self.conv_layer2(output)
    output =self.relu2(output)
    output =output.view( -1, 6 *32 *32)
    output = self.fully_connected_1(output)
```

```
    output = self.fully_connected_2(output)
    output = self.fully_connected_3(output)
    output = self.fully_connected_4(output)
    return output
```

与 PyTorch 类似，PyTorch Lightning 中的 forward 方法接收输入数据作为参数。在上述代码中，执行了以下操作。

①将输入数据传递给第一个卷积层（conv_layer1）。conv_layer1 的输出被传递到 ReLU 激活函数中，ReLU 激活函数的输出被传递到最大池化层中。

②一旦输入数据被第一个卷积层处理，激活函数就将执行池化层。

③将输出传递到第二个卷积层（conv_layer2），第二个卷积层的输出被传递到第二个 ReLU 激活函数。

④数据通过各个卷积层的处理，并且这些层的输出均为多维数据。为了将输出传递到线性层，需要将多维数据转换为一维形式，这可以使用张量视图方法来实现。

⑤一旦数据以一维形式准备就绪，就可以通过四个全连接的层传递，并返回最终的输出结果。

此处需要重申，在 forward 方法中，输入图像数据首先通过两个卷积层，然后将卷积层的输出通过四个完全连接的层，最后返回输出结果。

重要提示

可以使用 save_hyperparameters 方法保存超参数。我们将在后续章节中讨论这项技术。

2. 配置优化器

如 2.4 节所述，为了使 PyTorch Lightning 中的任何模型都能够正常工作，所需的生命周期方法是对优化器进行配置。ImageClassifier 模型的 configure_optimizers 方法的代码如下：

```
def configure_optimizers(self):
    params = self.parameters()
    optimizer = optim.Adam(params=params, lr = self.learning_rate)
    return optimizer
```

在以上代码中，使用的是 Adam 优化器，其学习率已在__init__方法中进行初始化，然后从该方法返回优化器。

configure_optimizers 方法最多可以返回六种不同的输出。与前面的示例一样，该方法还可以返回单个列表/元组对象。对于多个优化器，该方法可以返回两个单独的列表：一个用于优化器；另一个由学习率调度器组成。

重要提示

configure_optimizers 方法可以返回六种不同的输出。本书不会涵盖所有的情况，但在本书后续章节的高级主题中会用到其中一些情况。

例如，当构建一些复杂的神经网络架构（如生成式对抗网络模型）时，可能需要多个优化器，在某些情况下，可能需要一个学习率调度器和优化器。这可以通过在生命周期方法中配置优化器来解决。

3. 配置训练和测试步骤

在前面讨论的 XOR 模型中，可以在训练数据集上训练模型的生命周期方法之一是 training_step。类似地，如果我们想在测试数据集上测试模型，可以使用 test_step 方法。

对于 ImageClassifier 模型，可以使用生命周期方法进行训练和测试。在这个模型中，我们将重点讨论如何记录一些额外的指标，并在训练模型时利用进度栏显示这些指标。

PyTorch Lightning 的 training_step 生命周期方法的代码如下：

```
def training_step(self, batch, batch_idx):
    inputs, targets = batch
    outputs = self(inputs)
    accuracy = self.binary_accuracy(outputs, targets)
    loss = self.loss(outputs, targets)
    self.log('train_accuracy', accuracy, prog_bar = True)
    self.log('train_loss', loss)
    return {"loss":loss, "train_accuracy":accuracy}
```

在上述代码中，执行了以下操作。

（1）在 training_step 方法中，将批量数据作为输入参数，输入数据传递给模型，同时计算 self. loss。

（2）使用 self. binary_accuracy 函数。该函数接收实际目标值和模型的预测输出值作为输入，并计算准确率。完整的 self. binary_accuracy 函数的实现代码可以参考本书的 GitHub 链接。

这里将执行一些在 XOR 模型中没有实现的额外步骤，使用 self. log 函数并记录一些额外的指标。以下代码将记录 train_accuracy 和 train_loss 的值：

```
self.log('train_accuracy', accuracy, prog_bar = True)
self.log('train_loss', loss)
```

在以上代码中，self. log 函数接收度量的 key/name（键/名称）作为第一个参数；第二个参数是度量的值；第三个参数默认为 prog_bar，其默认值为 False。

记录训练数据集的准确率和损失值。这些记录值可以用于绘制图表或进一步的调研，并将帮助我们调整模型。将 prog_bar 参数设置为 True，则在训练模型时会在进度条上显示每个训练周期的 train_accuracy 度量值。

这个生命周期方法可以返回一个字典作为输出，其中包含损失值和测试准确率。

test_step 方法的代码如下：

```
def test_step(self, batch, batch_idx):
    inputs, targets = batch
    outputs = self.forward(inputs)
    accuracy = self.binary_accuracy(outputs,targets)
    loss = self.loss(outputs, targets)
    self.log('test_accuracy', accuracy)
    return {"test_loss":loss, "test_accuracy":accuracy}
```

test_step 方法的代码类似 training_step 方法。唯一的区别是，传递给该方法的数据是测试数据集。在本章的下一小节中，我们将讨论这种方法是如何被触发的。

2.5.3 训练模型

一旦设置好模型，并且定义了所有的生命周期方法，PyTorch Lightning 框架就会使模型的训练变得简单而容易。在 PyTorch Lightning 中，为了训练模型，首先初始化 trainer 类，然后调用其 fit 方法对模型进行实际训练。训练 ImageClassifier 模型的代码如下：

```
model = ImageClassifier()
trainer = pl.Trainer(max_epochs=100, progress_bar_refresh_rate=30, gpus=1)
trainer.fit(model, train_dataloader=train_dataloader)
```

在以上代码中，首先使用默认学习率 0.001 来初始化 ImageClassifier 模型；然后，从 PyTorch Lightning 框架中对 trainer 类对象进行初始化，并设置 100 个训练周期，而且使用单个 GPU，同时将进度条速率设置为 30。我们的模型利用 GPU 进行计算，并运行了总共 100 个训练周期。

对任何 PyTorch Lightning 模型的训练主要在 Jupyter 笔记本上进行，每个训练周期的训练进度都会在进度条中可视化显示。该参数可以控制并更新进度条的速度。我们将前面小节中创建的模型以及训练数据加载器传递给 fit 方法。在 training_step 方法中，可以批量访问来自训练数据加载器的数据，这就是我们训练和计算损失值的地方。

图 2-11 显示了用于训练的度量指标。

在 training_step 方法中记录了 train_accuracy，并将 prog_bar 的值设置为 True。因此，在每个训练周期的进度条中都会显示 train_accuracy 的度量指标（见图 2-11）。

```
GPU available: True, used: True
TPU available: None, using: 0 TPU cores

   | Name              | Type             | Params
------------------------------------------------------------
0  | metrics           | Accuracy         | 0
1  | conv_layer1       | Conv2d           | 84
2  | relu1             | ReLU             | 0
3  | pool              | MaxPool2d        | 0
4  | conv_layer2       | Conv2d           | 168
5  | relu2             | ReLU             | 0
6  | fully_connected_1 | Linear           | 6.1 M
7  | fully_connected_2 | Linear           | 250 K
8  | fully_connected_3 | Linear           | 15.1 K
9  | fully_connected_4 | Linear           | 122
10 | loss              | CrossEntropyLoss | 0
------------------------------------------------------------
6.4 M     Trainable params
0         Non-trainable params
6.4 M     Total params
25.643    Total estimated model params size (MB)
Epoch 99: 100%  32/32 [00:21<00:00, 1.47it/s, loss=0.145, v_num=2, train_accuracy=0.953]
```

图 2-11　将 ImageClassifier 模型训练 100 个训练周期

至此，我们已经在训练数据集上对模型进行了 100 个训练周期的训练，根据进度条上显示的 train_accuracy 度量指标，训练准确率为 95%。检查模型在测试数据集上的性能非常重要。

2.5.4　计算模型的准确率

为了计算模型的准确率，我们需要通过测试数据加载器传递测试数据，并在测试数据集上检查准确率。为了在测试数据集上计算模型的性能，可以使用 trainer 类中的 test 方法。具体的调用方法如下：

```
trainer.test(test_dataloaders = test_dataloader)
```

在以上代码中，调用 trainer 对象的 test 方法，并传入测试数据加载器。同时，PyTorch Lightning 会在内部调用 test_step 方法，并批量传递数据。

上述代码的输出提供了测试精度和损失值，如图 2-12 所示。

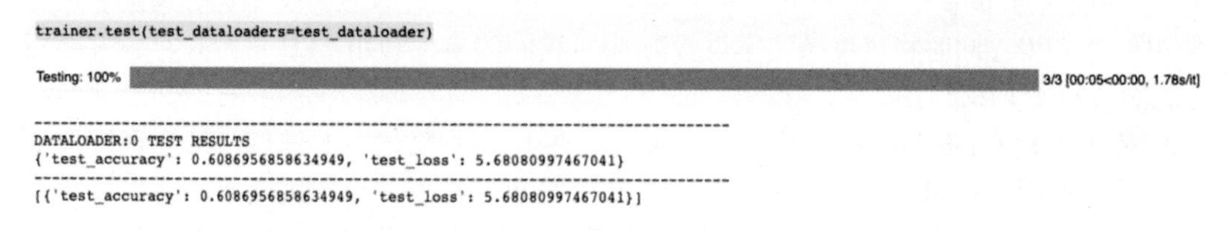

图 2-12　test 方法的输出

上述输出结果表明，ImageClassifier 模型在测试数据集上的准确率为 60%。至此，我们完成了使用卷积神经网络构建简单的图像分类器模型。在稍后的第 9 章中，将部署这个猫和狗的模型进行预测，并讨论各种部署格式。如果读者想立即部署此模型，可以参考第 9 章。

重要提示

读者可能已经注意到，该模型在训练数据集上具有很高的准确率，但在测试数据集的情况下，准确率会下降。这种行为通常称为过拟合（Overfitting）。这通常发生在模型记住了一个训练集，而没有在一个新的数据集上泛化的情况下。有多种方法可以使模型在测试数据集上表现得更好，这种方法称为正则化方法（Regularization）。批量规范化、弃权技术（Dropout）等在规范化模型时非常有用。读者进行尝试，就会发现测试准确率会提高。在后续章节中，我们也会使用这些技术。

2.5.5　模型改进练习

- 尝试以不同的训练周期运行模型，看看如何提高准确率。
- 尝试调整批次大小并查看结果。在某些情况下，较小的批次可能导致有趣的结果。
- 尝试更改优化器的学习率，甚至使用不同的优化器，如 AdaGrad，以查看性能是否发生变化。在通常情况下，较低的学习率意味着更长的训练时间，但可以避免错误的收敛。
- 尝试不同的数据增强方法，如 T. HorizontalFlip、T. VerticalFlip 或 T. RandomRotate。数据增强方法会创建新的数据项，通过旋转或翻转图像，从原始图像中生成一组新的用于训练的数据。这些原始图像的附加变化使模型能够更好地学习，并提高其在新图像上的准确率。
- 尝试添加第三层卷积或额外的全连接层，以查看其对模型准确率的影响。

上述这些变化都将改善模型。读者可能还需要增加启用的 GPU 数量，因为模型可能需要更多的计算能力。

2.6　本章小结

在本章中，我们基本了解了多层感知器神经网络和卷积神经网络，它们都是深度学习的基础。我们了解到，使用 PyTorch Lightning 框架可以轻松构建模型。虽然多层感知器和卷积神经网络听起来像是基本模型，但它们在商业应用方面相当先进，许多公司都准备将它们应用于工业用途。神经网络被广泛用作结构化数据的分类器，用于预测用户对某项服务的喜好、响应倾向，以及营销活动优化等。卷积神经网络还广泛应用于许多工业应用，例如，统计图像中物体的数量、识别保险索赔中的汽车凹痕、人脸识别以确认罪犯等。

在本章中，我们讨论了如何使用多层感知器模型构建最简单但最重要的 XOR 运算符；进一步扩展了多层感知器的概念，建立了第一个卷积神经网络深度学习模型来识别图像；使用 PyTorch Lightning，讨论了如何使用最少的编码和内置函数来构建深度学习模型。

虽然深度学习模型非常强大，但这些模型也需要巨大的算力（Compute Power）。为了达到研究论文中通常看到的准确率，我们需要为大量数据扩展模型，并对其进行数千个训练周期的训练，因此需要在硬件上进行大量的投资，或者为云计算的使用支付惊人的费用。解决这个问题的一种方法是不要从头开始训练深度学习模型，而是使用由这些大模型训练模型提供的信息，并将其迁移到我们的模型中。这种方法也称为迁移学习，迁移学习在深度学习领域非常流行，因为它有助于节省时间和金钱。

下一章将讨论如何利用迁移学习，在较少的训练周期取得非常好的结果，而不必担心从头开始的全面训练所要耗费的时间和金钱。

第3章

使用预训练的模型进行迁移学习

深度学习模型所涉及的数据越多，其准确率就越高。最引人注目的深度学习模型，如 ImageNet，就是在数百万张图像上进行训练，这种训练通常需要大量的算力。从某种角度而言，用于训练 OpenAI 的 GPT3 模型所需的电量甚至可以为整个城市供电。毫无疑问，对于大多数项目而言，从零开始训练这一类复杂的深度学习模型，其成本是非常高的。

由此引出了如下问题：我们真的需要每次都从头开始对一个深度学习模型加以训练吗？对于这个问题，目前存在一种解决方案。该方案并不是从头开始训练深度学习模型，而是从一个已经训练过的模型中借用类似主题的表征。例如，如果用户想通过训练一个图像识别模型进行人脸识别，那么可以对卷积神经网络进行训练来学习每一层的所有表征。或者，可以换一种思路："既然世界上所有的人脸都有相似的表征，并且已经存在一些在数百万张人脸上训练过的模型，为什么不从这些模型中借用表征，并将这些表征直接应用到我们的数据集中呢？"这个简单的思想称为迁移学习。

迁移学习是一种技术，它帮助我们从先前构建的模型中获得知识，而这些模型都是为了完成类似的任务而构建的。例如，为了学习如何骑行山地自行车，我们可以利用之前学习骑自行车时已经获得的相关知识。迁移学习不仅适用于将学习到的表征从一组图像迁移到另一组图像，也适用于语言模型。

在机器学习社区中，包含了各种预先构建的模型，模型的作者分享了模型的权重。对这些已训练模型权重的再利用，可以避免长时间的训练，从而节省计算成本。

在本章中，我们尝试利用现有的预训练模型来构建图像分类器和文本分类器，即使用一个称为 VGG－16 的流行卷积神经网络体系结构来构建图像分类器，使用另一个风靡一时的 Transformer 体系结构（称为 BERT）来构建文本分类器。本章将展示如何使用 PyTorch Lightning 的生命周期方法，以及如何使用迁移学习技术来构建模型。

本章涵盖以下主题。

- 迁移学习入门。
- 使用预训练的 VGG－16 体系结构的图像分类器。
- 使用预训练的 BERT 体系结构的文本分类器。

3.1 技术需求

在本章中，主要使用以下 Python 模块。

- PyTorch Lightning（版本 1.2.3）。
- torch（版本 1.8.1）。
- matplotlib（版本 3.2.2）。
- Transformer（版本 3.0.0）。
- sklearn（版本 0.22.2）。
- torchvision（版本 0.9.1）。

请读者将上述所有模块都导入 Jupyter 环境。有关如何导入软件包的帮助信息，可以参阅第 1 章中的相关内容。

读者可以通过 GitHub 链接获取本章中的示例代码：https://github.com/PacktPublishing/Deep-Learning-with-PyTorch-Lightning/tree/main/Chapter03。

本章中使用的源数据集链接地址如下：CIFAR-10：https://PyTorch.org/vision/stable/datasets.html#cifar(citation：Learning Multiple Layers of Features from Tiny Images(https://www.cs.toronto.edu/~kriz/learning-features-2009-TR.pdf)，Alex Krizhevsky，2009)。

该数据集包含 60 000 张图像，涉及 10 个类别。

20 个新闻组文本数据集的链接地址如下：https://scikit-learn.org/0.19/datasets/twenty_newsgroups.html。

该数据集包含 18 846 篇新闻组帖子，这些新闻组来自 20 个不同的主题。

3.2 迁移学习入门

迁移学习有许多有趣的应用，其中最引人注目的应用是将一幅图像转换为某个著名画家（如梵高或毕加索）的绘画风格，如图 3-1 所示。

(a)

(b)

图 3-1　艺术风格的神经算法（图片来源：https://arxiv.org/pdf/1508.06576v2.pdf）

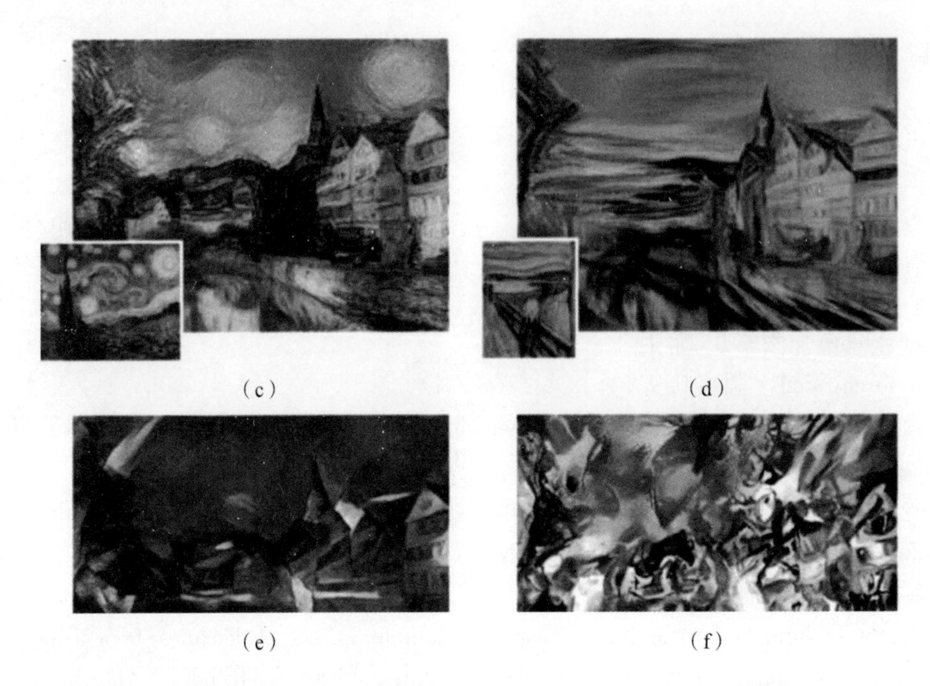

图 3 – 1　艺术风格的神经算法（图片来源：https://arxiv. org/pdf/1508. 06576v2. pdf）（续）

上述示例也称为样式转换（Style Transfer）。有许多专门的算法可以完成样式转换任务，其中 VGG – 16 是比较流行的体系结构之一。

首先，在 CIFAR – 10 数据集上，使用 VGG – 16 创建一个简单的图像分类模型。在本章的两个示例中，将使用预先训练好的模型及其权重，并对模型进行微调，使其适用于我们的数据集。预训练模型具有一个比较突出的优点：因为模型已经在一个庞大的数据集上进行了训练，所以可以在较少的训练周期内获得良好的结果。

其次，构建一个文本分类模型，该模型使用基于 Transformer 的双向编码器表示（Bidirectional Encoder Representations from Transformers，BERT）体系结构。

在下一节中，将使用 sklearn 和 torchvision 中的数据集构建模型。使用迁移学习的模型通常遵循以下步骤。

（1）访问预训练的模型。

（2）配置预训练的模型。

（3）构建模型。

（4）训练模型。

（5）评估模型的性能。

如果读者曾经使用过 torch，并且也使用过迁移学习来构建深度学习模型，那么会发现，torch 和迁移学习与 PyTorch Lightning 存在相似之处。二者之间唯一的区别在于是否使用 PyTorch Lightning 的生命周期方法，从而使处理过程变得更加简单和容易。

3.3　使用预训练 VGG－16 体系结构的图像分类器

VGG－16 也称为 OxFordNet，它是一种卷积神经网络体系结构，首次由牛津大学的 K. Simonyan 和 A. Zisserman 发表在一篇题为 *Very Deep Convolution Networks for Large－Scale Image Recognition*（用于大规模图像识别的超深度卷积网络）的论文中。VGG－16 体系结构包含 16 个层，在 ImageNet 数据集上进行训练，该数据集包含 1 400 万张图像，属于 1 000 个不同的类别，包括动物、汽车、键盘、鼠标、钢笔和铅笔等类别。VGG－16 的体系结构如图 3－2 所示。

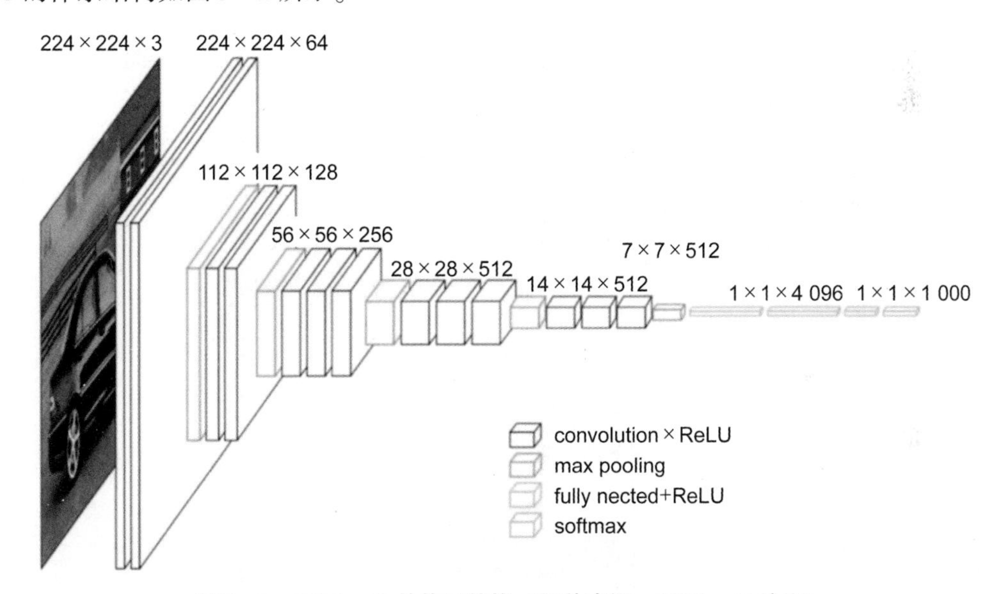

图 3－2　VGG－16 的体系结构（图片来源：VGG－16 论文）

在 VGG－16 模型的体系结构中，包含几个卷积层，在卷积层之后，有一个 avgpool 层和一个分类器层，分类器层是一个序列层。

在 ImageNet 数据集上训练的 VGG－16 模型，其训练过程长达数周时间。再次强调，正如引言中所述，迁移学习的一个巨大优越性在于，不需要从头开始训练模型；相反，可以直接使用模型的权重并引导整个训练过程。

在本节中，我们将使用 VGG－16 对模型进行预训练。将对其进行配置以处理和训练 CIFAR－10 图像数据集。使用预训练的 VGG－16 模型构建图像分类器的过程，基本上遵循前面详述的如下主要步骤。

（1）加载数据。

（2）构建模型。

（3）训练模型。

（4）计算模型的准确率。

在接下来的几个小节中，将逐步实现上述操作步骤。

3.3.1 加载数据

PyTorch Lightning 提供若干不同的处理数据集的方法。其中一种方法是使用 PyTorch Lightning 的 DataModule（数据模块）。目前，DataModule 是处理和构造数据的最佳方法。可以通过继承 PyTorch Lightning 模块中的 DataModule 类来创建数据模块。使用此模块的一个优点是，比模型附带了一些生命周期方法。生命周期方法可以帮助我们完成数据准备的不同阶段，如加载数据、处理数据，以及设置训练、验证和测试数据加载器的实例。

本章使用 CIFAR－10 数据集，该数据集由 torchvision 提供。CIFAR－10 数据集包含 10 个不同类别的 60 000 张图像。有关此数据集的更多信息，请参见以下网页 https://www.cs.toronto.edu/~kriz/cifar.html。图 3－3 显示了一些来自 CIFAR－10 数据集的示例图像。

图 3－3　全部 10 个类别的 CIFAR－10 样本图像

创建 CIFAR10DataModule 类，该类继承自 Lightning DataModule 类。创建 CIFAR10DataModule 类的代码片段如下：

```
class CIFAR10DataModule(pl.LightningDataModule):
```

- CIFAR10DataModule 类的目标是加载 CIFAR－10 数据集，对图像进行转换，并将数据集拆分成训练数据集、验证数据集和测试数据集，然后创建对应的数据加载器实例。
- CIFAR10DataModule 类接收一些输入参数，其__init__方法的代码如下。

```
def __init__(self, image_size =32, batch_size =64, test_batch_size = 10000):
    super().__init__()
    self.batch_size = batch_size
    self.test_batch_size = test_batch_size
```

```
    self.transform = T.Compose([
        T.Resize(size = image_size),
        T.CenterCrop(size = image_size),
        T.ToTensor(),
        ])
```

在以上代码中，定义的数据模块接收以下三个输入参数。

- image_size（图像大小）：需要转换的图像大小。默认值为 32。
- batch_size（批次大小）：训练数据和验证数据的批次大小。默认值为 64。
- test_batch_size（测试批次大小）：测试数据的批次大小。默认值为 10 000。

在__init__方法中，创建了几个类变量，并执行了一些图像转换，同时创建了一个 transform 对象，该对象主要执行以下三个操作。

（1）将图像大小调整为传递给数据模块输入参数 image_size 所指定的大小。

（2）使用 CenterCrop 转换，将图像居中，根据传递给数据模块的输入参数 image_size 所指定的大小，将图像转换为指定尺寸的正方形。

（3）将数据转换为张量。

在__init__方法中，将为批次大小初始化一些变量，并对转换器进行设置以转换所传入的信息。

至此，一些必要的设置已经准备就绪，接下来需要加载和处理数据。这可以通过 Lightning 的 setup 方法来实现。

setup 是一种用来加载 CIFAR－10 数据集、拆分数据集和创建数据加载器实例的方法。setup 方法的代码如下：

```
def setup(self, stage = None):
    val_size = 3000

    dataset = CIFAR10(root ='/', download = True, transform = self.transform)
    test_dataset = CIFAR10(root ='/', train = False, transform = self.transform)
    train_size = len(dataset) - val_size
    train_dataset, val_dataset = random_split(dataset, [train_size, val_size])

    self.train_data_loader = DataLoader(train_dataset,
        self.batch_size, shuffle = True, num_workers = 4, pin_memory = True)
    self.val_data_loader = DataLoader(val_dataset, self.
        batch_size, num_workers = 4, pin_memory = True)
    self.test_data_loader = DataLoader(test_dataset, self.
        test_batch_size, num_workers = 4, pin_memory = True)
```

在上述 setup 方法中，主要执行以下两种操作。

（1）从 torchvision 中加载 CIFAR－10 数据集，并将数据集拆分为训练数据集、验证数据集和测试数据集。

（2）使用前面步骤中所创建的数据集，创建三个不同的数据加载器实例，分别对应训练数据集、验证数据集和测试数据集。

在 setup 方法中创建了三个数据加载器实例，分别对应 CIFAR - 10 数据的训练数据集、验证数据集和测试数据集。下一步是返回对应训练数据集、验证数据集和测试数据集的数据加载器实例。以上操作可以使用其他 Lightning 的数据模块生命周期方法轻松实现，其代码片段如下：

```
def train_dataloader(self):
    return self.train_data_loader

def val_dataloader(self):
    return self.val_data_loader

def test_dataloader(self):
    return self.test_data_loader
```

在以上代码片段中，我们重写了三个生命周期方法，这三个生命周期方法分别返回用于训练数据集、验证数据集和测试数据集的数据加载器实例。在 PyTorch Lightning 内部的训练期间，将使用这些生命周期方法来加载数据集，具体内容将在下一节展开讨论。

至此，CIFAR - 10 数据模块就可以提供 CIFAR - 10 数据集了。在训练数据加载器中包含了 47 000 张图像，在验证数据加载器中包含了 3 000 张图像，在测试数据加载器中包含了 10 000 张图像。

总而言之，此处我们使用了 Lightning 数据模块生命周期方法来加载和转换 CIFAR - 10 数据集，同时初始化了一些生命周期方法，返回分别用于训练数据集、验证数据集和测试数据集的数据加载器实例。

重要提示

对于测试数据集，总共包含 10 000 张图像，因此将 test_batch_size 设置为 10 000。当创建一个数据模块对象时，将使用 test_batch_size，也就是说，将提供完整的测试数据集，并将避免使用批次进行处理。有关这种做法的原因，将在本章后面的小节中进行解释说明。

3.3.2　构建模型

如第 2 章所述，在 PyTorch Lightning 中构建的任何模型都必须继承自 LightningModule 类。首先，创建一个名为 ImageClassifier 的类。代码如下：

```
class ImageClassifier(pl.Lightning Module):
```

VGG - 16 模型是在一个不同的数据集上进行训练的。为了使 VGG - 16 模型在 CIFAR - 10 数据集上工作，需要在模型初始化方法中，对该模型进行一些配置和调整。

如前所述，在 VGG - 16 模型架构中，包含几个卷积层，在卷积层之后，有一个 avgpool 层和一个分类器层，这是一个序列层。

VGG-16 体系结构的代码实现如下：

```
  VGG(
    (features): Sequential(
             (0): Conv2d(3, 64, kernel_size = (3, 3), stride = (1, 1),padding =
(1,1))
             (1): ReLU(inplace = True)
             (2): Conv2d(64, 64, kernel_size = (3, 3), stride = (1, 1),padding =
(1,1))
             (3): ReLU(inplace = True)
             (4): MaxPool2d(kernel_size =2, stride =2, padding =0,
  dilation =1, ceil_mode = False)
             (5): Conv2d(64, 128, kernel_size = (3, 3), stride = (1, 1),padding =
(1,1))
             (6): ReLU(inplace = True)
             (7): Conv2d(128, 128, kernel_size = (3, 3), stride = (1, 1),padding
=(1, 1))
             (8): ReLU(inplace = True)
             (9): MaxPool2d(kernel_size =2, stride =2, padding =0,
  dilation =1, ceil_mode = False)
             (10): Conv2d(128, 256, kernel_size = (3, 3), stride = (1, 1),padding
=(1, 1))
```

下面继续添加 VGG-16 体系结构的其他代码片段：

```
             (11): ReLU(inplace = True)
             (12): Conv2d(256, 256, kernel_size = (3, 3), stride = (1, 1),padding
=(1, 1))
             (13): ReLU(inplace = True)
             (14): Conv2d(256, 256, kernel_size = (3, 3), stride = (1, 1),padding
=(1, 1))
             (15): ReLU(inplace = True)
             (16): MaxPool2d(kernel_size =2, stride =2, padding =0,
  dilation =1, ceil_mode = False)
             (17): Conv2d(256, 512, kernel_size = (3, 3), stride = (1, 1),
  padding = (1, 1))
             (18): ReLU(inplace = True)
             (19): Conv2d(512, 512, kernel_size = (3, 3), stride = (1, 1),
  padding = (1, 1))
             (20): ReLU(inplace = True)
             (21): Conv2d(512, 512, kernel_size = (3, 3), stride = (1, 1),
  padding = (1, 1))
             (22): ReLU(inplace = True)
             (23): MaxPool2d(kernel_size =2, stride =2, padding =0,
  dilation =1, ceil_mode = False)
             (24): Conv2d(512, 512, kernel_size = (3, 3), stride = (1, 1),
  padding = (1, 1))
             (25): ReLU(inplace = True)
```

现在，添加以下代码：

```
(26): Conv2d(512, 512, kernel_size=(3, 3), stride=(1, 1),padding=(1, 1))
(27): ReLU(inplace=True)
(28): Conv2d(512, 512, kernel_size=(3, 3), stride=(1, 1),padding=(1, 1))
(29): ReLU(inplace=True)
(30): MaxPool2d(kernel_size=2, stride=2, padding=0,
dilation=1, ceil_mode=False)
)
(avgpool): AdaptiveAvgPool2d(output_size=(7, 7))
(classifier): Sequential(
```

接着，为所需的输出添加以下代码：

```
    (0): Linear(in_features=25088, out_features=4096,
bias=True)
    (1): ReLU(inplace=True)
    (2): Dropout(p=0.5, inplace=False)
    (3): Linear(in_features=4096, out_features=4096, bias=True)
    (4): ReLU(inplace=True)
    (5): Dropout(p=0.5, inplace=False)
    (6): Linear(in_features=4096, out_features=1000, bias=True)
    )
)
```

在前面所述的 VGG-16 体系结构中，包含几个卷积层，然后是 avgpool 层和分类器层。对于使用 CIFAR-10 数据集训练模型的用例，不需要 avgpool 层，通过观察，可以发现最终的分类器层会给出 1 000 种输出。该模型可以对 1 000 种图像进行分类，但在我们的例子中，只需要 10 个类别。

可以在初始化方法中，对 VGG-16 模型进行更改，以使其能够处理 CIFAR-10 数据集。

__init__方法将学习率作为输入，其默认值为 0.001。我们将使用交叉熵损失函数。当加载 VGG-16 模型时，冻结现有层的权重非常重要，也就是说，避免反向传播。其背后的原因在于，VGG-16 模型是在大量图像上训练和调优的，因此可以利用这些现有的权重。以下代码可用于冻结权重并避免反向传播：

```
self.pretrain_model = vgg16(pretrained=True)
self.pretrain_model.eval()
for param in self.pretrain_model.parameters():
    param.requires_grad = False
```

在以上代码片段中，我们加载 VGG-16 模型，将模型模式更改为 eval，遍历每个参数，并将 requires_grad 的值设置为 False。这样，当使用 CIFAR-10 数据训练 ImageClassifier 模型时，就不会改变 VGG-16 模型设置的当前权重。

为了更改 VGG－16 模型的最后一层，以便只对 10 种类别的图像进行分类，需要覆盖最后一层。以下代码片段演示了如何执行此操作：

```
self.pretrain_model.avgpool = nn.Identity()
self.pretrain_model.classifier = nn.Sequential(
                                    nn.Linear(512, 256),
                                    nn.ReLU(),
                                    nn.Dropout(0.2),
                                    nn.Linear(256,10),
                                 )
```

在以上代码中，首先使用 Identity 层覆盖 avgpool 层，然后使用 Sequential 层覆盖 classifier 层。Sequential 层由两个线性层组成，以 ReLU 作为激活函数，Dropout 值为 0.2。

重要提示

VGG－16 模型在所有卷积层之后，输出 512 个特征。因此，第一个线性层接收大小为 512 的输入。

最后一个线性层的输出为 10，因为 CIFAR－10 数据集由 10 个不同的类别组成。

标识层是一个简单的线性层，该层接收输入并在不做任何更改的情况下输出相同的结果。

在前面的代码中，覆盖了 VGG－16 模型中的一些层，以接收 CIFAR－10 数据集。当使用新的数据集对模型进行训练时，只会影响新添加的序列层的权重，其他层的权重不会受到影响。

现在，模型已准备好接收新的 CIFAR－10 数据集，此时向模型传递数据很简单。可以使用 forward 方法完成，代码如下：

```
def forward(self, input):
    output = self.pretrain_model(input)
    return output
```

在 forward 方法中，接收到的 input 数据被传递给预先训练好的模型，并返回输出。

对于这个分类器，使用 Adam 优化器作为自己的优化器。以下是 configure_optimizers 方法的实现代码：

```
def configure_optimizers(self):
    params = self.parameters()
    optimizer = optim.Adam(params = params, lr = self.learning_rate)
    return optimizer
```

在以上的生命周期方法中，使用的是 Adam 优化器，其学习率在__init__方法中定义。

该方法将输出 optimizer。

在 DataModule 类中，我们编写了生命周期方法来返回用于训练、验证和测试数据的数据加载器实例。在 model（模型）类中，应该访问这些数据以进行训练、验证和测试。这可以通过覆盖一些生命周期方法来实现。以下是覆盖训练、验证和测试数据集的代码片段：

```
def training_step(self, batch, batch_idx):
    inputs, targets = batch
    outputs = self(inputs)
    preds = torch.argmax(outputs, dim=1)
    train_accuracy = accuracy(preds, targets)
    loss = self.loss(outputs, targets)
    self.log('train_accuracy', train_accuracy, prog_bar=True)
    self.log('train_loss', loss)
    return {"loss":loss,}
```

验证和测试数据将重复前面的代码块（完整代码请参见 GitHub 页面）。对于 training_step、validation_step 和 test_step 方法，将批次大小和批次索引作为输入。PyTorch Lightning 框架负责在 DataModule 中所定义的数据加载器实例之间传递正确的数据。也就是说，训练数据从训练数据加载器分批次传递到 training_step，然后验证数据从验证数据加载器传递到 validation_step，测试数据从测试数据加载器传递到 test_step[①]。在 training_step 方法中，将输入数据传递给模型，计算并返回损失值。PyTorch Lightning 框架负责反向传播。在验证和测试步骤中，使用 PyTorch_Lightning. metrics. functional 中预先构建的准确率方法，计算损失值和准确率。

对于前面所述的三种生命周期方法，数据都是按批次传递的。对于训练和验证，数据分为 64 个批次进行传递，模型对这 64 个批次中每一个批次的数据分别进行一次训练。准确率和损失值是针对每一个批次的数据进行计算的，而不是针对完整的数据集。

为了计算完整数据集的准确率，需要在单个批次中传递完整的数据集。如果读者还记得的话，在 DataModule 中，定义 test_batch_size 为 10 000，这就是如何在单个批次处理中从测试数据加载器中加载整个数据集的方法。这样做的原因是将整个数据集作为一个批次来计算准确率，并避免进一步的计算工作。如果测试数据集不大，这种方法可能效果很好。还有其他方法来计算准确率，这将在接下来的章节中介绍。

重要提示

当试图在单个批次中加载整个数据集时，如果数据集太大，可能会耗尽 CPU/GPU 内存，这意味着可能无法正常运作。下一节将介绍一个更好的方法来计算完整测试数据集的准确率。

---

① 原书此处有误，应该是 test_step。——译者注

3.3.3 训练模型

训练模型的过程与第 2 章所述的过程相同。以下是使用 Trainer 类训练模型的代码。

请注意，下面的代码将使用 GPU。为了正常运行该代码，请确保环境中已启用了 GPU。如果没有 GPU，那么也可以使用 CPU 替换 GPU。相关代码如下：

```
model = ImageClassifier()
trainer = pl.Trainer(max_epochs =6, progress_bar_refresh_rate =30, gpus =1)
trainer.fit(model,data_module)
```

在以上代码中，将 max_epochs 值设置为 6 来初始化 trainer 类。在 fit 方法中，将前面创建的 model 对象和 DataModule 实例作为参数传递。在这里，PyTorch Lightning 在内部使用 DataModule 类中定义的生命周期方法来访问和设置数据，并访问数据加载器实例，以获取训练、验证和测试数据。

至此，模型针对 CIFAR－10 数据集，共进行了 6 个训练周期的训练。在训练阶段，只调用 training_step 和 validation_step 方法，如图 3－4 所示。

图 3－4 使用 6 个训练周期来训练图像分类器

3.3.4 计算模型的准确率

计算模型的准确率包括测量模型将图像分为 10 个不同类别的能力。可以在测试数据集上测量准确率，代码如下：

```
trainer.test()
```

代码运行效果如图 3－5 所示。

```
Testing: 100%                                                   1/1 [00:02<00:00, 2.78s/it]
/usr/local/lib/python3.7/dist-packages/torch/utils/data/dataloader.py:477: UserWarning: This DataLoader will create 4 worker processes in total. Our suggested max number of worker in cu
  cpuset_checked))
tensor(0.6348, device='cuda:0')

--------------------------------------------------------------------------------
DATALOADER:0 TEST RESULTS
{'test_accuracy': 0.6348000168800354, 'test_loss': 1.054628610610962}
--------------------------------------------------------------------------------
[{'test_accuracy': 0.6348000168800354, 'test_loss': 1.054628610610962}]
```

图 3－5 测试数据集上的模型准确率和损失值

在这里，模型经过了 6 个训练周期的训练，在 10 000 张测试图像上获得了 63% 的准确率。

总结一下：首先，构建 DataModule 实例，其中包含处理和服务数据加载器实例所需的所有生命周期方法；然后，通过配置和调整 VGG－16 预训练模型来构建模型，以便在 CIFAR－10 数据集上进行训练。在训练数据集上对模型进行了 6 个训练周期的训练，并在测试数据集上测量了模型的性能，得到了 63% 的准确率。

即使只有 6 个训练周期，也可以获得比较不错的结果，因为该模型使用了从 ImageNet 数据集中学习到的表征。如果没有这些表征，那么需要更多的训练周期，才能够获得我们实现的准确率评分。

3.4 基于 BERT transformer 的文本分类

使用 BERT transformer 的文本分类是一种基于 Transformer 的自然语言处理机器学习技术，由谷歌公司开发。雅各布·德夫林（Jacob Devlin）于 2018 年创建并发布了 BERT。在 BERT 之前，针对自然语言的机器学习任务，通常使用半监督模型（如递归神经网络或序列模型）。BERT 是第一个无监督的语言模型方法，在自然语言处理任务中取得了最先进的性能。大型 BERT 模型由 24 个编码器和 16 个双向注意力头组成，并且在大约 30 亿个单词的图书语料库单词和英文维基百科条目上进行训练，后来扩展到 100 多种语言。使用预先训练好的 BERT 模型，可以对文本执行多种任务，如分类、信息提取、问题回答、摘要、翻译和文本生成。BERT 体系结构如图 3－6 所示。

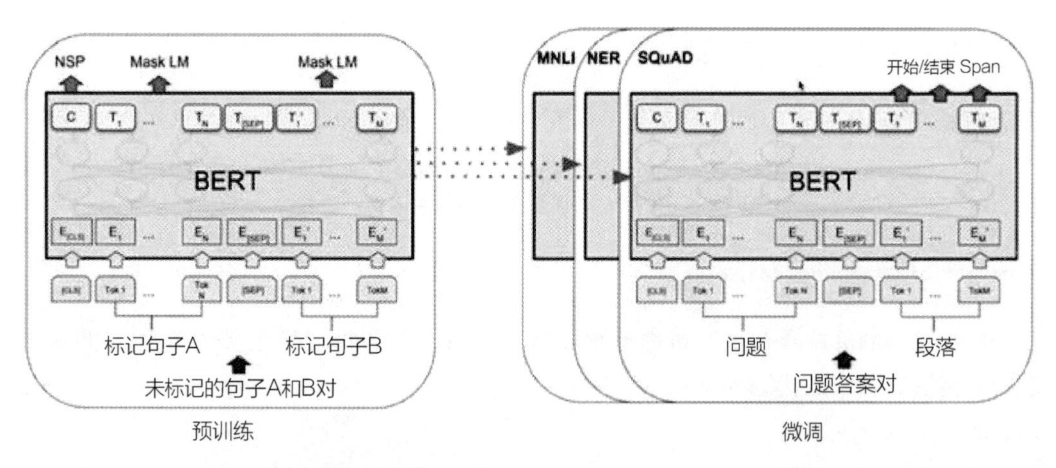

图 3－6　BERT 体系结构（图片来源：Paper user－generated data：Achilles' heel of BERT）

在本节中，我们将使用预训练的 BERT 模型构建文本分类模型。在 PyTorch Lightning 中，构建模型可以使用多种不同的方式，本书将讨论一种不同的建模方式和风格。本节仅使用 PyTorch Lightning 来构建模型。

在正式构建模型之前，先讨论以下用于本节文本分类器模型的文本数据。本节将使用 sklearn 中提供的 20 个新闻组数据集。该数据集由来自 20 个不同主题的新闻组的 18 846篇帖子组成。该数据集中全部 20 个主题的完整列表如图 3－7 所示。

```
['alt.atheism',
 'comp.graphics',
 'comp.os.ms-windows.misc',
 'comp.sys.ibm.pc.hardware'
 'comp.sys.mac.hardware',
 'comp.windows.x',
 'misc.forsale',
 'rec.autos',
 'rec.motorcycles',
 'rec.sport.baseball',
 'rec.sport.hockey',
 'sci.crypt',
 'sci.electronics',
 'sci.med',
 'sci.space',
 'soc.religion.christian',
 'talk.politics.guns',
 'talk.politics.mideast',
 'talk.politics.misc',
 'talk.religion.misc']
```

图 3-7　新闻组数据集中全部 20 个主题的完整列表

图 3-8 所示是 20 个新闻组数据集中的文本数据示例，该帖子正在讨论一辆双门跑车。

```
From: lerxst@wam.umd.edu (where's my thing)
Subject: WHAT car is this!?
Nntp-Posting-Host: rac3.wam.umd.edu
Organization: University of Maryland, College Park
Lines: 15

 I was wondering if anyone out there could enlighten me on this car I saw
the other day. It was a 2-door sports car, looked to be from the late 60s/
early 70s. It was called a Bricklin. The doors were really small. In addition,
the front bumper was separate from the rest of the body. This is
all I know. If anyone can tellme a model name, engine specs, years
of production, where this car is made, history, or whatever info you
have on this funky looking car, please e-mail.

Thanks,
- IL
   ---- brought to you by your neighborhood Lerxst ----
```

图 3-8　20 个新闻组数据集中的文本数据示例

我们的目标是使用迁移学习技术和 BERT 模型将文本分为 20 个不同的类别。以下是构建文本分类器模型的步骤。

（1）初始化模型。

（2）自定义输入层。

（3）准备数据。

（4）设置数据加载器实例。

（5）设置模型训练。

（6）设置模型测试。

（7）训练模型。

（8）测量准确率。

3.4.1　初始化模型

到目前为止，我们已经了解到一个事实：每当在 PyTorch Lightning 中构建模型时，必须创建一个扩展/继承自 LightningModule 的类，以便能够访问 Lightning 的生命周期方法。首先，创建一个 TextClassifier 类，其实现代码片段如下：

```
class TextClassifier(pl.Lightning Module):
```

以下是模型初始化部分的代码片段。__init__方法接收三个输入参数，代码如下：

```
def __init__(self, max_seq_len =350, batch_size =256, learning_rate = 0.001):
```

在以上的代码中，文本分类器模型接收以下三个输入参数。

- max_seq_len：要处理的单词的最大长度，默认值为 350。
- batch_size：每个训练周期用于训练模型的数据的批次大小，默认值为 256。
- learning_rate：学习率的值，默认值为 0.001。

重要提示

任何长度小于 max_seq_len 的输入文本数据都将被填充，任何长度大于 max_seq_len 的文本数据都将被修剪。

在__init__方法中，首先初始化所需的变量和对象，代码如下：

```
self.learning_rate = learning_rate
self.max_seq_len = max_seq_len
self.batch_size = batch_size
self.loss = nn.CrossEntropyLoss()
self.test_accuracy = pl.metrics.Accuracy()
```

在以上代码中，首先设置文本分类器接收的输入参数值，即 learning_rate，max_seq_len 和 batch_size。然后，创建两个对象：一个是 CrossEntropyLoss 函数；另一个是 PyTorch Lightning 度量中的 Accuracy 对象。我们将在本章后面的内容中，讨论如何利用损失函数和 PyTorch Lightning 准确率度量指标。

下面使用以下代码片段来创建 BERT 模型：

```
self.pretrain_model = AutoModel.from_pretrained('bert - base - uncased')
self.pretrain_model.eval()
for param in self.pretrain_model.parameters():
    param.requires_grad = False
```

在以上代码片段中，使用 Transformer 的 AutoModel 模块创建了 bert - base - uncased 预训练模型。然后，正如在前面的 ImageClassifier 模型部分中所讨论的，同样将模型的模式切换为 eval，并将所有模型参数设置为 False。这样，就成功地冻结了现有的权重，并阻止现有的层训练。

3.4.2 自定义输入层

现在，预训练好的 BERT 模型已经准备好了。与 ImageClassifier 中的处理类似，为了接收自定义输入，需要调整预训练好的模型，并创建一些自定义层。以下代码片段是__init__方法的最后一部分：

```
self.new_layers = nn.Sequential(
                    nn.Linear(768, 512),
                    nn.ReLU(),
                    nn.Dropout(0.2),
                    nn.Linear(512,20),
                    nn.LogSoftmax(dim=1)
               )
```

预训练 BERT 模型的输出大小为 768。在前面的代码片段中，创建了一个序列层，它由两个线性层、一些激活函数和弃权技术组成。其中，第一个线性层接收大小为 768 的输入，并生成大小为 512 的输出；第二个线性层接收来自第一个线性层的输出（其大小为 512），并生成大小为 20 的输出。

至此，已经完成了文本分类器的__init__方法的讨论。总结一下，__init__方法主要执行以下三种处理。

（1）设置所需的变量以及损失函数和准确率度量指标。

（2）初始化预训练的 BERT 模型，并冻结所有的当前权重。

（3）为了让预训练的模型接收定制的数据，针对 20 个不同的新闻组类别，创建输出大小为 20 的线性层。

在模型初始化中配置完模型后，就得到了一个预训练的模型和新的序列层。我们需要将模型和序列层联系起来。也就是说，输入数据必须首先经过预训练的模型，然后将输出发送到序列层。最后，序列层生成的输出将作为最终输出。与前一章类似，可以使用 forward 方法来实现该功能。这是实现该功能的最佳实践方法，也是贯穿整本书的过程。

以下是 forward 方法的代码片段：

```
def forward(self, encode_id, mask):
    _, output = self.pretrain_model(encode_id, attention_mask=mask)
    output = self.new_layers(output)
    return output
```

在以上 forward 方法中，接收 encode_id 和 mask 作为输入数据，并将这两个输入数据传递到预训练的 BERT 模型，然后传递到新的序列层。forward 方法将序列层作为输出返回。

3.4.3　准备数据

在构建任何模型时，准备数据的过程可能涉及加载数据、拆分数据、数据转换、特征工程以及许多其他活动，以获得更好的结果，并使数据被模型接收。数据转换和任何特征工程都可以在 TextClassifier 类之外完成，然而，PyTorch Lightning 可以将一切都整合在一个整体中。也就是说，可以使用 prepare_data 方法。在 prepare_data 方法中，可以执行为构建模型准备数据所需的所有活动。在任何训练开始前触发 prepare_data 方法，即在我们的例子中，它是在其他方法［如 train_dataloader、test_dataloader、training_step 和 testing_step］之前触发的。

在 prepare_data 方法中，首先从 sklearn 加载数据并执行标记化。以下是此应用程序的代码片段：

```
train_data = fetch_20newsgroups(subset='train', shuffle=True)
test_data = fetch_20newsgroups(subset='test', shuffle=False)
tokenizer = BertTokenizerFast.from_pretrained('bert-baseuncased')
#在训练数据集中对序列进行标记化和编码
tokens_train = tokenizer.batch_encode_plus(
    train_data["data"],
    max_length = self.max_seq_len,
    pad_to_max_length=True,
    truncation=True,
    return_token_type_ids=False
)
#在测试数据集中对序列进行标记化和编码
tokens_test = tokenizer.batch_encode_plus(
    test_data["data"],
    max_length = self.max_seq_len,
    pad_to_max_length=True,
    truncation=True,
    return_token_type_ids=False
)
```

在以上代码中，首先加载测试数据和训练数据的新闻组数据集，同时为 BERT 模型的 BertTokenizerFast 模块创建了一个分词器对象。接下来，训练数据和测试数据都被标记化。这里传递了一个参数 max_seq_len，任何大于该长度的文本数据都将被修剪，任何小于该长度的文本数据内容都将被填充。为了对文本分类器模型进行训练，需要创建特征和目标变量。下面的代码演示了这一点：

```
self.train_seq = torch.tensor(tokens_train['input_ids'])
self.train_mask = torch.tensor(tokens_train['attention_mask'])
self.train_y = torch.tensor(train_data["target"])
self.test_seq = torch.tensor(tokens_test['input_ids'])
self.test_mask = torch.tensor(tokens_test['attention_mask'])
self.test_y = torch.tensor(test_data["target"])
```

从上一步开始，在标记化过程中，batch_encode_plus 方法返回一个包含 input_ids 和 attention_mask 的对象。这两点成为模型的特征。

在以上的代码中，访问了训练数据集和测试数据集的 input_ids 和 attention_mask。此外，为训练数据集和测试数据集创建一个目标变量。这些特性和目标变量将用于其他生命周期方法，稍后将讨论这些方法。

在 prepare_data 方法中，首先加载新闻组数据集，对数据进行标记，并创建特征和目标变量。

3.4.4　设置数据加载器实例

在 prepare_data 方法中已经加载了数据和特征，目标数据已经准备好。现在可以使用数据加载器生命周期方法并为训练和测试数据创建数据加载器实例。以下是创建测试和训练数据加载器实例的生命周期方法的代码片段：

```
def train_dataloader(self):
    train_dataset = TensorDataset(self.train_seq, self.train_mask,
                    self.train_y)
    self.train_dataloader_obj = DataLoader(train_dataset,
                    batch_size=self.batch_size)
    return self.train_dataloader_obj

def test_dataloader(self):
    test_dataset = TensorDataset(self.test_seq, self.test_mask,
                self.test_y)
    self.test_dataloader_obj = DataLoader(test_dataset, batch_
                size=self.batch_size)
    return self.test_dataloader_obj
```

在以上代码中，定义了两个生命周期方法：train_dataloader 和 test_dataloader。在这两个方法中，首先从特征和目标创建数据集，然后使用所需的批次大小构建数据加载器实例。这里，train_dataloader 方法为训练数据集返回一个数据加载器实例，test_dataloader 方法为测试数据集返回一个数据加载器实例。

3.4.5　设置模型训练

在 PyTorch Lightning 中，可以使用 training_step 方法执行模型的训练。以下是 training_step 方法的代码片段：

```
def training_step(self, batch, batch_idx):
    encode_id, mask, targets = batch
    outputs = self(encode_id, mask)
    preds = torch.argmax(outputs, dim=1)
    train_accuracy = accuracy(preds, targets)
    loss = self.loss(outputs, targets)
```

```
    self.log('train_accuracy', train_accuracy, prog_bar = True,
        on_step = False, on_epoch = True)
    self.log('train_loss', loss, on_step = False, on_epoch = True)
    return {"loss":loss}
```

数据总是分批发送到 training_step 方法。将 batch 和 batch_idx 作为该方法的输入。在以上代码中，将特征传递到模型中，计算损失值和准确率。training_step 方法期望返回损失值作为输出。这里，返回由交叉熵损失函数计算的损失值。

重要提示

在 training_step 方法中，我们计算各个批次的准确率。这种准确率不是完整数据集的准确率。

3.4.6 设置模型测试

与模型训练类似，在 PyTorch Lightning 模型中可以使用 test_step 方法访问来自测试数据加载器实例的数据。数据加载器生命周期方法接收来自测试数据加载器实例的批量数据。在这里计算的任何准确率或损失值，仅针对给定批次的数据，而不是针对完整的测试数据集。

在上一节中，对于 ImageClassifier 模型，我们通过调整批次大小，在单个批次中传递完整的测试数据集来计算完整测试数据集的准确率。不建议在数据加载器实例中将大规模数据集传递到单个批次中，因为这可能导致内存不足等问题。因此，为了计算完整测试数据集的准确率，可以使用在 3.4.1 小节中的__init__方法创建的对象。代码如下：

```
self.test_accuracy = pl.metrics.Accuracy()
```

PyTorch Lightning 度量指标中的 Accuracy 类可以计算单个批次以及完整测试数据集的准确率。以下是 test_step 方法的代码片段：

```
def test_step(self, batch, batch_idx):
    encode_id, mask, targets = batch
    outputs = self.forward(encode_id, mask)
    preds = torch.argmax(outputs, dim=1)
    self.test_accuracy(preds, targets)
    loss = self.loss(outputs, targets)
    return {"test_loss":loss, "test_accuracy":self.test_accuracy}
```

在以上代码片段中，执行了以下操作。

（1）将测试数据分批次传递给模型，并使用 PyTorch Lightning 的 Accuracy 类计算准确率，返回损失值和准确率。

（2）分批次访问测试数据，并计算每个批次的准确率。为了计算完整测试数据集的准确率，需要等待测试数据集被处理。这可以通过 test_epoch_end 方法来实现。

（3）在 test_step 方法中处理完所有的数据后，将触发 test_epoch_end 方法。以下是 test_epoch_end 方法的代码：

```
def test_epoch_end(self, outs):
    total_train_accuracy = self.test_accuracy.compute()
    self.log('total_train_accuracy', total_train_accuracy,
            on_step=False, on_epoch=True)
    print("Total training accuracy:", total_train_accuracy)
```

到目前为止，我们已经可以使用 test_accuracy 对象来计算单个批次的准确率。为了计算完整测试数据集的准确率，可以使用 compute 方法。这是计算完整测试数据集准确率的推荐方法。如果需要，该方法也可用于计算完整训练数据集和验证数据集的准确率。

3.4.7　训练模型

训练模型的过程与前一章中讨论的方法相同。以下是使用 trainer 类训练模型的代码片段：

```
model = TextClassifier()
trainer = pl.Trainer(max_epochs=10, progress_bar_refresh_rate=30, gpus=1)
trainer.fit(model)
```

在以上代码中，将 trainer 类的 max_epochs 值初始化为 10。在 fit 方法中，将模型对象与创建的 DataModule 实例一起作为参数传递。PyTorch Lightning 内部使用了生命周期方法。调用 fit 方法时触发的生命周期方法的顺序如下：prepare_data、train_dataloader 和 training_step。

在本小节中，我们训练了使用迁移学习构建的文本分类器模型，并对模型进行了 10 个训练周期的训练。结果如图 3-9 所示。稍后，我们将在测试数据集上测量模型的准确率。

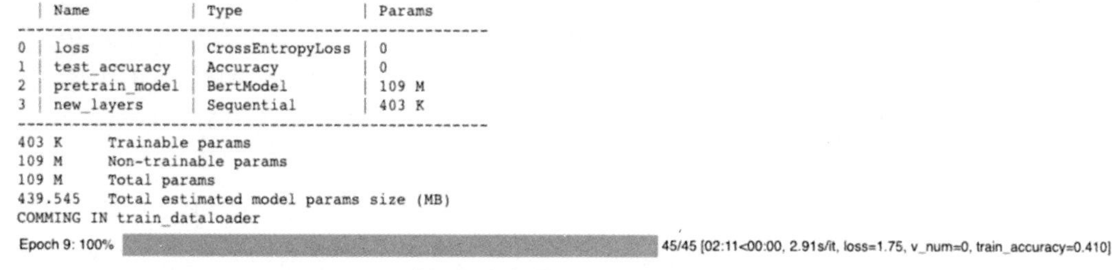

图 3-9　对文本分类器进行 10 个训练周期的训练

3.4.8　测量准确率

为了在测试数据集上测量准确率，我们调用 test_step 方法。这可以使用以下代码

实现:

```
trainer.test()
```

当调用 trainer 类的 test 方法时，触发的生命周期方法顺序为 prepare_data、test_dataloader、test_step 和 test_epoch_end。上述代码的输出结果如图 3－10 所示。

```
Testing: 100%                                      30/30 [01:22<00:00, 2.74s/it]
COMMING IN test_epoch_end
Total training accuracy: tensor(0.4669, device='cuda:0')

--------------------------------------------------------------------------------
DATALOADER:0 TEST RESULTS
{'total_train_accuracy': 0.46694105863571167}
--------------------------------------------------------------------------------
[{'total_train_accuracy': 0.46694105863571167}]
```

图 3－10　文本分类器在完整测试数据集上的准确率

仅对模型进行了 10 个训练周期的训练，并且没有对模型进行太多的优化，就已经能够在测试数据集上获得 46% 的准确率。

综上所述，我们使用迁移学习从 BERT 模型构建了一个文本分类器模型。此外，使用 PyTorch Lightning 的生命周期方法加载数据、处理数据、设置数据加载器，以及设置训练和测试步骤。所有的处理都是在 TextClassifier 类中使用 PyTorch Lightning 方法实现的，在 TextClassifier 类之外无须任何额外的处理操作。

3.5　本章小结

迁移学习是降低计算成本、节省时间和获得最佳结果的最常用方法之一。在本章中，我们学习了如何使用 PyTorch Lightning，并基于 VGG－16 和预训练的 BERT 体系结构来构建模型。

本章构建了一个图像分类器和一个文本分类器。在此过程中，我们介绍了一些有用的生命周期方法。读者学习了如何利用预训练的模型，以较少的工作量和训练时间处理定制的数据集。即使没有过多的模型调优，也能获得相当高的准确率。

虽然迁移学习方法非常有效，但也应该注意它们的局限性。在语言模型中，迁移学习非常有效，因为给定数据集的文本通常由与核心训练集中词汇相同的英语单词组成。当核心训练集与给定的数据集差异明显时，性能会受到影响。例如，如果希望构建一个图像分类器来识别蜜蜂，而 ImageNet 数据集中没有蜜蜂，那么迁移学习模型的准确性会降低。因此，可能需要进行完整的训练过程。

在下一章中，我们将继续 PyTorch Lightning 的探索之旅。下一章将讨论另一个很炫酷的框架功能，即 PyTorch Lightning Bolts，它为我们提供了开箱即用的模型。这些开箱即用的模型构成了数据科学家可以使用的另一个重要工具，因此数据科学家可以避免进行完整的编码，并将其他深度学习算法作为黑盒来重用，从而避免不必要的编码复杂性。

第 4 章

Bolts中的现成模型

构建深度学习模型通常涉及从该领域的顶尖研究论文中重建现有的架构或实验。例如，AlexNet 是 2012 年 ImageNet 计算机视觉挑战赛中获胜的卷积神经网络体系结构。许多数据科学家已经为他们的商业应用程序重新创建了这种架构，或者基于 AlexNet 构建了更新、更好的算法。在进行自己的实验之前，在现有数据上重复进行现有实验是一种常见做法。这样做通常需要阅读原始研究论文来编写代码，或者通过作者的 GitHub 页面来了解其原理，而这两个选项都非常耗时。是否存在一个提供了深度学习中最流行的架构和实验的框架呢？答案是肯定的，这就是 PyTorch Lightning Bolts！

Bolts 提供了开箱即用的功能，可以重新创建流行的深度学习体系结构。例如，生成式对抗网络、自动编码器（AutoEncoders，AE）、视觉模型（Vision Models）和自监督模型。数据科学家还可以轻松地使用标准数据集（如 MNIST 和 ImageNet）来训练模型，并可以使用具有易于使用的 GPU、CPU 和 TPU 选项的现有体系结构，进一步重新训练他们的模型。通过将一个模型的输出作为另一个模型的输入，Bolts 还可以更容易地推进新的研究。Bolts 不仅适用于深度学习模型，还适用于传统的机器学习模型，如线性模型或逻辑回归模型。

在本章中，我们将讨论如何快速和简单地构建自己的深度学习模型，并简要介绍一些最常用的、最新颖的深度学习体系结构，如生成式对抗网络和自动编码器，还将讨论如何使用一些流行的实验数据集和自己的数据集获得结果。本章将帮助读者熟悉如何使用复杂的深度学习架构，而不必费心去理解潜在的算法复杂性。这将为读者解决更高级的问题（使用生成式对抗网络和自动编码器）做好准备，我们将在后面的章节中讨论这些问题。

本章涵盖以下主题。

- 使用 Bolts 的逻辑回归。
- 使用 Bolts 的生成式对抗网络。
- 使用 Bolts 的自动编码器。

4.1 技术需求

在本章中，主要使用以下 Python 模块（包括其版本号）。

- PyTorch – Lightning（版本 1.1.3）。

- PyTorch - Lightning Bolts（版本 0. 2. 5）。
- numpy（版本 1. 19. 4）。
- torch（版本 1. 7. 0）。
- matplotlib（版本 3. 2. 2）。
- torchvision（版本 0. 8. 1）。
- sklearn。

读者可以通过以下 GitHub 链接获取本章中的示例代码：https://github. com/PacktPublishing/Deep - Learning - with - PyTorch - Lightning/tree/main/Chapter04。

本章中使用的源数据集链接地址如下。

- 乳腺癌数据集（Breast Cancer Dataset）：可以使用 sklearn 模块加载乳腺癌数据集。
- MNIST：可以使用 torchvision 模块加载 MNIST 数据集。该数据集包含手写数字（0～9）的灰度图像。
- CIFAR - 10：可以使用 torchvision 模块加载加拿大高级研究所 10（Canadian Institute for Advanced Research 10，CIFAR - 10）数据集。CIFAR - 10 包含 10 种类别（包括飞机、鱼和鸟等）的 RGB 图像的集合。

4. 2 使用 Bolts 的逻辑回归

逻辑回归是一种最常见且易于使用的分类方法。逻辑回归在分类记录方面非常快。它可以很容易地扩展到多个类别，并为许多数据集提供了良好的准确率，在数据集具有分离边界时会产生良好的结果。在本章中，我们将使用 Bolts 中的现成逻辑回归模型进行二元分类。我们将在乳腺癌数据集上训练逻辑回归模型，并将输入分类为恶性或良性。

在本节中，我们将讨论构建模型的以下主要步骤。

（1）加载数据集。

（2）构建逻辑回归模型。

（3）训练模型。

（4）测试模型。

4. 2. 1 加载数据集

本章中要使用的数据集是乳腺癌数据集，该数据集有大约 569 条患者的数据记录，每个患者有 30 个特征维度。在本小节中，我们使用 sklearn 模块访问数据集，这是下载/访问数据集的一种简单方法。读者可以通过以下网址浏览完整的数据集：https://archive. ics. uci. edu/ml/datasets/breast + cancer + wisconsin + (diagnostic)。

以下代码片段演示了如何使用 sklearn 模块访问乳腺癌数据集。

```
X, y = load_breast_cancer(return_X_y = True)
loaders = SklearnDataModule(X, y)
train_loader = loaders.train_dataloader(batch_size = 50)
val_loader = loaders.val_dataloader(batch_size = 50)
test_loader = loaders.test_dataloader(batch_size = 50)
```

在以上代码片段中，使用 sklearn. dataset 模块中提供的 load_breast_cancer 方法加载乳腺癌数据集。

注意，必须将数据集转换为数据加载器，因为 PyTorch 模型接收数据加载器形式的数据集。一旦数据集准备就绪，就可以使用一个名为 SklearnDataModule 的内置 Bolts 模块，该模块在 pl_bolts. datamodules 中提供。SklearnDataModule 可以将 sklearn 数据集转换为数据加载器，并将数据加载器转换为数据集。

最后，为 train/validate/test 拆分创建三个不同的数据加载器，每个数据加载器的批次大小为 50。

4. 2. 2 构建逻辑回归模型

本小节的优势在于，Bolts 提供了现成的逻辑回归模型。我们将使用 pl_bolts. models. regression 提供的逻辑回归模型，这是一个预构建的逻辑回归模型，可以直接使用。逻辑回归模块的 Bolts 文档页面的屏幕截图如图 4 – 1 所示。下面尝试了解更多关于构建逻辑回归模型所需输入的信息。

CLASS **pl_bolts.models.regression.logistic_regression.LogisticRegression(*input_dim, num_classes, bias=True, learning_rate=0.0001, optimizer=torch.optim.Adam, l1_strength=0.0, l2_strength=0.0, **kwargs*)** [SOURCE]

图 4 – 1 逻辑回归模块的 Bolts 文档页面的屏幕截图

逻辑回归模型接收七个输入参数，这些输入参数的具体说明如下。

- input_dim：输入数据的维度数量。对于乳腺癌数据集，包含 30 个维度。
- num_classes：需要执行分类的类别总数。对于乳腺癌数据集，有两个类别，即恶性（malignant）或良性（benign）。
- bias：指定是否应拟合常数或截距，这与 sklearn 中的 fit_intercept 类似。
- optimizer：使用的优化器。这里的默认优化器是 Adam。
- learning_rate：模型的学习率。默认情况下，学习率为 0. 000 1。
- l1_strength：L1 正则化强度。默认值为 None。
- l2_strength：L2 正则化强度。默认值为 None。

对于该用例，我们使用最简单的方法构建逻辑回归模型，设置输入维度为 30、类别数量为 2，其他的超参数为默认值。

以下是用于构建逻辑回归模型的代码，该模型包含 30 个输入维度，并将所有输入数据分类到两个不同的类别中：

```
model = LogisticRegression(input_dim=30, num_classes=2)
```

> **重要提示**
>
> 为了提高数据集的准确率，在将数据集输入 Bolts 模型之前，可以对其执行特征工程（Feature Engineering，FE），还可以尝试在 Bolts 逻辑回归模型中使用不同的超参数。

4.2.3　训练模型

至此，逻辑回归模型已经准备好用于分类了。接下来，对逻辑回归模型进行训练，以使其正确地对恶性病例或良性病例进行分类。代码片段如下：

```
trainer = pl.Trainer(max_epochs=75, gpus=1)
trainer.fit(model, train_loader, val_loader)
```

上述代码片段创建了一个 Trainer 模型，并将其设置为 75 个训练周期，启用一个 GPU。然后分别通过训练数据加载器和验证数据加载器对其进行训练。在这里，PyTorch Lightning 框架负责使用传入的训练数据加载器对模型进行训练，并使用传入的验证数据加载器执行验证过程。

逻辑回归模型的训练过程如图 4－2 所示。

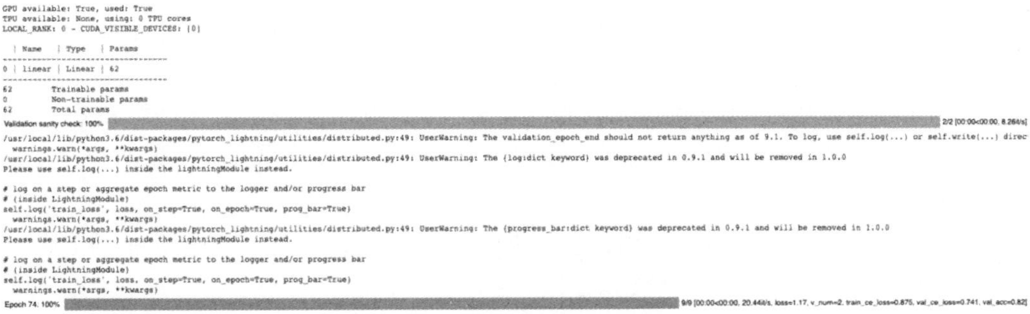

```
GPU available: True, used: True
TPU available: None, using: 0 TPU cores
LOCAL_RANK: 0 - CUDA_VISIBLE_DEVICES: [0]

  | Name   | Type   | Params
------------------------------------
0 | linear | Linear | 62
------------------------------------
62        Trainable params
0         Non-trainable params
62        Total params
Validation sanity check: 100%                                        2/2 [00:00<00:00, 8.26it/s]
/usr/local/lib/python3.6/dist-packages/pytorch_lightning/utilities/distributed.py:49: UserWarning: The validation_epoch_end should not return anything as of 9.1. To log, use self.log(...) or self.write(...) direc
  warnings.warn(*args, **kwargs)
/usr/local/lib/python3.6/dist-packages/pytorch_lightning/utilities/distributed.py:49: UserWarning: The {log:dict keyword} was deprecated in 0.9.1 and will be removed in 1.0.0
Please use self.log(...) inside the lightningModule instead.

# log on a step or aggregate epoch metric to the logger and/or progress bar
# (inside LightningModule)
self.log('train_loss', loss, on_step=True, on_epoch=True, prog_bar=True)
  warnings.warn(*args, **kwargs)
/usr/local/lib/python3.6/dist-packages/pytorch_lightning/utilities/distributed.py:49: UserWarning: The {progress_bar:dict keyword} was deprecated in 0.9.1 and will be removed in 1.0.0
Please use self.log(...) inside the lightningModule instead.

# log on a step or aggregate epoch metric to the logger and/or progress bar
# (inside LightningModule)
self.log('train_loss', loss, on_step=True, on_epoch=True, prog_bar=True)
  warnings.warn(*args, **kwargs)
Epoch 74: 100%                9/9 [00:00<00:00, 20.44it/s, loss=1.17, v_num=2, train_ce_loss=0.875, val_ce_loss=0.741, val_acc=0.82]
```

图 4－2　逻辑回归模型的训练过程

从图 4－2 中可以看出，试模型已经训练了 75 个训练周期。接下来，将使用测试数据集对准确率进行测试。

4.2.4　测试模型

对逻辑回归模型进行测试的最简单方法是使用 trainer 对象中的 test 方法。代码如下：

```
trainer.test(test_dataloaders=test_loader)
```

在以上代码片段中，使用测试数据集对逻辑回归模型进行测试，其输出结果如图 4－3 所示。

```
Testing: 100%                                                   1/1 [00:00<00:00, 5.81it/s]
--------------------------------------------------------------------------------
DATALOADER:0 TEST RESULTS
{'test_acc': tensor(0.7800, device='cuda:0'),
 'test_ce_loss': tensor(1.5212, device='cuda:0'),
 'test_loss': tensor(1.5212, device='cuda:0')}
--------------------------------------------------------------------------------
/usr/local/lib/python3.6/dist-packages/pytorch_lightning/utilities/distributed.py:49: UserWarning: The testing_epoch_end should not return anything as of 9.1. To log, use self.log(...) or self.write(...) directly i
  warnings.warn(*args, **kwargs)
/usr/local/lib/python3.6/dist-packages/pytorch_lightning/utilities/distributed.py:49: UserWarning: The {log:dict keyword} was deprecated in 0.9.1 and will be removed in 1.0.0
Please use self.log(...) inside the lightningModule instead.

# log on a step or aggregate epoch metric to the logger and/or progress bar
# (inside LightningModule)
self.log('train_loss', loss, on_step=True, on_epoch=True, prog_bar=True)
  warnings.warn(*args, **kwargs)
/usr/local/lib/python3.6/dist-packages/pytorch_lightning/utilities/distributed.py:49: UserWarning: The {progress_bar:dict keyword} was deprecated in 0.9.1 and will be removed in 1.0.0
Please use self.log(...) inside the lightningModule instead.

# log on a step or aggregate epoch metric to the logger and/or progress bar
# (inside LightningModule)
self.log('train_loss', loss, on_step=True, on_epoch=True, prog_bar=True)
  warnings.warn(*args, **kwargs)
[{'test_acc': 0.7799999713897705,
  'test_ce_loss': 1.521223545074463,
  'test_loss': 1.521223545074463}]
```

图 4 - 3　在测试数据集上测试模型的输出结果

这里需要观察的重点是分类结果，如下所示：

```
{'test_acc': 0.7799999713897705,
 'test_ce_loss': 1.521223545074463,
 'test_loss': 1.521223545074463}
```

根据结果，逻辑回归模型的准确率为 77.9%，可以通过超参数优化进一步改进。本小节的目标是展示如何快速方便地使用 Bolts 的逻辑回归开箱即用模型，只需最少的编码。

总之，本小节介绍了如何使用乳腺癌数据集和 PyTorch Lightning Bolts 模块中的预先构建的逻辑回归模型。

4.3　使用 Bolts 的生成式对抗网络

读者是否听说过互联网上流传的深度伪造（Deep Fake）视频？这些视频展示了名人在现实生活中从未做过的事和从未说过的话。读者有没有想过究竟使用哪种算法来制造这些深度伪造视频呢？正如所料，深度伪造视频采用的算法是生成式对抗网络！［许多深度伪造网站使用了一种称为 Style - GAN（风格化的生成式对抗网络）的生成式对抗网络变体］

生成式对抗网络于 2014 年提出，它是使用机器学习模型生成伪造图像的最著名技术之一，也是生成模型的最流行技术之一。其中两个神经网络相互竞争，即一个生成器（Generator）和一个鉴别器（Discriminator）。生成器的作用是生成看起来像真实图像的伪造图像，这样鉴别器就无法检测出这些图像是伪造的。鉴别器的作用是将生成器生成的图像正确识别为伪造图像，并将真实图像正确识别为真实图像。在使用生成式对抗网络训练模型之后，该模型具有生成新内容的能力。不仅可以生成伪造的人物，还可以生成伪造的画作、音频、建筑物等。生成式对抗网络之所以完美，是因为该技术在一个大数据集上训练，因此其生成的内容很难与训练数据集中的原始内容区分开来。

本节的目标是在 MNIST（手写数字）数据集上训练一个生成式对抗网络模型，并生成新的伪造手写数字。下面使用 PyTorch Lightning Bolts 中的开箱即用生成式对抗网络模型生成伪造手写数字。该模型易于使用，并且可以避免从头开始编写生成式对抗网络模型。然而，在第 6 章中，我们将从头开始构建生成式对抗网络模型，并详细解释整个构建过程。

在本节中，我们将讨论构建模型的以下步骤。

（1）加载数据集。

（2）配置生成式对抗网络模型。

（3）训练模型。

（4）加载模型。

（5）生成伪造图像。

4.3.1　加载数据集

在本章中使用的数据集称为 MNIST 数据集，该数据集是手写数字图像的集合。可以在互联网上很方便地查找并下载该数据集。如前所述，在本小节中，利用内置的 torchvision 模块下载 MNIST 数据集，并对图像进行一些转换，以简化处理。代码片段如下：

```
image_size = 128
batch_size = 256

T = torchvision.transforms.Compose(
[torchvision.transforms.Resize(image_size),
torchvision.transforms.ToTensor()])
mnist_data = torchvision.datasets.MNIST('mnist_data',
transform=T, download=True, train=True)
print("Total images in the Dataset are:", len(mnist_data))
```

在上述代码片段中，应用了两种变换：将图像的宽度和高度重新缩放到 128 像素，将图像转换为 torch 张量。以上的代码片段演示了创建转换和从 torchvision 下载/访问 MNIST 数据集的过程。数据集中的示例源图像如图 4-4 所示。

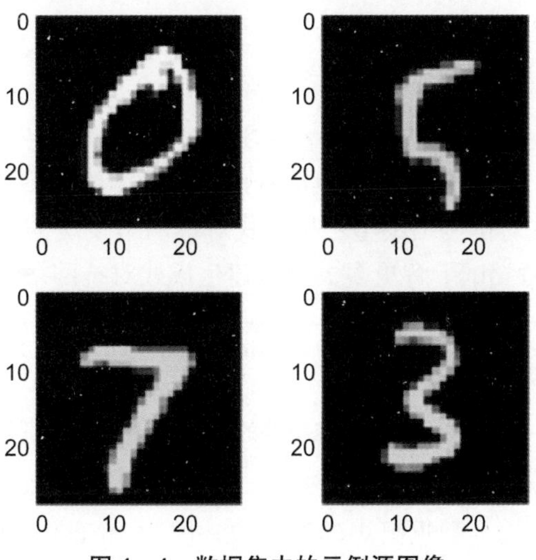

图 4-4　数据集中的示例源图像

总共使用 60 000 张图像来训练生成式对抗网络模型，以生成一张伪造的手写数字图像。这些图像是 0 ~ 9 的手写数字，可以满足我们对第一个使用 Bolts 的生成式对抗网络模型进行训练。前面代码片段的输出结果如图 4 – 5 所示，其中显示下载了 MNIST 数据集的过程。

```
Downloading http://yann.lecun.com/exdb/mnist/train-images-idx3-ubyte.gz to mnist_data/MNIST/raw/train-images-idx3-ubyte.gz
 9920512/? [00:20<00:00, 727926.92it/s]
Extracting mnist_data/MNIST/raw/train-images-idx3-ubyte.gz to mnist_data/MNIST/raw
Downloading http://yann.lecun.com/exdb/mnist/train-labels-idx1-ubyte.gz to mnist_data/MNIST/raw/train-labels-idx1-ubyte.gz
0%  0/28881 [00:00<?, ?it/s]
Extracting mnist_data/MNIST/raw/train-labels-idx1-ubyte.gz to mnist_data/MNIST/raw
Downloading http://yann.lecun.com/exdb/mnist/t10k-images-idx3-ubyte.gz to mnist_data/MNIST/raw/t10k-images-idx3-ubyte.gz
 1654784/? [00:01<00:00, 1091961.05it/s]
Extracting mnist_data/MNIST/raw/t10k-images-idx3-ubyte.gz to mnist_data/MNIST/raw
Downloading http://yann.lecun.com/exdb/mnist/t10k-labels-idx1-ubyte.gz to mnist_data/MNIST/raw/t10k-labels-idx1-ubyte.gz
 8192/? [00:00<00:00, 11621.10it/s]
Extracting mnist_data/MNIST/raw/t10k-labels-idx1-ubyte.gz to mnist_data/MNIST/raw
Processing...
Done!
Total images in the Dataset are: 60000
/usr/local/lib/python3.6/dist-packages/torchvision/datasets/mnist.py:480: UserWarning: The given NumPy array is not writeable, and PyTorch does not support non-writeable tensors. This m
  return torch.from_numpy(parsed.astype(m[2], copy=False)).view(*s)
```

图 4 – 5　使用 torchvision 下载 MNIST 数据集

在这里，使用一个名为 batch_size 的变量，其值为 256，这是本章下一部分中使用的批次大小。

> **重要提示**
>
> 根据可用的计算能力和性能，可以改变图像大小和批次大小。批次的大小越大，通常需要的内存越多。

下面使用 DataLoader 构建生成式对抗网络模型。现在，已经准备好了 MNIST 数据集，接下来构建数据加载器。代码如下：

```
mnist_dataloader = torch.utils.data.DataLoader(mnist_data,
batch_size = batch_size)
```

至此，已经准备好了数据加载器，并且加载了 MNIST 数据集，可以提供 256 幅图像的批量数据。

4.3.2　配置生成式对抗网络模型

Bolts 最大的优越性是模型配置非常容易实现，可以轻松完成复杂的特征工程步骤。可以使用 pl_bolts. models. gans. GAN 提供的生成式对抗网络模型，这是 PyTorch Lightning Bolts 预先创建的生成式对抗网络模型。生成式对抗网络模块的 Bolts 文档页面的屏幕截图如图 4 – 6 所示。下面尝试了解更多关于构建生成式对抗网络模型所需输入的信息。

```
CLASS pl_bolts.models.gans.GAN(input_channels, input_height, input_width, latent_dim=32,
learning_rate=0.0002, **kwargs)                                                [SOURCE]
```

图 4 – 6　生成式对抗网络模块的 Bolts 文档页面的屏幕截图

生成式对抗网络模型接收 5 个输入参数，这些输入参数的具体说明如下。

- input_channels：输入数据集中的通道数。因为 MNIST 数据集是灰度的，所以该图像数据集只有一个输入通道。

- input_height：输入图像的高度。
- input_width：输入图像的宽度。
- latent_dim：输入图像的潜在维度。在默认情况下，潜在维度设置为 32。
- learning_rate：生成式对抗网络模型的学习率。在默认情况下，学习率为 0.000 2。

对于这个用例，我们将构建一个生成式对抗网络模型。其中，输入通道设置为 1；输入图像的宽度和高度设置为 128；输入图像的潜在维度设置为 10。代码如下：

```
latent_dim =10
GAN_model = GAN(1, image_size,image_size, latent_dim = latent_dim)
```

重要提示

死态（dead state）是指生成器无法从鉴别器中学习。如果生成器不能产生任何新的有效的图像，就进入死态。

进入死态是生成式对抗网络中比较常见的问题之一，可以通过多种技术解决。可以用来克服死态的一个重要超参数是 latent_dim。在第 6 章中，我们将更好地利用该参数。第 6 章专门讨论生成式对抗网络。

4.3.3 训练模型

至此，生成式对抗网络模型已经准备就绪（是不是非常快捷?）。接下来，训练模型，以生成新的手写数字图像。代码如下：

```
trainer = pl.Trainer(gpus =1, max_epochs =20)#20
trainer.fit(GAN_model, train_dataloader = mnist_dataloader)
```

在 MNIST 数据加载器和一个 GPU 上，生成式对抗网络模型进行了 20 个训练周期的训练。以上用于训练模型的代码片段演示了创建一个包含 20 个训练周期的 PyTorch Lightning trainer 类，并调用 fit 方法，该方法接收两个参数：生成式对抗网络模型和 MNIST 数据加载器。PyTorch Lightning Bolts 的另一个优点是可以非常简单地使用 GPU（gpus = n）。

训练生成式对抗网络模型的过程如图 4 -7 所示。

```
GPU available: True, used: True
TPU available: None, using: 0 TPU cores
/usr/local/lib/python3.6/dist-packages/pytorch_lightning/utilities/distributed.py:50: UserWarning: you defined a validation_step but have no val_dataloader. Skipping validation loop
  warnings.warn(*args, **kwargs)

  | Name    | Type          | Params
------------------------------------------
0 | encoder | ResNetEncoder | 11.2 M
1 | decoder | ResNetDecoder | 6.6 M
2 | fc      | Linear        | 2.6 K
------------------------------------------
17.7 M    Trainable params
0         Non-trainable params
17.7 M    Total params
70.963    Total estimated model params size (MB)
Validation sanity check:                                   0/0 [00:00<?, ?it/s]
Epoch 199: 100%                                             4/4 [00:02<00:00, 1.45it/s, loss=0.0188, v_num=0]

CPU times: user 3min 56s, sys: 1min 36s, total: 5min 32s
Wall time: 8min 48s
```

图 4 -7 训练生成式对抗网络模型的过程

从图 4 -7 可以看出，模型经过了训练，可以生成新的手写数字图像。随着时间的推移，损失值应该会减小，这表明还没有达到死态。读者还可以更改潜在维度、批次大小和时间，以获得不同的结果。

4.3.4 加载模型

模型以检查点（ckpt）的格式保存。现在从最新的检查点加载模型，并准备生成一些伪造图像。代码如下：

```
PATH = 'Lightning_logs/version_0/checkpoints/epoch=19-step=4699.ckpt'
gan = GAN.load_from_checkpoint(PATH)
```

在以上代码片段中，从最新的检查点加载生成式对抗网络模型。

4.3.5 生成伪造图像

加载模型后，接下来可以生成伪造图像结果。

为了从生成式对抗网络模型生成伪造的手写数字图像，需要将噪声作为输入传递到生成式对抗网络模型。在下面的代码片段中，将生成适当大小的噪声，将其传递给生成式对抗网络模型以生成伪造图像，并使用 Matplotlib 的 imshow 方法显示伪造图像。代码如下：

```
z = torch.rand(batch_size, latent_dim)
img = gan(z)
plt.imshow(img.detach().numpy()[0].reshape(image_size,image_size), cmap=
'gray')
```

由生成式对抗网络模型生成的伪造手写数字图像如图 4 -8 所示。

<matplotlib.image.AxesImage at 0x7ff876f16da0>

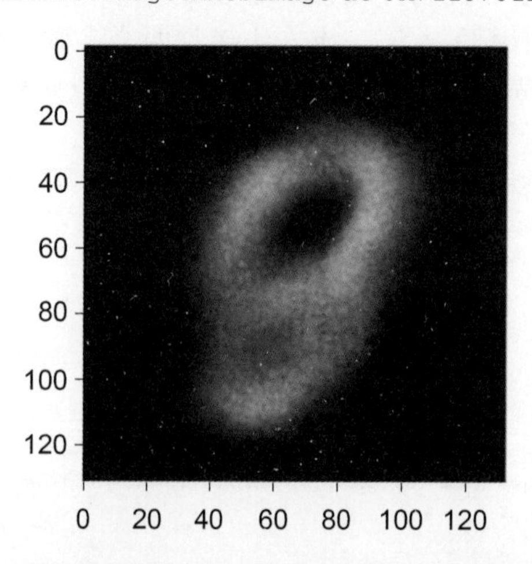

图 4 -8　由生成式对抗网络模型生成的伪造手写数字图像

如果仔细观察，可以发现生成式对抗网络模型正试图构建一个类似数字 8 的伪造图像，但不完全是 8，因为上、下圆的大小不同。简单地说，这个手写数字在源数据集中不存在，是机器创造了这个手写数字（或者书写了这个手写数字）。

接下来，使用以下代码生成更多的图像：

```
plt.figure(figsize=(8,8)) #指定整体网格大小

image_data = []
for val in range(0,25):
    z = torch.rand(batch_size, latent_dim)
    generated_image = gan(z)
generated_image = generated_image.detach().numpy()[0].reshape
                          (image_size,image_size)
    image_data.append(generated_image)

    for i in range(25):
        plt.subplot(5,5,i+1) #网格中图像的数量为 5*5 (25)
        plt.imshow(image_data[i])
        plt.xticks([])
        plt.yticks([])
```

以上代码在一个循环中生成 25 个伪造图像。读者可以根据需要更改范围参数。首先，指定图像的形状（在本例中为 8×8），然后，生成该形状的单个图像，并重复该过程 25 次。20 个训练周期后生成式对抗网络模型生成的伪造图像集如图 4-9 所示。

图 4-9 所示是 20 个训练周期后的输出结果，但也可以运行 200 个训练周期。尝试将模型重新训练 200 个训练周期，将会发现加载新模型后的输出结果如图 4-10 所示。

正如所见，200 个训练周期后的输结果更加清晰。如果继续运行模型更多个训练周期，那么结果会变得更好。

也许读者可能会疑惑，为什么这些结果没有我们在深度伪造视频中看到的那么惊人。好吧，我们才刚刚开始。在接下来的章节（第 6 章）中，我们将深入了解生成式对抗网络架构及其工作原理。此外，我们将从头开始构建生成式对抗网络模型，并在鸟类数据集上训练生成式对抗网络模型，以生成一些伪造的鸟类图像。

这里需要了解的重点是，使用 Bolts 可以在以最小的编码工作的情况下获得结果。

重要提示

通过一些更好的超参数优化和运行更多时间，结果的质量可能会提高。

在本小节中，我们使用了 MNIST 数据集和 PyTorch Lightning Bolts 模块中预先创建的生成式对抗网络模型。在对模型进行训练之后，成功地生成了伪造的手写数字图像。接下来，将尝试使用自动编码器生成图像。

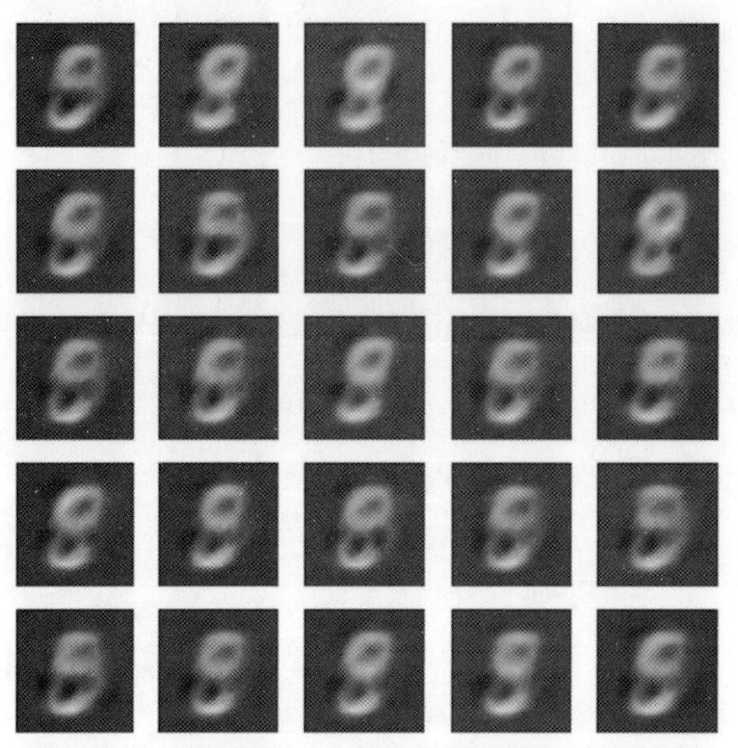

图 4-9 20 个训练周期后生成式对抗网络模型生成的伪造图像集

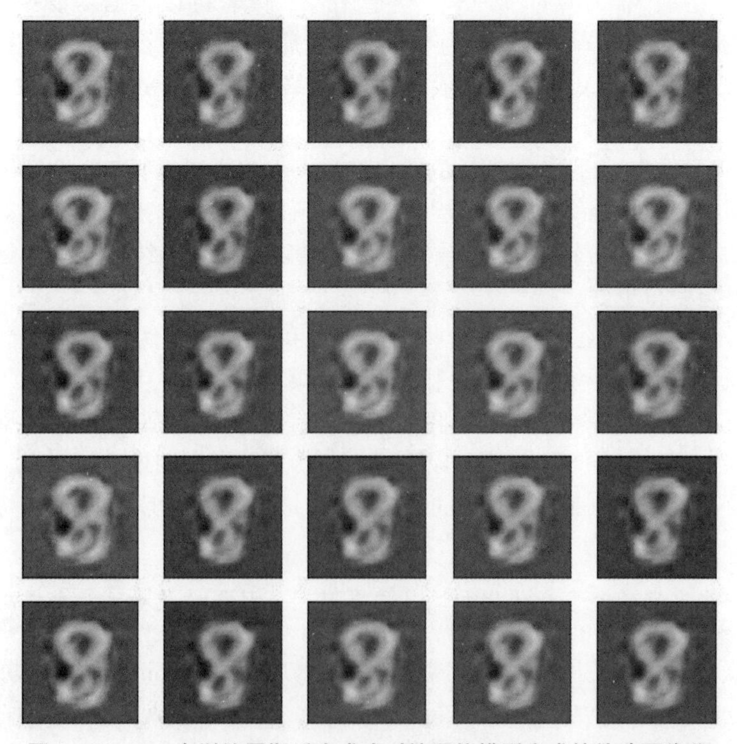

图 4-10 200 个训练周期后生成式对抗网络模型生成的伪造图像集

4.4　使用 Bolts 的自动编码器

自动编码器是一种重要的体系结构，在有监督学习（Supervised Learning，SL）和无监督学习（Unsupervised Learning，UL）中都有应用。

一般来说，自动编码器主要有两个主要组成部分：编码器（Encoder）和解码器（Decoder）。编码器接收高维数据，并将其压缩为低维数据，即潜在向量（Latent Vector）或潜在空间（Latent Space）；而解码器接收低维数据，并尝试将数据解压缩恢复到其原始形式，即高维数据。

自动编码器的神经网络体系结构如图 4－11 所示。

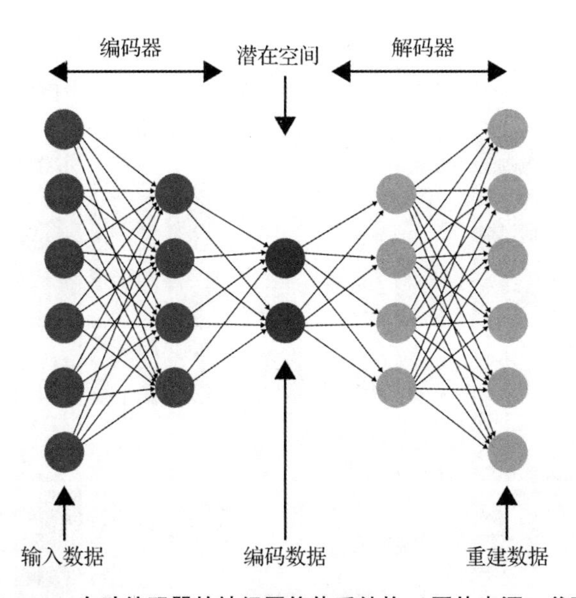

图 4－11　自动编码器的神经网络体系结构（图片来源：谷歌图片）

在图 4－11 中，首先，使用编码器（左侧的两列节点）将高维数据压缩为低维数据，形成潜在维度或潜在空间（中间的两个节点）；然后，将低维数据重建恢复到高维数据（右侧的两列节点）。

自动编码器有不同的变体，如变分自动编码器（Variational AE，VAE）和条件变分自动编码器（Conditional Variational AE，CVAE）。在本章中，我们将讨论如何使用 PyTorch Lightning Bolts 实现简单的自动编码器。

在本节中，我们将在 CIFAR－10 数据集上训练自动编码器模型。

下面介绍构建模型的具体步骤。

（1）加载数据集。

（2）配置自动编码器模型。

（3）训练模型。

（4）获取训练结果。

4.4.1 加载数据集

CIFAR－10 数据集由 60 000 张大小为 32 像素 ×32 像素的彩色图像组成。有关 CIFAR－10 数据集的更多信息，可以访问网页 https://www.cs.toronto.edu/~kriz/cifar.html。然而，通过 torchvision 模块，可以很容易访问和下载 CIFAR－10 数据集。在这里，为了简化问题，同时避免长时间训练模型，将随机挑选 500 张图像，方法如下。

1. 筛选数据集

查看 CIFAR－10 中的一些图像，以了解各种可用的图像，如图 4－12 所示。

图 4－12 CIFAR－10 示例图像

现在从加载数据集开始，并对图像应用一些转换，以简化处理。应用的转换包括将图像的宽度和高度重新缩放到 32 像素（大小为 32 像素 ×32 像素）。此外，在本例中，对数据集进行筛选，总共选取 500 张图像，以便仅使用这 500 张图像训练自动编码器模型。代码如下：

```
image_size = 32
batch_size = 150
total_images = 500
```

```
T = torchvision.transforms.Compose([torchvision.
transforms.Resize(image_size), torchvision.transforms.ToTensor()])
difar10_dataset = torchvision.datasets.CIFAR10('CIFAR10',
transform=T, download=True, train=False)
difar10_dataset = torch.utils.data.random_split(difar10_dataset,
[total_images, len(difar10_dataset)-total_images])[0]
difar10_dataloader = torch.utils.data.DataLoader(difar10_dataset,
batch_size=batch_size)
```

在以上的代码片段中，首先转换数据，并使用 torchvision 传递在前面代码中创建的转换数据来下载 CIFAR-10 数据集。

首先指定批次大小、图像和希望包含的图像数量（本例中为 500），然后，使用 PyTorch Lightning 库的 DataLoader 功能将数据集导入笔记本。

当第一次运行上述代码时，可以看到正在下载的 CIFAR-10 数据集，如图 4-13 所示。

```
Downloading https://www.cs.toronto.edu/~kriz/cifar-10-python.tar.gz to CIFAR10/cifar-10-python.tar.gz
170500096/? [00:19<00:00, 53995918.67it/s]
Extracting CIFAR10/cifar-10-python.tar.gz to CIFAR10
```

图 4-13 使用 torchvision 下载 CIFAR-10 数据集

至此，数据集已经下载完成。接下来，配置模型的参数。

在前面的代码片段中，有一个名为 batch_size 的变量，其值为 150，它表示将在本章下一部分中使用的批次大小。

重要提示

根据可用的计算能力和性能，可以更改图像大小和批次大小。

为了保持简单并且节省模型处理时间，将图像总数限制为 500 张。

2. 分批加载

至此，数据集已经准备就绪。接下来，为 CIFAR-10 数据集创建一个数据加载器。代码如下：

```
difar10_dataloader = torch.utils.data.DataLoader(difar10_dataset,
batch_size=batch_size)
```

以上代码创建了一个数据加载器，该数据加载器以迭代的方式批量返回大小为 150 的数据集。至此，完成了数据加载过程。

4.4.2 配置自动编码器模型

我们使用 pl_bolts. models. autoencoders. AE 提供的自动编码器模型——这是 PyTorch Lightning Bolts 模块中预先构建的自动编码器模型——来构建第一个自动编码器模型。

自动编码器模型的 Bolts 文档页面屏幕截图如图 4－14 所示。

```
CLASS pl_bolts.models.autoencoders.AE(input_height, enc_type='resnet18', first_conv=False,
    maxpool1=False, enc_out_dim=512, latent_dim=256, lr=0.0001, **kwargs)    [SOURCE]
```

图 4－14　自动编码器模型的 Bolts 文档页面屏幕截图

我们可以观察到自动编码器类的参数。自动编码器类包含以下输入参数。

- input_height：输入图像的高度。在前面的例子中，图像的高度是 32 像素。
- enc_type：使用的编码类型，支持 resnet18 和 resnet50。
- first_conv：将布尔值作为输入，并在使用其他预训练模型的权重时设置为 True。在本例中，把该值设置为 False，这是默认值。
- maxpool1：将布尔值作为输入，用于设置 MaxPool 空间维度。在本例中，将该值设置为 False，这是默认值。
- enc_out_dim：这是输出通道的编码维度。resnet18 编码类型的默认值为 512，resnet50 编码类型的默认值为 2 048。
- lr：自动编码器模型的学习率。默认情况下，学习率为 0.000 1。

接下来，将创建自动编码器模型。代码如下：

```
latent_dim = 10
model = AE(image_size, latent_dim = latent_dim, lr = 0.001)
```

上述代码将自动编码器模型配置为 image_size = 128，latent_dim = 10。

重要提示

根据数据集和模型的输出，可以调整超参数。在这里，继续使用一个简单模型的最低参数。

4.4.3　训练模型

在上一小节中，构建了自动编码器模型。接下来，使用一个 GPU 对其进行 200 个训练周期的训练。下面的代码片段演示如何创建包含 200 个训练周期的 PyTorch Lightning trainer 类，并调用 fit 方法，该方法接收自动编码器模型和数据加载程序作为参数：

```
trainer = pl.Trainer(gpus =1, max_epochs =200,
progress_bar_refresh_rate =25)
trainer.fit(model, train_dataloader = difar10_dataloader)
```

在以上代码中，自动编码器模型正在 CIFAR－10 数据集上接收 200 个训练周期的训练。自动编码器模型训练了 200 个训练周期的输出结果如图 4－15 所示。

```
GPU available: True, used: True
TPU available: None, using: 0 TPU cores
LOCAL_RANK: 0 - CUDA_VISIBLE_DEVICES: [0]

  | Name          | Type          | Params
------------------------------------------------
0 | generator     | Generator     | 17.5 M
1 | discriminator | Discriminator | 17.4 M
------------------------------------------------
34.9 M    Trainable params
0         Non-trainable params
34.9 M    Total params
/usr/local/lib/python3.6/dist-packages/pytorch_lightning/utilities/distributed.py:49: UserWarning: The dataloader, train dataloader, does not have many workers which may be a bottleneck.
  warnings.warn(*args, **kwargs)
Epoch 19: 100% 235/235 [00:21<00:00, 10.84it/s, loss=1.87, v_num=0, g_loss_step=2.3, d_loss_step=0.931, g_loss_epoch=2.91, d_loss_epoch=0.659]
```

图 4 - 15　自动编码器模型训练了 200 个训练周期的输出结果

至此，模型已经训练完成。接下来，生成训练结果。

4.4.4　获得训练结果

这是本节的最后一步，将一些样本图像传递给经过训练的自动编码器模型，以观察该模型是否可以很好地压缩所提供的图像，并重建原始图像。其演示代码片段如下：

```
plt.figure(figsize=(5,8)) # 指定总体网格大小
image_data = []
pred = None
for val in difar10_dataloader:
    pred = model(val[0])
    break
```

在以上代码中，从 CIFAR - 10 数据加载器中将第一批图像传递到自动编码器模型，以执行预测。

至此，自动编码器模型的预测已经就绪，代码片段如下：

```
for idx,value in enumerate(pred):
    image_data.append(val[0][idx])
    image_data.append(pred[idx])

for i in range(10):
    plt.subplot(5,2,i+1) # 网格中图像的数量为 5*2 (10)
    plt.imshow(torchvision.transforms.ToPILImage()(image_data[i]))
    plt.xticks([])
    plt.yticks([])
```

我们通过代码创建了一个索引，并传递希望为其生成输出的图像数（本例中为 10），然后得到结果。在图 4 - 16 所示的屏幕截图中，原始图像位于左侧，自动编码器模型的输出位于右侧。

图 4 - 16 所示的屏幕截图显示了结果的比较。显然，我们可以看到重建图像与原始图像非常接近。

其背后的机制在于，我们创建了一个图像的机器表示，即使使用在潜在空间中编码的图像的最少信息，也可以重建图像。这属于表征学习（Representation Learning）的专业范畴，让机器看到东西，然后分享机器所看到的东西。通过学习图像的表征

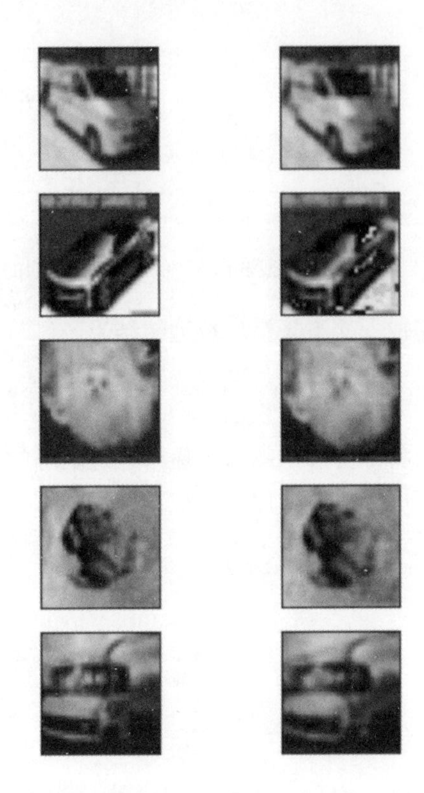

图 4-16　左侧为原始图像，右侧为自动编码器模型的输出

（Representation）来实现这一点。这一功能在图像生成中有广泛的应用，但也可以用于任何结构化数据集，如异常检测。

总之，本节使用了包含 500 张随机图像的 CIFAR-10 数据集，以 0.001 的学习率创建和训练了 200 个训练周期的自动编码器模型，最后，将实际输入与自动编码器模型生成的结果进行了比较。随着训练周期的增加，模型结果的质量将继续提高。

4.5　本章小结

Bolts 仍处于早期阶段，需要进一步开发以产生有用的结果。Bolts 也是一个社区项目，数据科学从业者可以为其提供模型代码，因此不同体系结构的代码质量可能参差不齐。建议读者在涉及任何模型代码的源代码时进行尽职调查，因为模型可能并不总是来自 PyTorch Lightning 团队，所以需要尽量避免可能存在的程序错误。

然而，无论我们是深度学习的初学者还是高级实践者，Bolts 都非常实用。重点是从该领域的最新架构开始。Bolts 可以帮助我们轻松地使用数据集，并为具体用例的不同算法设置基线。Bolts 具有最先进的深度学习体系结构的开箱即用功能，不仅可以节省时间，还可以大大提高生产率。

视觉神经网络得到了广泛的应用，并且发展非常迅速。在本章中，读者了解了如何使用 PyTorch Lightning Bolts 的开箱即用模型，而无须从头创建任何逻辑回归、生成式对抗网络或自动编码器模型代码。Bolts 视觉模型使我们能够轻松地配置、训练和构建模型。然而，Bolts 模型可能不会产生完美的结果，对于一些复杂的应用，需要调整或编码。我们将在第 6 章中重新讨论生成式模型，以了解定制应用程序的更高级用例。

Bolts 模型不限于生成式模型，在最新领域之一的自我监督学习方面，它也提供了相应的功能。即使在图像未标记的情况下，这种新方法也有效。Bolts 模型可以生成自己的标签，并给出与图像识别中的监督模型媲美的结果。

在下一章中，读者将学习 PyTorch Lightning 如何用于解决一些具有复杂特征工程和大规模训练过程的真实用例。我们将从时间序列模型开始，讨论 PyTorch Lightning 如何帮助我们创建工业规模的解决方案。

第二部分
使用 PyTorch Lightning 解决问题

第二部分将详细介绍如何使用 PyTorch Lightning 框架构建各种深度学习应用程序。这部分将包括旨在解决关键行业应用的实际案例。

第二部分包括以下章节内容。

- 第 5 章　时间序列模型
- 第 6 章　深度生成式模型
- 第 7 章　半监督学习
- 第 8 章　自监督学习

第5章

时间序列模型

存在许多由时间量分隔的自然序列数据集。例如，每隔几分钟到达海岸的海浪，或者每隔几微秒发生的股票交易。通过分析之前发生的历史，可以预测下一波浪潮何时到岸，或者下一次股票交易的可能价格，这种类型的数据科学算法被称为时间序列模型（Time Series Model）。虽然传统的时间序列方法长期以来一直用于预测，但通过深度学习，我们可以使用先进的方法获得更好的结果。本章将重点介绍如何使用 PyTorch Lightning 进行时间序列预测，建立常用的基于深度学习的时间序列模型，如循环神经网络（Recurrent Neural Networks，RNN）和长短期记忆（Long Short - Term Memory，LSTM）。

在本章中，首先简要概述时间序列问题，然后讨论 PyTorch Lightning 的几个应用案例。读者可能会好奇手机上的天气预报应用程序是如何预告第二天的最高温度和最低温度的。我们将讨论如何借助循环神经网络进行建模的技术，以及利用历史气候数据来预测城市的气象温度。我们还将讨论时间序列预测的另一个用途：帮助企业预测未来的需求，例如，预测在接下来的一个小时内会有多少客户，或者一天中客户数的变化情况。我们将讨论如何使用长短期记忆网络模型，同时利用伦敦共享单车数据集来预测伦敦的共享单车需求。

我们将在构建、训练、加载和预测的各个阶段分别讨论不同的 PyTorch Lightning 方法和功能，还将充分利用 PyTorch Lightning 中的不同功能。例如，以自动化的方式确定学习率等，以便更深入地了解该框架。

本章将帮助读者夯实使用 PyTorch Lightning 的高级时间序列模型的基础，同时让读者熟悉其中所隐藏的功能和特性。

本章涵盖以下主题。

- 时间序列概述。
- 时间序列模型入门。
- 基于循环神经网络的每日天气预报时间序列模型
- 基于长短期记忆网络的时间序列模型。

5.1 技术需求

在本章中，主要使用以下 Python 模块（包括其版本号）。

- PyTorch Lightning（版本 1.1.2）。
- Seaborn（版本 0.11.0）。
- sklearn（版本 0.22.0）。
- numpy（版本 1.19.4）。
- torch（版本 1.7.0）。
- pandas（版本 1.1.5）。
- matplotlib（版本 3.2.2）。

读者可以通过以下 GitHub 链接获取本章中的示例代码：https://github.com/PacktPublishing/Deep-Learning-with-PyTorch-Lightning/tree/main/Chapter05。

本章使用的源数据集链接地址如下。

- 天气数据集（Climate dataset）：https://www.kaggle.com/sumanthvrao/dailyclimate-time-series-data?select=DailyDelhiClimateTrain.csv。
- 共享单车数据集（Bike sharing dataset）：https://www.kaggle.com/hmavrodiev/londonbike-sharing-dataset。

5.2　时间序列概述

在典型的机器学习用例中，数据集是特征（x）和目标变量（y）的集合。模型使用特征来学习和预测目标变量。

以下面的例子为例。

为了预测房价，特征可能是卧室数量、浴室数量和房屋面积（平方英尺），目标变量是房价。我们的目的可能是使用所有的特征（x）来训练模型并预测房价的价格（y）。在这样的用例中，我们观察到的一件事实是：在预测目标变量（在我们的示例中，目标变量是房价）时，数据集中的所有记录都被同等对待，数据的顺序并不重要。结果（y）仅取决于 x 的值。

另外，在时间序列预测中，数据的顺序在捕捉趋势和季节等特征方面起着重要的作用。时间序列数据集通常是涉及时间测量的数据集，如每小时记录温度的天气数据集。时间序列中的预测并不总是能够完全区分特征（x）和目标变量（y），但可以根据之前的 x 值预测下一个 x 值（例如，根据今天的温度预测明天的温度）。

时间序列数据集可以有一个或多个特征。如果只有一个特征，则称为单变量时间序列（Univariate Time Series）；如果有多个特征，则称为多变量时间序列（Multivariate Time Series）。时间可以采用任何单位，可以是微秒，也可以是小时、天，甚至是年。

虽然可以使用多种传统的机器学习方法（如 ARIMA）解决时间序列问题，但深度学习方法提供了更简单、更妥当的途径。我们将研究如何使用深度学习方法来处理时间序列问题，并借助示例讨论如何基于 PyTorch Lightning 实现时间序列模型。

基于深度学习的时间序列预测

从技术上讲，时间序列预测是利用历史时间序列数据建立回归模型以预测预期结果的一种形式。简单来说，时间序列预测使用历史数据来训练模型并预测未来值。

虽然时间序列的传统方法很有用，但时间序列预测中的深度学习克服了传统机器学习的缺点，其中包括如下内容。

- 识别复杂的模式、趋势和季节性。
- 长期预测。
- 处理缺失值。

有各种深度学习算法来执行时间序列预测。例如：

- 循环神经网络。
- 长短期记忆网络。
- 门控循环单元。
- 编码器-解码器模型。

在本章中，我们将使用实际应用案例讨论前两种算法。

5.3　时间序列模型入门

每个时间序列模型通常遵循以下结构。

（1）加载数据集并应用特征工程。

（2）创建模型。

（3）训练模型。

（4）进行时间序列预测。

作为第一步，我们将处理数据，这是应用窗口技术的步骤。在创建 PyTorch Lightning 时间序列预测模型之前，必须先了解一些用于为时间序列模型准备数据的常用技术，如重新格式化和窗口化。下面介绍如何使用窗口化/系列化准备数据。

在时间序列预测中，重要的是为模型提供给定时间内可能的完整信息，而时间序列中的历史数据在做出未来预测时起着重要作用。这是一种将时间序列数据集重新组织为固定窗口的技术，并将为模型提供最完整的信息，以实现准确的预测。下面使用图 5-1 中的示例来理解窗口的含义。

Date	Target
1/1/20	1.00
1/2/20	2.00
1/3/20	3.00
1/4/20	4.00
1/5/20	5.00
1/6/20	6.00
1/7/20	7.00
1/8/20	8.00
1/9/20	9.00

图 5-1　包含 Date 和 Target 列的数据集

分析一个具有 9 行的单变量时间序列数据集（见图 5－1）。其中，Date（日期）列以 <mm/dd/YY> 格式表示，还有一个 Target（目标）列。让我们对前面的数据集应用窗口大小为 3 的窗口。图 5－2 所示为应用窗口大小为 3 的窗口结果。

	Features			Target
Window 1	1/1/20	1/2/20	1/3/20	4.00
Window 2	1/2/20	1/3/20	1/4/20	5.00
Window 3	1/3/20	1/4/20	1/5/20	6.00
Window 4	1/4/20	1/5/20	1/6/20	7.00
Window 5	1/5/20	1/6/20	1/7/20	8.00
Window 6	1/6/20	1/7/20	1/8/20	9.00

图 5－2　应用窗口大小为 3 的窗口

应用窗口大小为 3 的窗口之后，结果会生成 6 行数据；Window 1 的特征为 1/1/20、1/2/20 和 1/3/20 的所有特征的集合，目标变量将是 1/4/20 的目标值。

例如，如果使用所记录的温度来预测某一天的温度，那么对于 Window 1，特征将是 1/1/20、1/2/20 和 1/3/20 记录的温度集合，目标变量将是 1/4/20 的温度值。

窗口化/系列化是时间序列预测中最常用的技术之一，该技术可以为模型提供完整的信息，以便更好地进行预测。

至此，我们已经学会了如何为时间序列预测工作准备数据。在接下来的 5.4 节和 5.5 节中，我们将使用 PyTorch Lightning，基于循环神经网络模型和长短期记忆网络模型来进行预测。

5.4　基于循环神经网络的每日天气预报时间序列模型

每天外出前，我们可能会查看外面的温度。那么我们是否想过如何构建自己的天气应用程序呢？在时间序列预测方面，天气预报是最古老，但仍然是最相关的问题之一。为此，我们将使用基于序列的算法，即循环神经网络。

我们的目标是根据每日的天气数据集，利用 PyTorch Lightning 建立循环神经网络模型，并预测平均温度。为此，我们将使用 humidity（湿度）、wind speed（风速）、mean pressure（平均压力）和 mean temperature（平均温度）的历史数据作为模型的输入，并预测未来的平均温度值。

深度学习中的序列模型是解决时间序列用例最常用并被广泛使用的算法之一。在本章中，我们将使用 PyTorch Lightning 的循环神经网络模型解决一个时间序列用例。在本节中，我们将介绍构建模型的以下主要步骤。

（1）加载数据。

（2）特征工程。

（3）创建自定义数据集。

（4）使用 PyTorch Lightning 配置循环神经网络模型。

（5）训练模型。

（6）度量训练损失。

（7）加载模型。

（8）对测试数据集进行预测。

5.4.1 加载数据

本章中使用的数据集称为 Daily climate time series data（每日气候时间序列数据），该数据集包含 2013—2017 年印度首都新德里的每日气象数据记录。kaggle. com 网站基于 CCO 授权提供了该数据集，并可通过以下 URL 下载——https://www. kaggle. com/sumanthvrao/daily - climate - timeseries - data? select = DailyDelhiClimateTrain. csv。

该数据集包含两个不同的文件。与传统的机器学习方法一样，我们将使用一个文件训练循环神经网络模型，另一个文件用于执行预测。

- DailyDelhiClimateTrain. csv：该文件包含 5 列 1 462 行数据，时间跨度为从 2013 - 01 - 01 到 2017 - 01 - 01。我们将使用此文件来训练循环神经网络模型。训练数据集的前 5 行数据如图 5 - 3 所示。

	humidity	wind_speed	meanpressure	meantemp
0	84.500000	0.000000	1015.666667	10.000000
1	92.000000	2.980000	1017.800000	7.400000
2	87.000000	4.633333	1018.666667	7.166667
3	71.333333	1.233333	1017.166667	8.666667
4	86.833333	3.700000	1016.500000	6.000000

图 5 - 3　训练数据集的前 5 行数据

- DailyDelhiClimateTest. csv：与前一个文件相同，该文件也包含相同的 5 列，但记录数较少，时间跨度为从 2017 - 01 - 01 到 2017 - 04 - 24。我们将使用此文件进行预测，并比较实际值和预测结果之间的差异。测试数据集的前 5 行数据如图 5 - 4 所示。

	date	meantemp	humidity	wind_speed	meanpressure
0	2013-01-01	10.000000	84.500000	0.000000	1015.666667
1	2013-01-02	7.400000	92.000000	2.980000	1017.800000
2	2013-01-03	7.166667	87.000000	4.633333	1018.666667
3	2013-01-04	8.666667	71.333333	1.233333	1017.166667
4	2013-01-05	6.000000	86.833333	3.700000	1016.500000

图 5 - 4　测试数据集的前 5 行数据

到目前为止，我们讨论了使用哪些数据集文件。接下来，我们将尝试理解数据集文件包含哪些列，以便识别这个模型的特性。

测试数据集文件包含以下 Features 列。

- date：以 < YYYY - MM - DD > 格式表示的日期列，表示记录温度的日期。

- meantemp：该列为 float 类型，表示全天中每隔 3 小时的若干个温度的平均值。
- humidity：该列为 float 类型，表示该天的湿度值，单位为每立方米空气中水汽的克数。
- wind_ speed：该列为 float 类型，表示风速，单位为千米/小时。
- meanpressure：该列为 float 类型，表示全天记录的平均大气压，单位为大气压力。

我们将使用 Python 的 pandas 模块加载 CSV 文件。前面提到的所有文件都保存在 sample_data 目录中。下面使用 read_csv 方法将数据加载到 pandas DataFrame 中。

1. 加载训练数据集

将训练数据集（DailyDelhiClimateTrain. csv）读入 climate_train 的 pandas DataFrame 对象。代码如下：

```
climate_train = pd.read_csv("./sample_data/DailyDelhiClimateTrain.csv")
climate_train.head(5)
```

接下来，使用以下代码快速检查 climate_train 的 pandas DataFrame 对象中包含的行和列的总数：

```
print("Total number of row in train dataset:", climate_train.shape[0])
print("Total number of columns in train dataset:",climate_train.shape[1])
```

显示以下输出结果：

```
Total number of row in train dataset: 1462
Total number of columns in train dataset: 5
```

现在创建了 1 462 行的训练数据集，接下来创建一个测试数据集。

2. 加载测试数据集

将测试数据集（DailyDelhiClimateTest. csv）读入 climate_test 的 pandas DataFrame 对象。代码如下：

```
climate_test = pd.read_csv("./sample_data/DailyDelhiClimateTest.csv")
climate_test.head(5)
```

接下来，使用以下代码快速检查 climate_test 的 pandas DataFrame 对象中包含的行和列的总数：

```
print("Total number of row in test dataset:", climate_test.shape[0])
print("Total number of columns in test dataset:", climate_test.shape[1])
```

显示以下输出结果：

```
Total number of row in test dataset: 114
Total number of columns in test dataset: 5
```

在本小节中，我们成功地将位于 sample_data 目录中的两个文件加载到了 pandas DataFrame 对象中，并确保文件中的行数和列数正确无误。在接下来的章节中，我们将对 DataFrame 执行一些处理操作。

5.4.2 特征工程

通常建议对数据集执行规范化，以产生良好的结果，规范化还可以提高模型的运行速度。这里，我们对 DataFrame 的列进行缩放。下面使用 sklearn 预处理模块中具有鲁棒性的缩放器（scaler），对 Features 列和 Target 列分别进行缩放处理：

```
#创建缩放器(scalers)
#Target 列
mean_temp_scaler = RobustScaler()
#Features 列
humidity_scaler = RobustScaler()
wind_speed_scaler = RobustScaler()
mean_pressure_scaler = RobustScaler()

#创建转换器(transformers)
mean_temp_transformer = mean_temp_scaler.fit(climate_train
[['meantemp']])
humidity_scaler_transformer = humidity_scaler.fit(climate_train
[['humidity']])
wind_speed_scaler_transformer = wind_speed_scaler.fit(climate_train
[['wind_speed']])
mean_pressure_scaler_transformer = mean_pressure_scaler.fit(climate_train
[['meanpressure']])

#应用缩放器(scalers)
#对训练数据集应用缩放处理
climate_train["meantemp"] = mean_temp_transformer.
transform(climate_train[['meantemp']])
climate_train["humidity"] = mean_temp_transformer.
transform(climate_train[['humidity']])
climate_train["wind_speed"] = mean_temp_transformer.
transform(climate_train[['wind_speed']])
climate_train["meanpressure"] = mean_temp_transformer.
transform(climate_train[['meanpressure']])
```

在以上代码片段中，主要执行了以下操作步骤。

（1）创建缩放器（scalers）：为 Features 列和 Target 列创建了 5 个不同的缩放器对象。

（2）创建转换器（transformers）：通过调用 climate_train DataFrame 的 fit 方法，为所有 Features 列和 Target 列创建转换器对象。在这一步中，所有 5 个 Features 列和 Target 列的转换器都已经准备就绪。

（3）应用缩放器（scalers）：最后，对测试和训练 DataFrame 应用缩放处理，并使用新的缩放值覆盖旧列的值。在应用这一步之后，测试和训练 DataFrame 都包含缩放后的值。

（4）对训练数据集和测试数据集重复上述所有步骤。

至此，我们的测试和训练 DataFrame 都已经准备就绪，其中包含了缩放后的值。在默认情况下，DataFrame 中的所有数据都是按顺序排序的，我们可能不需要 date 列。通过运行以下代码，可以从两个 DataFrame 中删除 date 列：

```
del climate_train["date"]
climate_train.head(5)
```

这将显示图 5－5 所示的输出结果。

	meantemp	humidity	wind_speed	meanpressure
0	-1.422987	4.561592	-2.226287	79.362142
1	-1.631845	5.164067	-1.986903	79.533513
2	-1.650589	4.762417	-1.854091	79.603132
3	-1.530094	3.503915	-2.127213	79.482637
4	-1.744307	4.749029	-1.929066	79.429084

图 5－5　应用具有鲁棒性的缩放器后训练数据集的前 5 行数据

可以看出，该数据集已经不再包含 date 列。

5.4.3　创建自定义数据集

一般建议通过自定义数据集来访问数据，PyTorch 提供了很多实用工具来创建自定义数据集，这有助于我们了解如何在其他机器学习应用程序中应用这些实用程序。在本小节中，我们将介绍使用 PyTorch Dataset 模块创建自定义数据集的过程。该模块在 PyTorch 实用工具的 data 模块中提供（torch. utils. data. Dataset）。首先从 Initialization 方法开始，在这里我们将加载数据集、处理数据集，并准备数据集以供使用。Initialization 方法由以下参数组成。

- train：接收布尔值作为输入。如果为 True，则表明正在处理并返回训练数据集。
- validate：接收布尔值作为输入。如果为 True，则表明正在处理并返回验证数据集。
- test：接收布尔值作为输入。如果为 True，则表明正在处理并返回测试数据集。
- window_size：将输入长短期记忆网络模型的窗口或序列的大小。窗口大小的默认值是 240。在这里，窗口大小为 240，代表 10 天的数据，也就是说，每天有 24 条记录，所以 10 天包含 240 条数据记录。

Initialization 方法分为四个步骤，用于加载数据并对其进行预处理。接下来，详细讨论每个步骤。

（1）在类中加载数据。代码如下：

```
#步骤1:加载数据
self.climate_test = climate_test
self.climate_train = climate_train
```

在这一步中，将初始化 ClimateDataset 类中的 climate _ test 和 climate _ train DataFrames，以便在类方法中使用这些 DataFrames。

（2）创建特征。代码如下：

```
#步骤2:创建特征
if train: #处理训练数据集
    features = self.climate_train
    target = self.climate_train.meantemp
else:      #处理测试数据集
    features = self.climate_test
    target = self.climate_test.meantemp
```

ClimateDataset 类的两个参数是 train 和 test，二者都接收布尔值作为输入。在以上的代码块中创建了两个变量：第一个变量是 features，它包含一个 DataFrame，其中包含所有的 Features 列，即一个由 humidity、wind _ speed、meanpressure 和 meantemp 构成的 DataFrame；第二个变量是 target，也包含一个 DataFrame，其中包含单个 Target 列 meantemp。

如果 train 参数为 True，则使用 climate_train 数据集设置 features 和 target 变量的值；如果 test 参数为 True，则使用 climate_test 数据集设置 features 和 target 变量的值。

（3）创建窗口化/系列化。代码如下：

```
#步骤3:创建窗口化/系列化
self.x, self.y = [], []
for i in range(len(features) - window_size):
    v = features.iloc[i:(i + window_size)].values
    self.x.append(v)
    self.y.append(target.iloc[i + window_size])
```

因为我们正在处理一个时间序列用例，所以必须对模型的数据集执行窗口化/系列化。在这一步中，将数据集转换为默认大小为 7 的窗口，也就是说，使用 7 天的历史数据训练循环神经网络，以便对次日的数据进行预测。这样处理可以保证序列模型在时间序列预测中表现良好。

在以上的代码中，Python 的 x 类变量具有过去 7 天的一系列特性（humidity、wind_speed、meanpressure 和 meantemp），并使 y 类变量具有次日的目标变量（meantemp）。

下面总结一下__init__方法。该方法接收一个布尔参数作为输入，并根据所设置的标志，选择训练数据集或测试数据集。然后，从数据集中提取特征和目标，并对特征和目标数据执行窗口化操作，默认的窗口大小为 7。在执行窗口化处理后，该序列数据分别存储在 x 和 y 类变量中。

（4）计算数据集的长度。

在这里，我们将计算执行窗口化后数据的记录总数，稍后将用于__len__(self)函数：

```
def __len__(self):
    #返回天气数据集的记录总数
    return self.num_sample
```

函数返回 num_sample 类变量，该变量在__init__方法中初始化，用于存储数据集中的记录总数。在__init__方法中，在对数据集执行窗口化操作后，所有数据集都存储在两个类变量（x 和 y）中。该方法接收 index 作为参数，并返回 features 变量和 target 变量的记录。也就是说，它从类变量（x 和 y）返回索引处的值。可以使用［__getitem__(self, index)］方法获得其结果。代码如下：

```
def __getitem__(self, index):
    x = self.x[index].astype(np.float32)
    y = self.y[index].astype(np.float32)
    return x, y
```

在结束本小节之前，需要快速测试 ClimateDataset。一种简单的测试方法是使用 for 循环，在一次迭代后，通过调用 break 语句停止循环。在下面的代码中，为训练数据创建 ClimateDataset，在一次迭代中循环，并打印特征的大小、特征的内容和目标值：

```
climate = ClimateDataset(train=True)
#在一次迭代中循环,打印形状和数据
for i, (features,targets) in enumerate(climate):
    print("Size of the features",features.shape)
    print("Printing features:\n", features)
    print("Printing targets:\n", targets)
    break
```

输出结果如图 5-6 所示。

```
Size of the features (7, 4)
Printing features:
 [[-1.4229872  4.561592  -2.2262866 79.362144 ]
 [-1.6318451  5.164067  -1.9869033 79.533516 ]
 [-1.6505888  4.762417  -1.8540912 79.603134 ]
 [-1.5300938  3.5039148 -2.127213  79.482635 ]
 [-1.7443069  4.7490287 -1.9290658 79.429085 ]
 [-1.663977   4.425031  -2.1073983 79.549576 ]
 [-1.663977   4.0876455 -1.720208  79.710236 ]]
Printing targets:
 -1.5147929
```

图 5-6 执行特征工程后的数据集

特征维度是多维的，有 7 行 4 列，即默认窗口大小是 7，有 4 个不同的特征。最后，还有一个单一的未来目标值。

接下来，开始配置模型。

5.4.4 使用 PyTorch Lightning 配置循环神经网络模型

到目前为止，我们已经将数据集加载到 pandas 中，执行了特征工程，并创建了一个自定义数据集来访问数据。至此，数据已经准备就绪，这些数据被处理并转换成序列/窗口，可以输入模型。接下来，我们开始编写单层循环神经网络模型。

为了使用 PyTorch Lightning 构建循环神经网络模型，可以将该过程分解为以下步骤。

1. 定义模型层

创建一个名为 RNN 的类，该类继承自 PyTorch Lightning 的 LightningModule 类，并在构造函数中接收以下输入或参数。

- input_size：正在使用的特征的数量。在例子中，天气数据集的特征总数是 4 个，因此这个参数的默认值是 4。
- hidden_dim：这是隐藏循环神经网络的总数，即所需循环神经网络副本的数量。默认情况下，该值设置为 10，即有 10 个隐藏层。
- n_layers：用于将循环神经网络相互叠加。在本章中，使用单层神经网络。然而，通过修改这个参数，可以很容易实现多层神经网络。
- output_size：模型预期的输出数量。因为预测的是平均温度，这是一个回归问题，所以输出大小为 1。

以下代码块定义了模型的配置参数：

```
    def __init__(self, input_size = 4, output_size = 1, hidden_dim = 10, n_layers =
1, window_size = 7):
        """
        input_size:输入中的特征的数量
        hidden_dim:隐藏层的数量
        n_layers:相互叠加的 RNN 的数量
        output_size:输出项的数量
        """
        super(RNN, self).__init__()
        self.hidden_dim = hidden_dim
        self.n_layers = n_layers
        self.rnn = nn.RNN(input_size, hidden_dim, n_layers,
batch_first = True)
        self.fc = nn.Linear(hidden_dim * window_size, output_size)
        self.loss = nn.MSELoss()
```

在__init__方法中，主要执行以下操作步骤。

（1）从 torch nn 模块初始化循环神经网络模型。使用输入大小、隐藏维度和初始化模型时传递的层数创建循环神经网络模型。此外，将 batch_first 参数设置为 True，因为在这里，循环神经网络层是第一层。

（2）再次从 torch nn 模块创建一个线性层。其中，第一个参数输入维度是总维度乘以窗口大小；第二个参数是输出大小。在例子中，预测 meantemp 输出大小为 1。

（3）初始化损失函数。使用均方误差损失函数来计算损失。

（4）使用 get_hidden 方法获取隐藏层。代码如下：

```
def get_hidden(self, batch_size):
    hidden = torch.zeros(self.n_layers, batch_size, self.hidden_dim)
    return hidden
```

get_hidden 方法接收批次大小作为输入，并返回一个三维张量，该张量的三个维度分别为循环神经网络模型的层数、批次大小和隐藏层数，每个元素的值均被初始化为 0。

（5）使用 forward 方法连接所有的层。

在 forward 方法中，通过配置输入和输出，将所有的层连接在一起。

①利用 size 方法获取批次的大小。

②通过调用 get_hidden 方法来初始化隐藏层，结果返回填充为 0 的多维张量。

③一旦将初始的隐藏层准备就绪，将输入 x 和隐藏层发送到循环神经网络模型，结果将返回输出和隐藏层。

④在将输出传递到全连接的层之前，输出数据被展平到单个维度，然后作为输入发送给全连接网络。

⑤使用 forward 方法返回全连接网络，并打印输出结果。

代码如下：

```
def forward(self, x):
    batch_size = x.size(0)
    hidden = self.get_hidden(batch_size)
    out, hidden = self.rnn(x, hidden)
    out = out.reshape(out.shape[0], -1)
    out = self.fc(out)
    return out
```

这显示了将用于训练模型的模型配置参数。

2. 设置优化器

当使用 PyTorch Lightning 构建模型时，需要在模型类中设置优化器。这可以通过重写 configure_optimizers 方法来完成，代码如下：

```
def configure_optimizers(self):
    params = self.parameters()
    # optimizer = optim.Adam(params = params, lr = 0.01)
    optimizer = optim.RMSprop(params = params, lr = 0.001)
    return optimizer
```

这个方法主要执行以下两个操作。

（1）获取模型参数。因为这个方法是在模型类中编写的，所以可以通过调用 self. parameters 方法来访问模型的参数。

（2）将收集到的模型参数传递给 RMSprop 优化器，可以从 torch optim 模块中访问该优化器。在前面的代码中，除了模型参数外，还将学习率设置为 0.001。

一旦设置了参数和学习率，就可以返回 RMSprop 优化器。

重要提示

对于这个用例，可以使用 RMSprop 作为优化器，学习率为 0.001。可以使用不同的优化器进行尝试，也可以使用不同的学习率进行尝试，以提高模型的性能。

3. 传递训练数据

为了在训练数据集上训练循环神经网络模型，首先设置训练数据加载器。一种方法是重写 PyTorch Lightning 模块中的 train_dataloader 方法，代码如下：

```
def train_dataloader(self):
    climate_train = ClimateDataset(train=True)
    train_dataloader = torch.utils.data.DataLoader(climate_train, batch_
size=20)
    return train_dataloader
```

在这个方法中，从 ClimateDataset 类创建一个训练数据集，这是在本章开头部分创建的。这里，使用 PyTorch 的 DataLoader 类来创建训练数据加载器。

数据加载器是从 ClimateDataset 类创建的，批次大小为 20。

重要提示

当从 ClimateDataset 类创建数据集时，train 标志设置为 True，这意味着数据集将返回训练数据集。

在代码中，将批次大小固定为 20。根据用户的硬件要求和性能，可以根据需要增加或减少批次。

4. 配置训练循环

training_step 方法是最重要的方法之一，用于访问输入批次数据并执行模型训练。training_step 方法接收以下两个参数。

- batch_idx：批次的索引。
- batch：来自数据加载器的数据批次，通过 train_dataloader 方法可返回数据加载器。

定义训练循环的代码如下：

```
def training_step(self, batch, batch_idx):
    features, targets = batch
```

```
    output = self(features)
    output = output.view( -1)
    loss = self.loss(output, targets)
    return {"loss": loss,'log': {'train_loss': loss}}
```

在 training_step 方法中，执行以下操作步骤。

（1）批处理参数为元组类型，包含特性和目标。

（2）通过向 self 传递特性来获得模型的输出，参见以上代码。

（3）当从模型接收到输出时，在 PyTorch 方法 view 的帮助下，相同的输出被转换为一维数组，然后计算损失值。

（4）training_step 方法返回损失函数。我们在字典中返回损失函数。

重要提示

training_step 方法返回一个包含两个键的字典：一个键是 loss，另一个键是 log。需要注意的是，在 log 中传递的任何信息都会被 PyTorch Lightning 记录下来。在这一步中，将损失记录为 train_loss。稍后我们将讨论如何访问和绘制 train_loss 数据。

5.4.5 训练模型

至此，我们已经定义了训练模型的配置，接下开始训练模型。在下面的代码块中，我们将启动模型的训练过程：

```
seed_everything(10)
trainer = pl.Trainer(max_epochs =30, progress_bar_refresh_rate =20)
model = RNN()
trainer.fit(model)
```

模型训练结束时将显示图 5 -7 所示的输出结果。

```
GPU available: False, used: False
TPU available: None, using: 0 TPU cores

  | Name | Type    | Params
-----------------------------------
0 | rnn  | RNN     | 160
1 | fc   | Linear  | 71
2 | loss | MSELoss | 0
-----------------------------------
231       Trainable params
0         Non-trainable params
231       Total params
Epoch 29: 100% 73/73 [00:00<00:00, 244.33it/s, loss=0.0258, v_num=0]
/usr/local/lib/python3.6/dist-packages/pytorch_lightning/utilities/distributed.py:49: UserWarning: The {log:dict keyword} was deprecated in 0.9.1 and will be removed in 1.0.0
Please use self.log(...) inside the lightningModule instead.

# log on a step or aggregate epoch metric to the logger and/or progress bar
# (inside LightningModule)
self.log('train_loss', loss, on_step=True, on_epoch=True, prog_bar=True)
  warnings.warn(*args, **kwargs)
```

图 5 -7 模型训练结束时的输出结果

在这一步中，循环神经网络模型已经建立并准备好接受训练。在以上代码中，我们从 PyTorch Lightning 创建了 trainer 对象，最大训练周期设置为 30，每 20 个单元刷新一次进度条。准备好 PyTorch Lightning 训练对象后，紧接着创建了循环神经网络模型对象，并开始训练。

重要提示

在这里，我们应用了 seed_everything(10)，这样每次都可以生成相同的结果，从而使调试变得更加容易。这是可选的，可以删除该行代码。

此处选择的训练周期为 30，也就是说，将对训练数据进行 30 次迭代。这个参数的值可以根据模型的性能增加或减少。

5.4.6　度量训练损失

在以上的训练步骤中，我们记录了 train_loss。现在，使用 TensorBoard 绘制 train_loss，并监控每个训练周期的 train_loss。运行以下代码，可以启动 TensorBoard：

```
%load_ext tensorboard
%tensorboard --logdir Lightning_logs/
```

这将显示图 5-8 所示的结果。

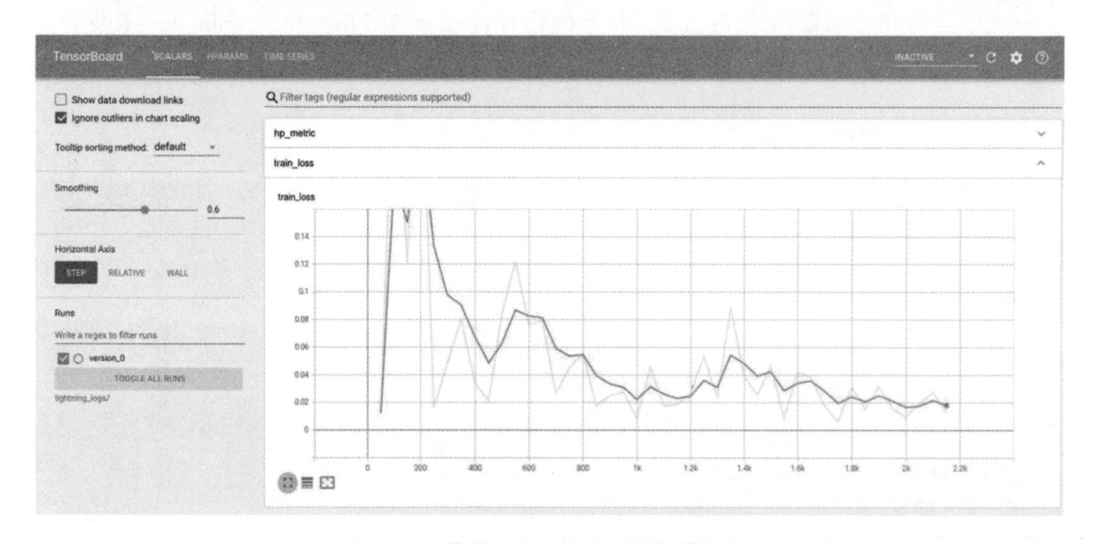

图 5-8　使用 TensorBoard 绘制的结果

从图 5-8 可以清楚地看出，每次迭代的 train_loss 都在减小。如果增加训练周期的数值大小，train_loss 可能会进一步减小，但是对于这个用例，我们将保持训练周期的大小为 30。

5.4.7　加载模型

在预测测试数据并比较结果之前（将在本章下一小节中讨论），首先需要加载模型。可以通过以下步骤完成模型的加载。

（1）列出 PyTorch Lightning 默认路径（lightning_logs）中的文件，如图 5-9 所示。

```
[ ] ! ls lightning_logs

version_0

[ ] !ls lightning_logs/version_0/checkpoints

'epoch=29-step=2189.ckpt'
```

图 5-9　PyTorch Lightning 中的文件

（2）一旦确定了模型的文件名，就可以通过以下的代码，使用 load_from_checkpoint 方法加载模型，并将其模式更改为 eval。至此，模型已从文件中加载，并准备好执行预测。

```
#加载模型
PATH = 'lightning_logs/version_0/checkpoints/epoch=29-step=2189.ckpt'
trained_climate_RNN = model.load_from_checkpoint(PATH)
trained_climate_RNN.eval()
```

这将显示图 5-10 所示的输出结果。

```
RNN(
  (rnn): RNN(4, 10, batch_first=True)
  (fc): Linear(in_features=70, out_features=1, bias=True)
  (loss): MSELoss()
)
```

图 5-10　加载的模型

图 5-10 表明，该模型现在已经准备好进行预测。

5.4.8　对测试数据集进行预测

这是本节的最后一步，我们使用模型对所创建的测试数据集进行预测，并绘制实际值与预测值的对比图表。

以下的代码将给出预测结果：

```
#初始化数据集
climate_test = ClimateDataset(test=True)
train_dataloader = torch.utils.data.DataLoader(climate_test, batch_size=20)
predicted_result, actual_result = [],[]
#在一次迭代中循环,并打印形状和数据
for i, (features,targets) in enumerate(train_dataloader):
    result = trained_climate_RNN(features)
    predicted_result.extend(result.view(-1).tolist())
    actual_result.extend(targets.view(-1).tolist())
```

上述代码使用以下步骤对测试数据集执行预测。

（1）通过传递值为 True 的 test 参数来创建 ClimateDataset 对象，并使用数据集创建一个批次大小为 20 的数据加载器。

（2）对数据加载器进行迭代并收集特征，使用这些特征对训练好的模型进行预测。

（3）所有的预测值和实际目标值都存储在两个局部变量中：predicted_result 和 actual_result。

接下来，使用在特征工程阶段创建的 mean_temp_transformer，对数据集执行逆变换。这一步可以比较实际结果和预测结果，代码如下：

```
actual_predicted_df = pd.DataFrame(data={"actual":actual_result,
"predicted":predicted_result})
inverse_transformed_values = mean_temp_transformer.inverse_transform
(actual_predicted_df)
actual_predicted_df["actual"] = inverse_transformed_values[:,[0]]
actual_predicted_df["predicted"] = inverse_transformed_values[:,[1]]
actual_predicted_df
```

这将显示图 5-11 所示的输出结果。

	actual	predicted
0	15.684211	12.473377
1	14.571428	14.065158
2	12.111111	13.783851
3	11.000000	13.479544
4	11.789474	13.062072
...	...	...
102	34.500000	28.904076
103	34.250000	29.088938
104	32.900000	28.938178
105	32.875000	28.485336
106	32.000000	28.957222

107 rows × 2 columns

图 5-11　预测值与实际值的比较

这些结果表明，预测值与实际值具有可比性。通过绘制图表，我们可以看到模型整体的表现如何。现在，绘制实际值与预测值的折线图。代码如下：

```
plt.plot(actual_result,'b')
plt.plot(predicted_result,'r')
plt.show()
```

在本示例中，我们绘制了 meantemp 实际值与预测值的对比图，如图 5-12 所示。上方的线代表实际平均温度值，下方的线代表循环神经网络模型的预测值。

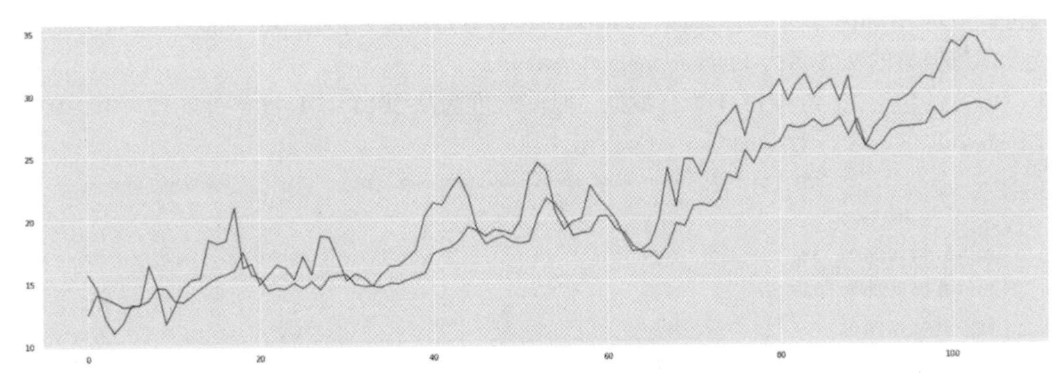

图 5－12 meantemp 实际值与预测值的对比图

图 5－12 表明，预测值与实际值非常接近，这表示预测模型可以很好地预测每日温度值，可以可靠地使用。

5.5 基于长短期记忆网络的时间序列模型

时间序列模型还有其他各种商业应用，例如，预测股票价格、预测产品需求，或者预测机场每小时的乘客数量。在本节中，我们尝试预测伦敦一家共享单车公司对自行车的需求。众所周知，消费品的需求按小时变化（取决于一天中的时间、办公时间、通勤时间等），时间序列模型有助于做出此类预测。

在这个用例中，我们使用伦敦共享单车数据集（London Bike Sharing Dataset）来构建多层堆叠的长短期记忆网络模型，并预测共享单车的使用情况。此外，在本用例中，我们将重点介绍一些用于处理模型内部验证数据集的 PyTorch Lightning 技术，还将使用 PyTorch Lightning 自动化技术识别学习率的值。

在本节中，我们将介绍构建模型的以下主要步骤。

（1）数据集分析。

（2）特征工程。

（3）创建自定义数据集。

（4）使用 PyTorch Lightning 配置长短期记忆网络模型。

（5）训练模型。

（6）度量训练损失。

（7）加载模型。

（8）对测试数据集进行预测。

5.5.1 数据集分析

在本章中使用的数据集为伦敦共享单车数据集。该数据集包含伦敦共享单车的历史数据，由 TfL 开放数据（TfL Open Data）提供支持。该数据集包含 2015－01－04 到 2017－01－03 之间每小时共享单车的使用记录。可以从 kaggle. com 网站获取该数据集，其下载地址为 https://www.kaggle.com/hmavrodiev/london-bike-sharing-dataset。

该数据集的文件名为 London_merged.csv。

该文件包含 10 列和 17 414 行数据，时间跨度为从 2015-01-04 到 2017-01-03。训练数据集的前 5 行数据如图 5-13 所示。

timestamp	cnt	t1	t2	hum	wind_speed	weather_code	is_holiday	is_weekend	season
2015-01-04 00:00:00	182	3.0	2.0	93.0	6.0	3.0	0.0	1.0	3.0
2015-01-04 01:00:00	138	3.0	2.5	93.0	5.0	1.0	0.0	1.0	3.0
2015-01-04 02:00:00	134	2.5	2.5	96.5	0.0	1.0	0.0	1.0	3.0
2015-01-04 03:00:00	72	2.0	2.0	100.0	0.0	1.0	0.0	1.0	3.0
2015-01-04 04:00:00	47	2.0	0.0	93.0	6.5	1.0	0.0	1.0	3.0

图 5-13　训练数据集的前 5 行数据

该数据集包含以下 Features 列。

（1）timestamp：以 <YYYY-MM-DD hh：mm：ss> 格式记录共享单车发生的时间戳。

（2）cnt：共享单车的总数。

（3）t1：在使用共享单车时所记录的实际温度。

（4）t2：在使用共享单车时所记录的体感温度。

（5）hum：以百分比形式表示的大气湿度。

（6）wind_speed：在使用共享单车时所记录的风速。

（7）is_holiday：表示给定日期是否为假日的列。1.0 表示假日；0.0 表示非假日。

（8）is_weekend：表示给定日期是否为周末的列。0.0 表示不是周末；1.0 表示周末。

（9）season：表示季节的类别。0.0 表示春天；1.0 表示夏天；2.0 表示秋天；3.0 表示冬天。

（10）weather_code：表示天气代码的整数变量。每个代码的含义如下。

- 1：晴朗；大部分晴朗，但有薄雾/雾/雾斑或附近有雾。
- 2：散云/少云。
- 3：碎云。
- 4：多云。
- 7：雨/小阵雨/小雨。
- 10：雷雨连绵。
- 26：降雪。
- 94：冰冻雾。

下面使用 Python 的 pandas 模块加载 CSV 文件。前面提到的所有文件都保存在 sample_data 目录中。在这里，使用 pandas 的 read_csv 方法将数据加载到 pandas DataFrame 中。

数据集中的 timestamp 列属于时间戳类型。在读取数据集的过程中，将 index（索引）列设置为 timestamp，并将相同的列名传递给 parse_dates 参数。代码如下：

```
bike_sharing_df = pd.read_csv("./sample_data/london_merged.csv",
parse_dates=['timestamp'], index_col="timestamp")
bike_sharing_df.head(5)
```

索引后的时间截如图 5-14 所示。

timestamp	cnt	t1	t2	hum	wind_speed	weather_code	is_holiday	is_weekend	season
2015-01-04 00:00:00	182	3.0	2.0	93.0	6.0	3.0	0.0	1.0	3.0
2015-01-04 01:00:00	138	3.0	2.5	93.0	5.0	1.0	0.0	1.0	3.0
2015-01-04 02:00:00	134	2.5	2.5	96.5	0.0	1.0	0.0	1.0	3.0
2015-01-04 03:00:00	72	2.0	2.0	100.0	0.0	1.0	0.0	1.0	3.0
2015-01-04 04:00:00	47	2.0	0.0	93.0	6.5	1.0	0.0	1.0	3.0

图 5-14　索引后的时间戳

该数据集中的行和列总数如下所示：

```
print("Total number of row in dataset:", bike_sharing_df.shape[0])
print("Total number of columns in dataset:", bike_sharing_df.shape[1])
```

数据集的大小如图 5-15 所示。

```
Total number of row in dataset: 17414
Total number of columns in dataset: 9
```

图 5-15　数据集的大小

这表明我们需要处理 17 414 行数据。

下面将数据集拆分为训练数据集、测试数据集和验证数据集。

为了验证模型的准确性，我们将数据集拆分为不同的集合。

通常，使用三组数据集分别用于开发（DEV）、质量保证（QA）和质量控制（QC），即训练数据集、验证数据集和测试数据集。

1）训练数据集

对于训练数据集，我们将使用 2015-01-04 到 2016-07-31 之间的数据。下面的代码片段将数据集划分为所需的日期范围，训练数据集用于训练我们的模型：

```
bike_sharing_train = bike_sharing_df.loc[:datetime.datetime(year=2016,
month=7,day=31,hour=23)]
print("Total number of row in train dataset:", bike_sharing_train.shape[0])
```

将显示图 5-16 所示的输出结果。

```
Total number of row in train dataset: 13713
Train dataset start date : 2015-01-04 00:00:00
Train dataset end date: 2016-07-31 23:00:00
```

图 5-16　训练数据集

2）验证数据集

对于验证数据集，我们使用从训练数据集结束处开始的数据，即从 2016 - 08 - 01 到 2016 - 10 - 31 之间的数据。下面的代码片段将数据集划分为所需的日期范围。在模型训练过程中，该数据集将用作验证数据集：

```
bike_sharing_val = bike_sharing_df.loc[datetime.datetime(year=2016,
month=8,day=1,hour=0):datetime.
datetime(year=2016,month=10,day=31,hour=23)]
```

这将显示图 5 - 17 所示的输出结果。

```
Total number of row in validate dataset: 2166
Validate dataset start date : 2016-08-01 00:00:00
Validate dataset end date: 2016-10-31 23:00:00
```

图 5 - 17　验证数据集

至此，验证数据集已经准备就绪。

3）测试数据集

对于测试数据集，我们使用从验证数据集结束处开始的数据，即从 2016 - 11 - 01 到 2017 - 01 - 03 之间的数据。下面的代码片段将数据集划分为所需的日期范围。在模型训练完成后，该数据集将用于预测结果：

```
bike_sharing_test = bike_sharing_df.loc[datetime.datetime(
year=2016,month=11,day=1,hour=0):]
```

这将显示图 5 - 18 所示的输出结果。

```
Total number of row in train test: 1535
Test dataset start date : 2016-11-01 00:00:00
Test dataset end date: 2017-01-03 23:00:00
```

图 5 - 18　测试数据集

到目前为止，我们已经读取了数据，并将其分为三个不同的 DataFrame。

- bike_sharing_train：训练数据集，用于训练模型。
- bike_sharing_val：验证数据集，用于在每个训练周期之后验证模型。
- bike_sharing_test：当模型经过训练并准备就绪时的测试数据集。我们将使用这些数据进行预测，并比较结果。

5.5.2　特征工程

通常建议在数据集上执行规范化处理，以便产生更好的结果，同时也可以提高模型的运行速度，可以使用不同的标准化技术。正如所见，在第 4 章中使用了一个具有鲁棒性的缩放器。在本章中，将使用“最小 - 最大（min - max）”缩放技术。在这里，使用 sklearn 预处理模块中的“最小 - 最大”缩放器，并将缩放器应用于共享单车数据集的所有列，即训练 DataFrame、验证 DataFrame 和测试 DataFrame。代码如下：

```
#创建缩放器(scalers)
t1_scaler = MinMaxScaler()
t2_scaler = MinMaxScaler()
humidity_scaler = MinMaxScaler()
wind_speed_scaler = MinMaxScaler()
count_scaler = MinMaxScaler()
#创建转换器(transformers)
t1_scaler_transformer = t1_scaler.fit(bike_sharing_train[['t1']])
t2_scaler_transformer = t2_scaler.fit(bike_sharing_train[['t2']])
humidity_scaler_transformer = humidity_scaler.fit(bike_sharing_train
[['hum']])
wind_speed_scaler_transformer = wind_speed_scaler.fit(bike_sharing_train
[['wind_speed']])
count_scaler_transformer = count_scaler.fit(bike_sharing_train[['cnt']])
```

以上代码块主要执行以下操作步骤。

（1）创建缩放器（scalers）：由于总共有 5 个不同的列（t1，t2，hum，wind_speed 和 cnt），因此为每个列创建了 5 个不同的“最小 - 最大”缩放器。

（2）创建转换器（transformers）：在这一步中，一旦针对共享单车数据集各列的缩放器准备就绪，就可以使用训练数据集来创建转换器，这可以通过调用这 5 个单独缩放器的 fit 方法来完成。在这里，使用 fit 方法，在训练数据集上为共享单车训练数据集的每个列（t1，t2，hum，wind_speed 和 cnt）创建了 5 个不同的转换器。

接下来，对训练数据集、测试数据集和验证数据集进行缩放处理。代码如下：

```
#应用缩放处理
#对训练数据集应用缩放处理
bike_sharing_train["t1"] = t1_scaler_transformer.
transform(bike_sharing_train[['t1']])
bike_sharing_train["t2"] = t2_scaler_transformer.
transform(bike_sharing_train[['t2']])
bike_sharing_train["hum"] = humidity_scaler_transformer.
transform(bike_sharing_train[['hum']])
bike_sharing_train["wind_speed"] = wind_speed_scaler_transformer.
transform(bike_sharing_train[['wind_speed']])
bike_sharing_train["cnt"] = count_scaler_transformer.
transform(bike_sharing_train[['cnt']])
```

与训练数据集的缩放处理一样，我们也对验证数据集和测试数据集进行了缩放处理。有关完整代码，请参阅 GitHub 链接。

5.5.3　创建自定义数据集

在本小节中，我们为共享单车数据创建一个数据集，为所有训练数据集、验证数据集和测试数据集创建一个单一的数据集。在本小节随后的描述中，将使用此单一数据集创建数据加载器。我们将使用与5.4节（使用循环神经网络模型预测每日天气）中相同的方法和参数。

1. 加载数据

将数据集加载到不同的 DataFrame。代码如下：

```
#步骤1:加载数据
self.bike_sharing_train = bike_sharing_train
self.bike_sharing_val = bike_sharing_val
self.bike_sharing_test = bike_sharing_test
```

在5.4节的代码中，在特征工程部分的末尾，我们准备了三个不同的 DataFrame，分别用于训练、验证和测试。在这里，为了使用 BikeSharingDataset 类中的数据帧，在上述代码片段中复制了这三个数据帧。

2. 创建特征

创建 features 变量和 target 变量。代码如下：

```
#步骤2:创建特征
if train: #如果 FlightsDataset 被初始化为 train 标志,那么处理训练数据集
    features = self.bike_sharing_train
    target = self.bike_sharing_train.cnt
elif validate: #如果 FlightsDataset 被初始化为 validate① 标志,那么处理验证②数据集
    features = self.bike_sharing_val
    target = self.bike_sharing_val.cnt
else:
    features = self.bike_sharing_test
    target = self.bike_sharing_test.cnt
```

在上述代码片段中创建了两个变量：一个变量是 features，包含一个 DataFrame，其中包含所有 Features 列，即一个由 t1，t2，hum，wind_speed 和 cnt 构成的 DataFrame；另一个变量是 target，包含一个 DataFrame，其中包含单个 Target 列 cnt。

如果训练参数为 True，则使用 bike_sharing_train 数据集设置 features 变量和 target 变量；如果验证参数为 True，则使用 bike_sharing_val 数据集设置 features 变量和 target 变量；同样，如果测试参数为 True，则使用 bike_sharing_test 数据集设置 features 变量和 target 变量。

3. 创建窗口化/系列化

接下来，执行窗口化数据处理步骤。代码如下：

---

① 本书此处有误，应该是 validation（验证）。——译者注

② 本书此处有误，应该是 validation（验证）。——译者注

```
#步骤 3:创建窗口化/系列化
self.x, self.y = [],[]
for i in range(len(features) - window_size):
    v = features.iloc[i:(i + window_size)].values
    self.x.append(v)
    self.y.append(target.iloc[i + window_size])
```

这一步与前面的步骤类似，并且具有与 5.4 节中基本相同的代码块。在 5.4 节中，我们对数据集进行了窗口化/系列化，以使模型表现得更好。在这一步中，将数据集转换为默认大小为 240 的窗口，即 10 天的数据量。我们将使用 10 天的历史数据训练长短期记忆网络模型，以便对次日的数据进行预测。

在以上的代码中有两个 Python 类变量：x 类变量包含过去 10 天的一系列特征变量（t1，t2，hum，wind_speed 和 cnt）；y 类变量包含次日的目标变量（cnt）。

4. 计算数据集的长度

在这里，我们将计算执行窗口化后数据的记录总数，稍后将用于__len__(self)函数。代码如下：

```
#步骤 4:计算数据集的长度
self.num_sample = len(self.x)
```

下面总结一下__init__方法。该方法接收三个布尔参数作为输入，并根据所设置的标志，选择训练数据集、验证数据集或测试数据集。然后，从数据集中提取特征和目标，并对特征数据和目标数据执行窗口化操作，默认窗口大小为 7。执行窗口化处理后，该序列数据分别存储在 x 和 y 类变量中，分别表示 features 变量和 target 变量。

5. 返回行数

现在定义一个函数来返回 num_sample 类变量，该变量包含数据集中的行总数，并在__init__方法中进行计算和初始化。代码如下：

```
def __len__(self):
    #返回数据集的记录总数
    return self.num_sample
```

在__init__方法中，对数据集执行窗口化操作后，数据集将存储在两个类变量中：x 和 y。__getitem__(self, index)方法将 index（索引）作为参数，返回 features 变量和 target 变量的记录。也就是说，返回类变量 x 和 y 在 index（索引）处的值。代码如下：

```
def __getitem__(self, index):
    x = self.x[index].astype(np.float32)
    y = self.y[index].astype(np.float32)
    return x, y
```

在结束本小节之前，快速测试一下 BikeSharingDataset，以便更好地了解该数据集。一种简单的测试方法是使用 for 循环，在一次迭代后，通过调用 break 语句停止循环。在下面的代码中，为训练数据创建 BikeSharingDataset，在单个迭代中循环，并打印特征的大小、特征的内容以及目标的值。代码如下：

```
bike_sharing = BikeSharingDataset(train=True)
#在一次迭代中循环并打印形状和数据
for i, (features, targets) in enumerate(bike_sharing):
    print("Size of the features",features.shape)
    print("Printing features: \n", features)
    print("Printing targets: \n", targets)
    break
```

这将显示图 5 – 19 所示的输出结果。

```
Size of the features (240, 9)
Printing features:
 [[0.02697201 0.32394367 0.4        ... 0.         0.         2.         ]
 [0.01832061 0.32394367 0.4        ... 0.         0.         2.         ]
 [0.01386768 0.30985916 0.3875     ... 0.         0.         2.         ]
 ...
 [0.07659033 0.26760563 0.275      ... 0.         0.         2.         ]
 [0.06272265 0.26760563 0.275      ... 0.         0.         2.         ]
 [0.05292621 0.2535211  0.2625     ... 0.         0.         2.         ]]
Printing targets:
 0.018702291
```

图 5 – 19　数据集中各个特征的形状

特征维度是多维的，有 240 行、4 列，即有 240 行历史数据（因为默认窗口的大小是 240）和 4 个不同的特征。最后，还有一个单一的未来目标值。

> **重要提示**
>
> 如果使用新值覆盖 window_size 参数，则可能不会产生相同的输出，即特征的大小不为（240，9）。

5. 5. 4　使用 PyTorch Lightning 配置长短期记忆网络模型

到目前为止，我们已经将数据集加载到 pandas 中，执行了特征工程，并创建了一个自定义数据集来访问数据。至此，数据已经准备就绪，这些数据被处理并转换成序列/窗口，准备好输入模型。

接下来，开始构建深度学习模型。在这里，我们将构建一个多层双栈长短期记忆网络模型来预测伦敦共享单车的使用情况。

为了使用 PyTorch Lightning 构建长短期记忆网络模型，我们将该过程分为以下步骤。

1. 定义模型

创建一个名为 LSTM 的类，该类继承自 PyTorch Lightning 的 LightningModule 类，并在__init__方法中接收以下输入或参数。

- input_size：正在使用的特征的数量。在例子中，伦敦共享单车数据集的特征总数是 9 个，因此这个参数的默认值是 9。
- hidden_dim：这是隐藏 LSTM 的总数，即所需 LSTM 副本的数量。默认情况下，该值设置为 10，即有 10 个隐藏层。
- n_layers：该参数用于将 LSTM 相互叠加。在本章中，将使用两层神经网络。因此这个参数的默认值是 2。
- output_size：模型预期的输出数量。因为预测的是 cnt，这是一个回归问题，所以输出大小为 1。
- window_size：划分数据的窗口大小。默认大小为 240，即正在处理 10 天的数据。

以下代码定义了模型的配置参数：

```
    def __init__(self, input_size=9, output_size=1, hidden_dim=10,
    n_layers=2, window_size=240):
        """
        input_size: 输入的特征数量
        hidden_dim: 隐藏层的数量
        n_layers: 相互叠加的 LSTM① 的数量
        output_size: 输出项的数量
        """
        super(LSTM, self).__init__()

        self.hidden_dim = hidden_dim
        self.n_layers = n_layers
        self.lstm = nn.LSTM(input_size, hidden_dim, n_layers,
bidirectional=False, batch_first=True)
        self.fc = nn.Linear(hidden_dim * window_size, output_size)

        self.loss = nn.MSELoss()

        self.learning_rate = 0.001
```

在__init__方法中，我们将执行以下处理。

- 使用 torch nn 模块初始化长短期记忆网络模型，并使用传递的输入大小、所需的总隐藏维度以及模型初始化期间传递的层数构建长短期记忆网络模型。此外，将 batch_first 参数设置为 True，因为在这里 LSTM 层是第一层。
- 使用 torch nn 模块创建一个线性层，其中输入大小是维度总数乘以窗口大小，第二个参数是输出的大小。在例子中，因为预测的是 cnt 列，所以输出大小是 1。
- 初始化损失函数。使用均方误差损失函数计算损失值。
- 将学习率设置为 0.001。在本小节后面的部分中，将使用 PyTorch Lightning 以自动方式确定学习率。

---

① 原著此处有误，应为 LSTM。——译者注

重要提示

在识别学习率的自动过程中，在默认情况下，PyTorch Lightning 会在__init__方法中查找一个名为 learning_rate 或 lr 的变量。通常情况下，建议将学习率变量名设置为 learning_rate 或 lr。

接下来，定义隐藏层。代码如下：

```
def get_hidden(self, batch_size):
    # hidden = torch.zeros(self.n_layers, batch_size, self.hidden_dim)
    hidden_state = torch.zeros(self.n_layers, batch_size, self.hidden_dim)
    cell_state = torch.zeros(self.n_layers, batch_size, self.hidden_dim)
    hidden = (hidden_state, cell_state)
    return hidden
```

该方法接收批次大小作为输入参数，并返回一个元组，元组中包含两个张量（表示隐藏状态）和一个单元状态（表示 LSTM 隐藏层）。这两个张量都初始化为 0。

最后，来自全连接网络（即线性层）的输出，将通过 forward 方法返回。在 forward 方法中，通过配置输入和输出来连接所有的层。接下来，定义 forward 方法。代码如下：

```
def forward(self, x):
    batch_size = x.size(0)
    hidden = self.get_hidden(batch_size)
    out, hidden = self.lstm(x, hidden)
    out =out.reshape(out.shape[0], -1)
    out = self.fc(out)
    return out
```

在上述代码片段中，执行了以下操作。

（1）使用 size 方法确定批次的大小。

（2）调用 get_hidden 函数初始化隐藏层，该函数将返回填充为 0 的多维张量。

（3）一旦初始隐藏层准备就绪，就可以将输入 x 和隐藏层发送到长短期记忆网络模型，该模型将返回输出和隐藏层。

（4）在将输出传递到全连接层之前，输出数据将被扁平化为一个单一的维度，然后作为输入发送到全连接网络。

2. 设置优化器

当使用 PyTorch Lightning 构建模型时，需要在模型类中设置优化器。这可以通过重写 configure_optimizers 方法来完成。代码如下：

```
def configure_optimizers(self):
    params = self.parameters()
    optimizer = optim.Adam(params =params, lr = self.learning_rate)
    return optimizer
```

在 configure_optimizers 方法中，主要执行以下两个操作。

（1）获取模型参数。因为这个方法是在模型类中编写的，所以可以通过调用 self. parameters 来访问模型的参数。

（2）将收集到的模型参数传递给 Adam 优化器，可以从 torch optim 模块访问该优化器。在以上的代码中，除了模型参数外，还将学习率设置为 0.001。

一旦设置了参数和学习率，就可以返回 Adam 优化器。

重要提示

对于这个用例，我们使用 Adam 作为优化器，学习率为 0.001。可以使用不同的优化器进行尝试，也可以使用不同的学习率进行尝试，以提高模型的性能。

在本章后面的描述中，将使用 PyTorch Lightning 自动化技术来确定学习率。

3. 设置数据

对于长短期记忆网络模型，我们使用训练数据集来训练模型，并使用验证数据集进行验证。PyTorch Lightning 需要数据加载器来访问数据，这可以通过编写 train_dataloader 和 val_dataloader 方法来实现，我们将在下面的代码片段中讨论。为了在训练数据集上训练长短期记忆网络模型，通过重写 pl. LightningModule 中的 train_dataloader 方法来设置训练数据加载器。代码如下：

```
    def train_dataloader(self):
        climate_train = BikeSharingDataset(train=True)
        train_dataloader = torch.utils.data.DataLoader(climate_
train, batch_size=50)
        return train_dataloader
```

在 train_dataloader 方法中，使用 BikeSharingDataset 类创建了一个训练数据集，我们在本章的初始部分创建了这个类。在这里，使用 torch. utils. data. DataLoader 类创建训练数据加载器。

train_dataloader 方法返回包含训练数据集的批次大小为 50 的数据加载器。与前面的步骤类似，为了在验证数据集上训练长短期记忆网络模型，可以通过重写 pl. LightningModule 中一个名为 val_dataloader 的 pl. LightningModule 方法，来设置验证数据加载器。代码如下：

```
    def val_dataloader(self):
        bike_sharing_val = BikeSharingDataset(validate=True)
        val_dataloader = torch.utils.data.DataLoader(bike_sharing_val, batch_
size=50)
        return val_dataloader
```

在 val_dataloader 方法中，使用在本章初始部分中创建的 BikeSharingDataset 类创建一个验证数据集。在这里，利用 torch. utils. data. DataLoader 类创建训练数据加载器。

val_dataloader 方法返回包含验证数据集的批次大小为 50 的数据加载器。

重要提示

当使用 BikeSharingDataset 类创建数据集时，对于 train_dataloader 方法，将训练标志设置为 True；对于 val_dataloader 方法，将验证标志设置为 True。

在代码中，将批次大小设置为 50。根据不同硬件的要求和性能，可以增加或减少批次。

4. 配置训练循环

接下来，对训练过程进行配置。代码如下：

```
def training_step(self, train_batch, batch_idx):
    features, targets = train_batch
    output = self(features)
    output = output.view( -1)
    loss = self.loss(output, targets)
    self.log('train_loss', loss, prog_bar = True)
    return {"loss": loss}
```

training_step 方法接收所要训练的批次数据，并执行模型的训练，同时计算损失的值。training_step 方法接收以下两个参数。

- batch_idx：批次的索引。
- train_batch：这是来自数据加载器的数据批次，通过 train_dataloader 方法可以返回数据加载器。

在 training_step 方法中，执行了以下操作步骤。

（1）批处理参数为元组类型，用于收集特征（元组的第一个元素）和目标（元组的第二个元素）。

（2）为了获得长短期记忆网络模型的输出，一种方法是借助 self。将特征传递给 self，self 接收特征作为输入，并将其传递给长短期记忆网络模型，然后返回输出。

（3）当从模型接收到输出时，使用 PyTorch 的 view 方法，将相同的输出转换为一维数组，然后计算损失的值。

（4）在 return 语句之前，建议记录训练的损失值，以便稍后在 TensorBoard 中方便把绘制其曲线。可以调用 log 方法记录训练的损失值：第一个输入参数是日志的名称，将其命名为 train_log；第二个输入参数是日志本身，并且将 prog_bar（进度条）设置为 True。通过将 prog_bar 设置为 True，在训练过程中，进度条上将显示 train_loss（训练损失）值。

（5）training_step 方法用于返回损失函数。在字典中使用 loss 键返回损失函数。

重要提示

正在记录的任何数据都将被记录在 PyTorch Lightning 日志目录中，并且可以显示在 TensorBoard 中。

5. 配置验证循环

接下来，将对验证的过程进行配置。代码如下：

```
def validation_step(self, val_batch, batch_idx):
    features, targets = val_batch
    output = self(features)
    output = output.view(-1)
    loss = self.loss(output, targets)
    self.log('val_loss', loss, prog_bar=True)
```

validation_step 方法用接收所要验证[1]的批次数据，在验证数据集上执行模型验证，并记录验证损失。validation_step 方法接收以下两个参数。

- batch_idx：批次的索引。
- val_batch：这是来自数据加载器的验证数据批次，通过 train_dataloader 方法可返回数据加载器。

重要提示

正在记录的任何数据都将存储在 PyTorch Lightning logging 目录中，并且可以显示在 TensorBoard 中。

5.5.5 训练模型

至此，已经完成了模型的配置。接下来，可以开始对模型进行训练。代码如下：

```
seed_everything(10)
model = LSTM()
trainer = pl.Trainer(max_epochs=20, progress_bar_refresh_rate=25)
# 运行学习率查找器
lr_finder = trainer.tuner.lr_find(model, min_lr=1e-04, max_
lr=1, num_training=30)
# 根据情节选择点,或者获得建议
new_lr = lr_finder.suggestion()
print("Suggested Learning Rate is :", new_lr)
# 更新模型的 hparams 参数值
model.hparams.lr = new_lr
```

将显示图 5-20 所示的输出结果。

在以上的代码中，首先创建了长短期记忆网络模型对象，现在可以进行模型的训练。trainer 对象的最大训练周期数为 20，每 25 个单元刷新一次进度条。从 trainer 对象中调用 lr_find 方法。这是一种可以确定最佳学习率的方法。将模型作为输入传递到 lr_find 方法中，最小学习率为 0.000 1，最大学习率为 1，最后一个输入为训练总数。lr_

① 原书此处有误，应为验证。——译者注

find 方法建议的最佳学习率可以通过调用 suggestion 方法来访问，该方法返回最佳学习率。在最后一步中，将使用新的学习率覆盖的学习率超参数。

```
GPU available: False, used: False
TPU available: None, using: 0 TPU cores

  | Name | Type    | Params
------------------------------------
0 | lstm | LSTM    | 1.7 K
1 | fc   | Linear  | 2.4 K
2 | loss | MSELoss | 0
------------------------------------
4.1 K     Trainable params
0         Non-trainable params
4.1 K     Total params
Finding best initial lr: 77%    23/30 [00:04<00:01, 5.69it/s]
LR finder stopped early due to diverging loss.

Suggested Learning Rate is : 0.0029286445646252357
```

图 5-20　训练过程

检查学习率的最简单方法如下：

```
print("model learning rate:",model.hparams)
```

输出结果如图 5-21 所示。

```
print("model learning rate:",model.hparams)

model learning rate: "lr": 0.0029286445646252357
```

图 5-21　模型的学习率

现在，既然已经确定了最佳学习率，接下来就可以对模型进行训练。代码如下：

```
trainer.fit(model)
```

这将显示图 5-22 所示的输出结果。

```
  | Name | Type    | Params
------------------------------------
0 | lstm | LSTM    | 1.7 K
1 | fc   | Linear  | 2.4 K
2 | loss | MSELoss | 0
------------------------------------
4.1 K     Trainable params
0         Non-trainable params
4.1 K     Total params
Validation sanity check: 0%    0/2 [01:04<?, ?it/s]
Epoch 39: 100%    309/309 [01:00<00:00, 5.11it/s, loss=0.00126, v_num=0, val_loss=0.00155, train_loss=0.0011]
```

图 5-22　训练结果

重要提示

此处选择的训练周期数为 30，也就是说，将迭代训练数据 30 次。可以根据模型的性能增大或减小这个参数的值。

当我们将传递的输入参数 auto_lr_find 设置为 True 时，PyTorch Lightning 会在长短期记忆网络类中搜索一个名为 learning_rate 或 lr 的变量。请确保在 LSTM 类中创建了 learning_rate 或 lr 变量。

学习率是一个重要的超参数。当然，确定最佳学习率并不是一件不容易的事情。PyTorch Lightning 可以确定最佳学习率，但所得到的结果可能不是最佳学习率。然而，这的确是一个确定最佳学习率的好方法。

5.5.6　度量训练损失

在前面训练过程的操作步骤中，我们记录了 train_loss（训练损失）值。现在，使用 TensorBoard 绘制 train_loss 值，并监控每个训练周期的 train_loss。运行以下代码，可以启动 TensorBoard：

```
%load_ext tensorboard
%tensorboard --logdir Lightning_logs/
```

输出结果如图 5-23 所示。

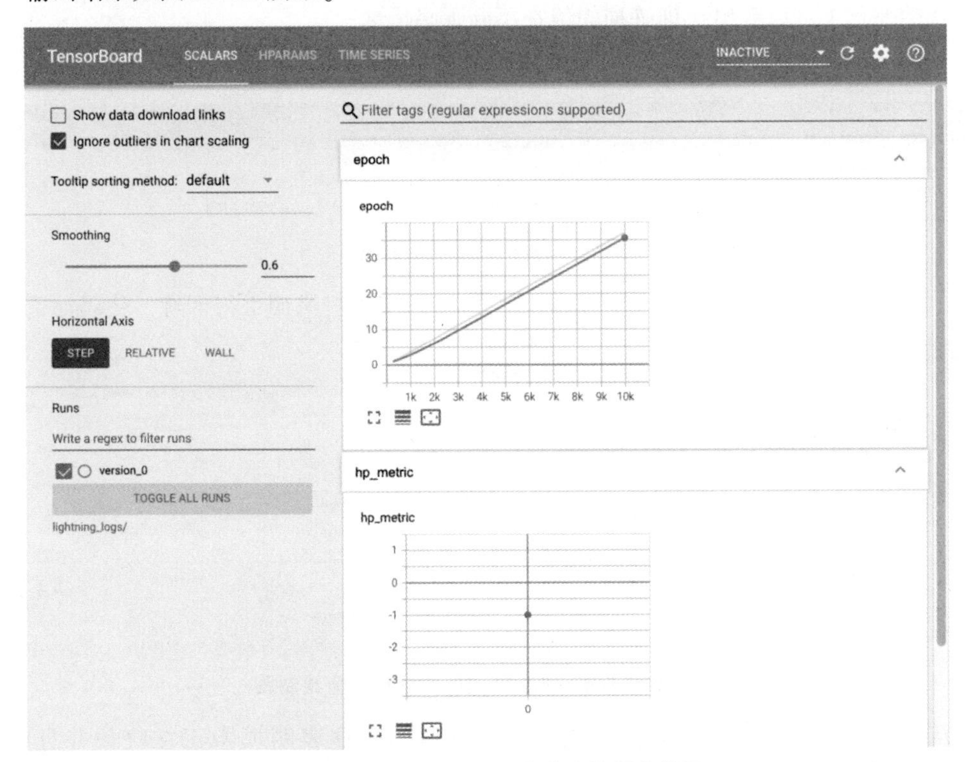

图 5-23　TensorBoard 仪表盘的屏幕截图

通过 TensorBoard，可以访问在长短期记忆网络模型中记录的两个值 train_loss 和 val_loss。通过这些图表可以监控模型的性能。

TensorBoard 上的训练损失值绘制图如图 5－24 所示。

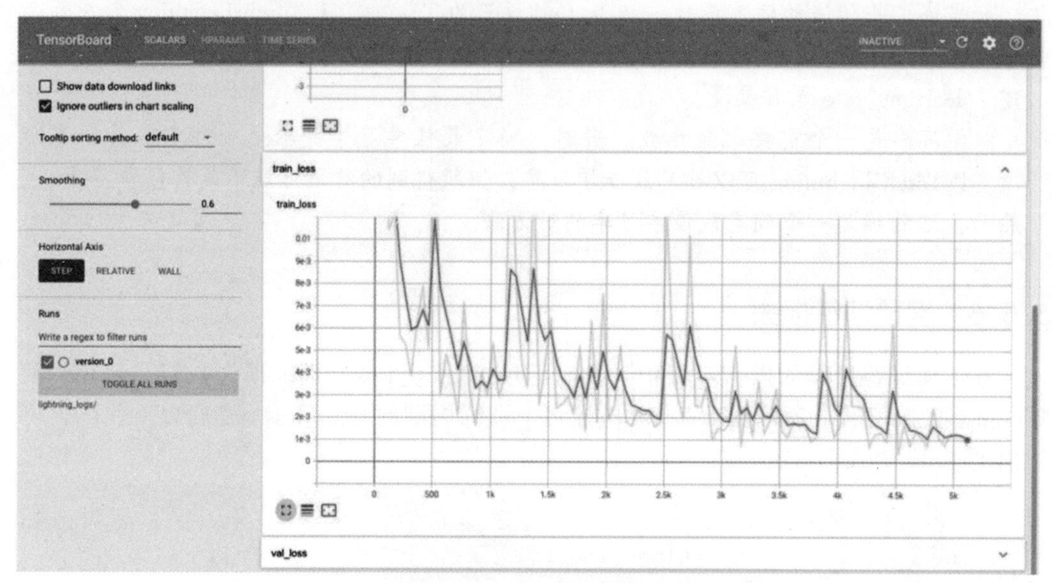

图 5－24　TensorBoard 上的训练损失值绘制图

从图 5－24 可以看出，训练损失值在不断下降。

TensorBoard 上的验证损失值绘制图如图 5－25 所示。

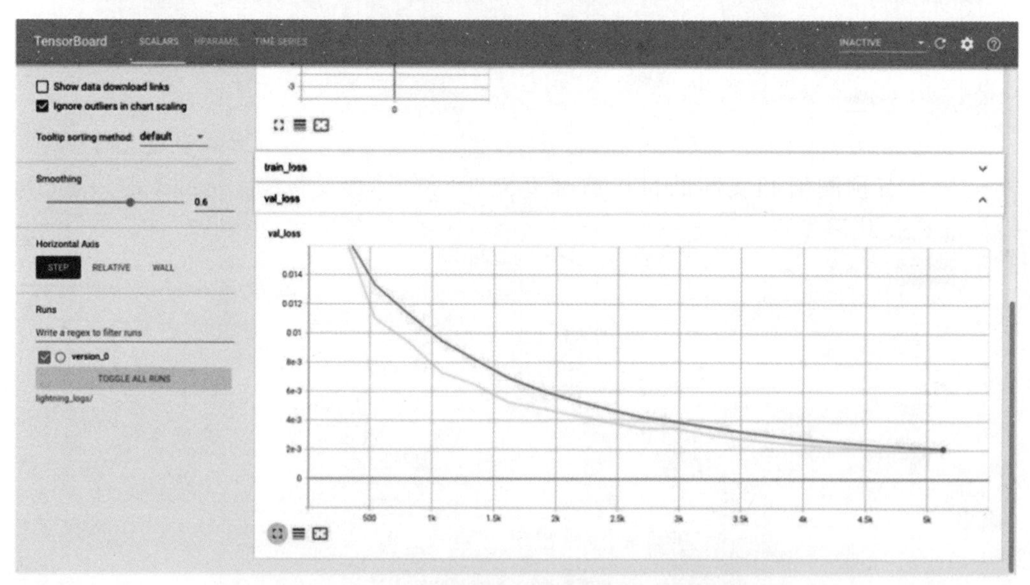

图 5－25　TensorBoard 上的验证损失值绘制图

从图 5－25 可以看出，验证损失值在不断减小。这表明模型正在收敛并且趋于稳定。

5.5.7　加载模型

在预测测试数据并比较结果之前（将在 5.5.8 小节中讨论），需要首先加载模型。可以通过以下步骤完成加载模型。

列出 PyTorch Lightning 默认路径（lightning_logs）中的文件。一旦确定了模型的文件名，就可以通过以下代码，使用 load_from_checkpoint 方法来加载模型，并将其模式更改为 eval。至此，模型已从文件中加载，并准备好执行预测。代码如下：

```
PATH = 'lightning_logs/version_1/checkpoints/epoch=3-step=810.ckpt'
trained_bike_share_LSTM = model.load_from_checkpoint(PATH)
trained_bike_share_LSTM.eval()
```

这将显示图 5-26 所示的输出结果。

```
LSTM(
  (lstm): LSTM(9, 10, num_layers=2, batch_first=True)
  (fc): Linear(in_features=2400, out_features=1, bias=True)
  (loss): MSELoss()
)
```

图 5-26　加载的模型

5.5.8　对测试数据集进行预测

这是本节的最后一步，我们使用模型对创建的测试数据集进行预测，并绘制实际值与预测值的对比图表。在以下代码片段和步骤中，将对测试数据集进行预测。

（1）通过传递值为 True 的 test 参数来创建一个 BikeSharingDataset 对象，并使用数据集创建一个批次大小为 20 的数据加载器。

（2）对数据加载器进行迭代并收集特征，使用这些特征对训练好的模型进行预测。

（3）所有预测值和实际的目标值都存储在两个局部变量中：predicted_result 和 actual_result。代码如下：

```
#初始化数据集
bike_sharing_test_dataset = BikeSharingDataset(test=True)
bike_sharing_test_dataloader = torch.utils.data.
DataLoader(bike_sharing_test_dataset, batch_size=20)
predicted_result, actual_result = [], []
#在一次迭代中循环,并打印形状和数据
for i, (features,targets) in enumerate(bike_sharing_test_dataloader):
    result = trained_bike_share_LSTM(features)
    predicted_result.extend(result.view(-1).tolist())
    actual_result.extend(targets.view(-1).tolist())
```

（4）在绘制图表之前，先使用在特征工程阶段创建的 mean_temp_transformer，对数据集进行逆变换。代码如下：

```
actual_predicted_df = pd.DataFrame(data = {"actual":actual_result,
"predicted": predicted_result})
inverse_transformed_values = count_scaler_transformer.inverse_
transform(actual_predicted_df)
actual_predicted_df["actual"] = inverse_transformed_values[:,[0]]
actual_predicted_df["predicted"] = inverse_transformed_values[:,[1]]
actual_predicted_df
```

这将显示图 5－27 所示的输出结果。

	actual	predicted
0	147.000007	382.816472
1	145.999995	120.336868
2	79.000003	356.568769
3	57.999998	349.655987
4	49.000001	296.452572
...	...	...
1290	1041.999954	1656.927525
1291	540.999981	1004.797667
1292	337.000013	926.662193
1293	224.000001	739.094835
1294	139.000000	416.771989

1295 rows × 2 columns

图 5－27　实际值与预测值的比较

现在，绘制共享单车租赁情况的实际值与预测值对比图，如图 5－28 所示。

```
plt.plot(actual_predicted_df["actual"],'b')
plt.plot(actual_predicted_df["predicted"],'r')
plt.show()
```

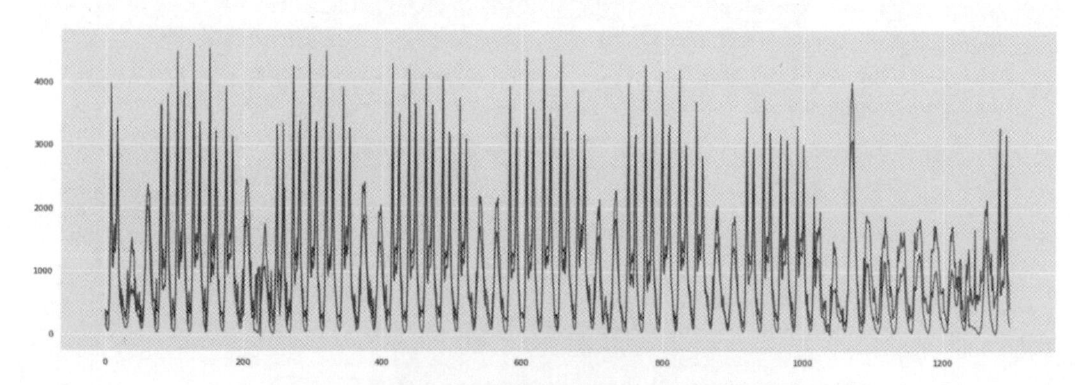

图 5－28　共享单车租赁情况的实际值与预测值对比图

结果表明，该模型的预测效果非常不错，与预期结果基本一致。长短期记忆网络是一种非常强大的时间序列算法，由于其良好的预测能力而被广泛应用。

5.6　本章小结

时间序列建模是机器学习在工业界和学术界最古老、最广泛的应用之一。在本章中，我们讨论了如何利用 PyTorch Lightning，并使用深度学习算法（如循环神经网络和长短期记忆网络）促进时间序列建模。PyTorch Lightning 还为数据科学家提供了各种工具来定义循环神经网络和长短期记忆网络的配置，并具有轻松监控学习和损失率的功能。在本章中，读者学习了如何使用 PyTorch Lightning 快速构建复杂的时间序列预测深度学习模型。

下一章将继续 PyTorch Lightning 探索之旅。下一章将讨论机器学习中最迷人和最新颖的算法之一——生成式对抗网络。生成式对抗网络可以生成不存在的人和物体的真实面孔，这些面孔看起来如此真实，以至于无法判断它们是人工合成体。使用 PyTorch Lightning 可以更轻松地进行生成式建模。

第6章

深度生成式模型

能够建造一台与人类的创造力匹敌的机器一直是人类的梦想。而“智能”这个词有着不同的维度，如计算、对象识别、语音、理解上下文和推理。相对于人类智力的任何其他方面，创造力更凸显了人类的特点。创造艺术作品（无论音乐、诗歌、绘画还是电影）的能力是人类智慧的缩影，善于创造的人往往被视为“天才”。还有一个尚未完全解答的问题是：机器能否学习创造力？

我们已经看到机器可以学习使用各种信息来预测图像，有时甚至在几乎很少信息的情况下进行预测。机器学习模型可以从一组训练图像和标签中学习，以识别图像中的各种对象；然而，视觉模型的成功取决于其强大泛化的能力，即识别图像中不属于训练集的对象。深度学习模型学习了图像的表征后，就可以实现这一点。读者可能会提出的逻辑问题是，如果一台机器可以学习现有图像的表征，那么我们是否可以扩展相同的概念，教会机器生成不存在的图像呢？

正如所料，答案是肯定的！机器学习算法家族中最擅长实现该功能的是生成式对抗网络。各种各样的生成式对抗网络模型被广泛用于创作不存在的人像或崭新的绘画作品。这些画作中的一些作品甚至在苏富比拍卖会上被成功售出！

生成式对抗网络是一种流行的建模方法。我们在前面的第 4 章中讨论了生成式对抗网络，还讨论了一些关于 PyTorch Lightning Bolts 中的开箱即用模型。只需要少量的编码，就可以开始使用那些开箱即用的模型并获得工业级的结果。

在本章中，我们将拓展讨论生成式模型，以了解如何利用这些模型来创建炫酷的崭新图像；还将讨论生成式对抗网络的高级使用，例如，如何根据已知的图像集来创建虚构的鸟类物种。

本章涵盖以下主题。

- 生成式对抗网络模型入门。
- 使用生成式对抗网络创建新的鸟类物种。

6.1　技术需求

在本章中，主要使用以下 Python 模块（包括其版本号）。

- PyTorchLightning（版本 1.1.2）。
- Seaborn（版本 0.11.0）。

- sklearn（版本 0.22.0）。
- numpy（版本 1.19.4）。
- torch（版本 1.7.0）。
- pandas（版本 1.1.5）。
- matplotlib（版本 3.2.2）。

读者可以通过以下 GitHub 链接获取本章中的示例代码：https://github.com/PacktPublishing/Deep-Learning-with-PyTorch-Lightning/tree/main/Chapter06。

本章将使用鸟类数据集（Birds Dataset），该数据集包含各种鸟类物种的集合，可在网址 https://www.kaggle.com/gpiosenka/100-bird-species 中找到。

6.2 生成式对抗网络模型入门

正如第 4 章中生成式对抗网络的简介所述，生成式对抗网络最令人惊叹的应用之一是其生成功能。观看图 6-1 所示小女孩的照片，可否猜出她是真人照片还是机器生成的照片？

图 6-1 使用 StyleGAN 生成虚假照片（图片来源：https://thispersondoesnotexist.com）

创建如此逼真的人脸是生成式对抗网络最成功的用例之一。然而，生成式对抗网络不仅限于生成漂亮的面孔或虚假视频，还具有关键的商业应用，例如，生成房屋图像，或者创建新汽车或新绘画的模型。

虽然在过去的统计学中，生成式模型已经被使用，但像生成式对抗网络这样的深度生成式模型还是相对比较新的。深度生成式模型还包括变分自动编码器和自回归模型。然而，由于生成式对抗网络是最流行的方法，因此本章重点介绍生成式对抗网络。

什么是生成式对抗网络？

有趣的是，最初生成式对抗网络并不是作为一种生成新事物的方法，而是作为一种提高视觉模型识别物体准确性的方法。数据集中的少量噪声会使图像识别模型给出截然不同的结果。在研究如何挫败用于图像识别的卷积神经网络模型的对抗性攻击的方法时，伊恩·古德费洛（Ian Goodfellow）和他的谷歌团队提出了一个相当简单的思想。

每一种卷积神经网络模型都会获取一幅图像，并将其转换为一个低维矩阵，该矩阵是该图像的数学表示（这是一组数字，用于捕捉图像的本质）。如果反过来做呢？如果从一个数学数字开始，尝试重建图像呢？当然，直接这么做可能非常困难。然而，使用神经网络可以教授机器生成虚假图像，方法是为机器提供大量真实的图像，这些真实的图像以数字的形式表示，然后对这些数字进行一些变化，以获得新的虚假图像。这正是生成式对抗网络背后的思想。

典型的生成式对抗网络体系结构由三部分组成——生成器（Generator）、鉴别器（Discriminator）和比较（Comparison）模块，如图 6－2 所示。

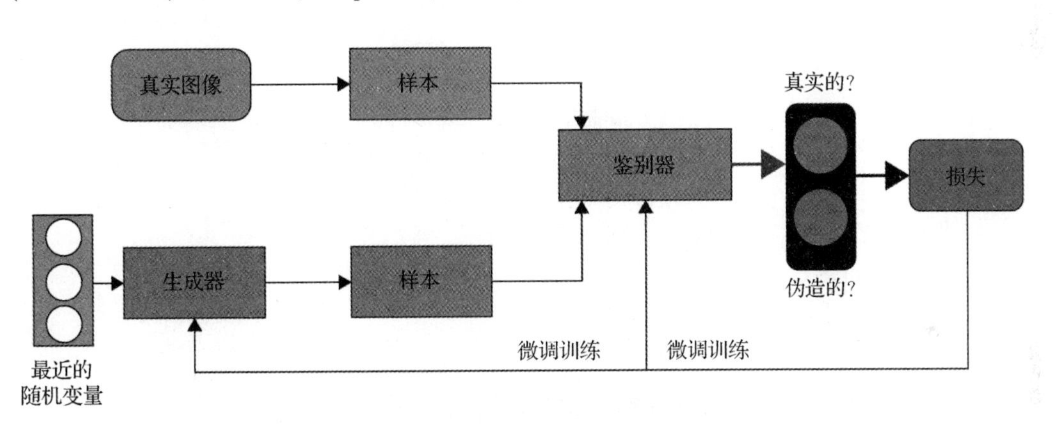

图 6－2 典型的生成式对抗网络体系结构

生成器和鉴别器都是神经网络。我们从真实的图像开始，使用编码器将其转换为低维度的实体。生成器和鉴别器都参与游戏，试图击败对方。生成器的任务是使用随机数学值（真实值加上一些随机噪声的组合）生成虚假的图像，鉴别器的工作是确定该图像是真还是假。损失函数作为衡量谁赢得比赛的度量指标。随着各个训练周期的运行，损失值将递减，整个体系结构在生成逼真图像方面会变得越来越好。

生成式对抗网络的成功之处主要在于这样一个事实：它们使用的参数非常少，因此即使只有少量数据，也能产生惊人的结果。生成式对抗网络有许多变体，如 StyleGAN 和 BigGAN，每种变体都有不同的神经网络层，然而，它们都遵循相同的体系结构。图 6－1 中的虚假女孩照片使用了一种称为 StyleGAN 的变体。

6.3 使用生成式对抗网络创建新的鸟类物种

生成式对抗网络是生成式建模中最常用、最强大的算法之一。生成式对抗网络被广泛用于生成虚假头像、图片，甚至创造动画/卡通人物、进行图像样式转换、进行语义图像翻译等。

首先，我们将为生成式对抗网络模型创建一个体系结构，如图 6-3 所示。

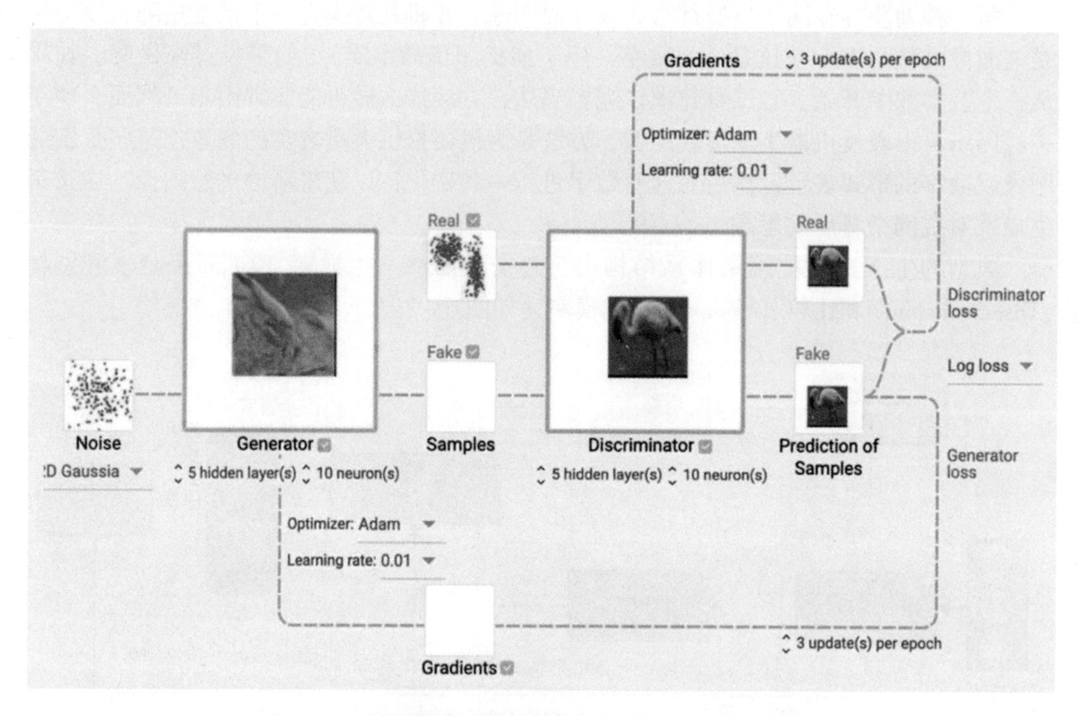

图 6-3 创造新鸟类物种的生成式对抗网络体系结构

在这里，将生成器和鉴别器都定义为包含 5 个隐藏卷积层的神经网络。加入高斯噪声，尝试生成虚假图像，并使用鉴别器检测这些图像。为了优化神经网络，可以使用 Adam 优化器。为了最小化损失函数，可以使用对数损失函数或交叉熵损失函数。

其他超参数（如学习率、更新频率和训练周期数）可以根据模型配置进行微调。我们的目标是使用鸟类数据集训练生成式对抗网络模型，并生成虚假鸟类图像。在这个过程中，每当一个训练周期结束时，将保存一些生成的图像，这有助于比较每个训练周期中生成的新鸟类图像。

在本节中，我们将讨论生成虚假鸟类图像的以下主要步骤。

（1）加载数据集。

（2）特征工程实用函数。

（3）配置鉴别器模型。

（4）配置生成器模型。

（5）配置生成式对抗模型。

（6）训练生成式对抗网络模型。

（7）获取虚假鸟类图像的输出。

6.3.1 加载数据集

鸟类数据集包括各种不同角度的鸟类图片，总共有 250 种不同的鸟类。该数据集可通过以下 URL 从 Kaggle 下载：https://www.kaggle.com/gpiosenka/100-bird-species。

鸟类数据集的总大小为 1.54GB，数据集包含四个子文件夹，即 train 文件夹，共有 35 215 张图像；test 文件夹，共有 1 250 张图像；valid 文件夹，共 1 250 张图像；还有一个名为 consolidated 的文件夹，它是所有图像的集合，总共有 37 715 张图像。在本章中，为了构建生成式对抗网络模型，将在 consolidated 文件夹中提供的所有 37 715 张图像上对模型进行训练。所有图像都是彩色图像，大小为 224 像素 × 224 像素 × 3 像素，鸟类存储在嵌套的对应物种名称的子文件夹中。

数据集中的一些鸟类样本图像如图 6-4 所示。

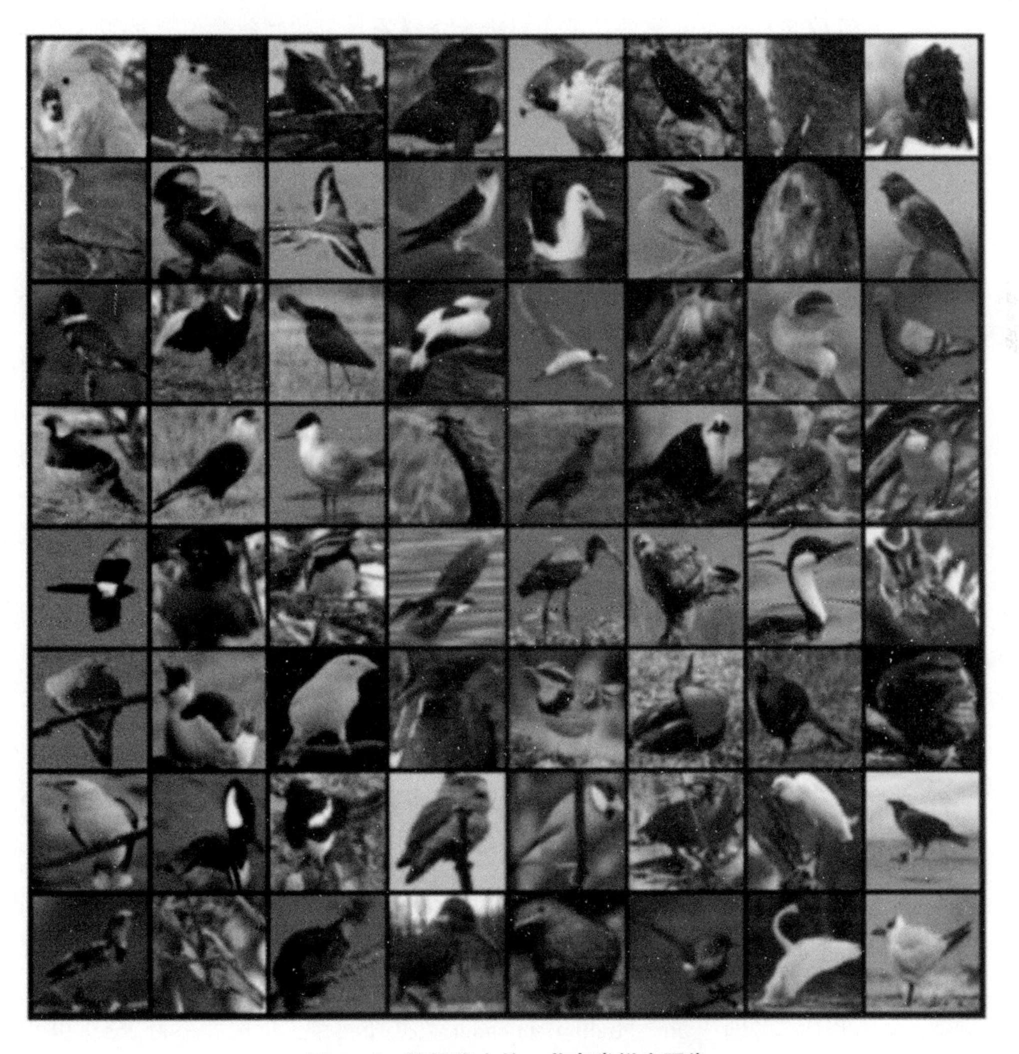

图 6-4　数据集中的一些鸟类样本图像

为了使生成式对抗网络模型性能更好、运行更快，必须对输入图像数据集执行一些转换。对于这个用例，主要关注四种不同的转换。

通过以下方法可以快速完成这些转换。

（1）调整大小：将图像调整为 64 个像素。

（2）中心裁剪：在调整好大小的图像上，将应用中心裁剪，目的是将图像转换为正方形。将图像转换为正方形将有助于生成式对抗网络模型更好地执行。

（3）转换为张量：一旦转换好了图像的大小和结构，就可以将图像数据转换为张量，以方便 PyTorch 进行处理。

（4）规范化：对张量进行规范化。在本用例中，将其转换为 -1 ~ 1 的数据范围。

所有前面的转换都可以提高生成式对抗网络模型的运行速度，并改善模型的性能。

重要提示

读者还可以尝试许多其他的转换，以进一步提高模型的性能，但是对于这个用例，前面所描述的转换就已经足够了。

下面的代码显示了生成式对抗网络模型的一些关键配置参数：

```
image_size = 64
batch_size = 128
normalize = [(0.5, 0.5, 0.5), (0.5, 0.5, 0.5)]
latent_size = 128
birds_data_directory = "100 - bird - species/train"
```

在以上代码片段中，首先将 image_size 初始化为 64 个像素，将 batch_size 初始化为 128，对 normalize 参数进行初始化以转换 -1 和 1 之间的张量数据，将 latent_size 设置为 128，最后初始化 birds_data_directory 以指向合并的图像集合。

在初始化一些关键配置参数之后，加载数据集。以下代码显示了如何加载数据，并创建了用于训练生成式对抗网络模型的数据加载器：

```
train_dataset = ImageFolder(birds_data_directory, transform = T.Compose([
    T.Resize(image_size),
    T.CenterCrop(image_size),
    T.ToTensor(),
    T.Normalize( *normalize)]))

birds_train_dataloader = DataLoader(train_dataset, batch_size,
num_workers = 4, pin_memory = True, shuffle = False)
```

在以上代码片段中，使用 torchvision 数据集中的 ImageFolder 模块加载数据集，并将前面讨论的四种转换作为参数传递。

在最后一步中，将创建 birds_train_dataloader 数据加载器，批次大小为 256，并设置一些参数以使数据加载器更好地工作。

到目前为止，在以上代码中已经加载了数据集并执行了一些转换，birds_train_dataloader 已经准备就绪，其中，总共有 35 215 张图像，分为 256 个批次。

由于对图像进行了规范化处理，所以将图像恢复到原始形式也很重要，也就是说，对图像进行反规范化处理。另外，为了比较生成式对抗网络为每个训练周期生成的图像，我们需要在每个训练周期结束时保存图像。为了实现这一点，下面编写一些实用函数。

6.3.2　特征工程实用函数

首先实现两个重要的函数：denormalize 函数和 save_samples 函数。

如 6.3.1 小节所述，一旦对图像进行了标准化，就必须将其反标准化为原始形式。下面是 denormalize 函数的代码片段，其接收输入张量并将其反规范化回原始图像：

```
def denormalize(input_image_tensors):
    input_image_tensors = input_image_tensors * normalize[1][0]
    input_image_tensors = input_image_tensors + normalize[0][0]
    return input_image_tensors
```

以上代码片段接收一个张量为参数，并通过乘以 0.5，然后再加上 0.5 来对其进行反规范化。这些规范化值已经在本小节开头定义。

下面使用的 save_samples 函数是在每个训练周期结束时保存图像。代码如下：

```
def save_samples(index, sample_images):
    fake_fname = 'generated-images-{}.png'.format(index)
    save_image(denormalize(sample_images[-64:]),
os.path.join(".", fake_fname), nrow=8)
```

可以通过传递训练周期作为索引（index），并将生成式对抗网络在每个训练周期结束时生成的图像作为参数来调用 save_samples 函数。我们将在本章的下一节中详细讨论所生成的图像。上面的代码片段接收索引和示例图像张量作为参数，提取最后 64 张图像，并将图像保存在 8×8 的网格中。

重要提示

在 save_samples 函数中，在同一批次输入中总共有 256 张图像，但只保存最后 64 张图像。通过修改该选项，可以轻松保存更少或更多图像。更多的图像通常需要更多的计算（GPU）能力和内存。

在本章中，我们还使用了其他实用函数。可以在本书的 GitHub 页面的完整笔记本中查找其他函数。

6.3.3　配置鉴别器模型

如前所述，鉴别器模型的作用是识别（或分类）图像是假还是真。在这里，鉴别器模型充当图像的二元分类器，结果分为两类：图像是假的或真的。

1. 定义参数

创建 Discriminator 类，该类继承自 PyTorch nn 模型。Discriminator 类的一些重要特性/属性显示在以下代码片段中：

```
self.input_size = input_size
self.channel = 3
self.kernal_size = 4
self.stride = 2
self.padding = 1
self.bias = False
self.negative_slope = 0.2
```

Discriminator 接收生成器所生成的输出（大小为 3×64×64）作为输入。另外，设置了一些变量，如通道数（channel）为 3、内核（kernel_size）为 4、步幅（stride）为 2、填充（padding）为 1、偏差（bias）为 False、负斜率值（negative_slope）为 0.2。

对于图像的所有边界，均添加一个像素层。在执行卷积时，使用值为 2 的步幅将内核移动两步。将偏差设置为 False 意味着不允许卷积网络向网络添加任何可学习的偏差。

2. 构建卷积层

接下来，构建鉴别器模型，该模型使用具有卷积层的序列模型来构建二元分类模型。

在这里，使用 LeakyReLU 函数作为激活函数。也可以采用多种不同的激活函数[如 ReLU、Tanh 和 sigmoid]，然而，在使用 LeakyReLU 激活函数时，鉴别器通常会表现良好。这里，我们允许 LeakyReLU 激活函数使用取值为 0.2 的负斜率值。ReLU 函数只能输出正值，而 LeakyReLU 函数可以输出负值。此处，还可以使用取值为 0.2 倍的负值作为 LeakyReLU 激活函数的输出。代码如下：

```
self.model = nn.Sequential(
    #输入大小:(3,64,64)
    nn.Conv2d(self.channel, self.input_size,
    kernel_size = self.kernal_size, stride = self.stride,
    padding = self.padding, bias = self.bias),
    nn.BatchNorm2d(64),
    nn.LeakyReLU(self.negative_slope, inplace = True),
    #输入大小:(64,32,32)
    nn.Conv2d(64, 128, kernel_size = self.kernal_size,
    stride = self.stride, padding = self.padding, bias = self.bias),
    nn.BatchNorm2d(128),
    nn.LeakyReLU(self.negative_slope, inplace = True),

    #输入大小:(128,16,16)
    nn.Conv2d(128, 256, kernel_size = self.kernal_size,
    stride = self.stride, padding = self.padding, bias = self.bias),
```

```
        nn.BatchNorm2d(256),
        nn.LeakyReLU(self.negative_slope, inplace=True),
        #输入大小:(256,8,8)
        nn.Conv2d(256, 512, kernel_size=self.kernal_size,
        stride=self.stride, padding=self.padding, bias=self.bias),
        nn.BatchNorm2d(512),
        nn.LeakyReLU(self.negative_slope, inplace=True),

        #输入大小:(512,4,4)
        nn.Conv2d(512, 1, kernel_size=4, stride=1,
        padding=0, bias=False),

        # 输出大小:1 × 1 × 1
        nn.Flatten(),
        nn.Sigmoid()
    )
```

鉴别器的目标是识别图像是假的还是真的。在以上代码块中，构建了一个二元图像分类器模型，该模型接收生成器模型的输出，即一个大小为 3 像素 ×64 像素 ×64 像素的图像，并生成 0 或 1 的输出结果。

鉴别器模型由 5 个卷积层组成，其中第一层是从生成器模型生成的图像，每一层接收输入并将输出传递到下一层。

我们将上述代码片段分解成几个部分，以便更好地理解代码。下面详细讨论每一层。

1）第一个卷积层

以下是第一个 Conv2d 层的代码片段：

```
#输入大小:(3,64,64)
nn.Conv2d(self.channel, self.input_size,
kernel_size=self.kernal_size, stride=self.stride,
padding=self.padding, bias=self.bias),
nn.BatchNorm2d(64),
nn.LeakyReLU(self.negative_slope, inplace=True),
```

第一个 Conv2d 层获取生成器生成的图像，大小为 3×64×64，内核大小为 4，步幅为 1，填充为 1 像素，生成的卷积输出有 64 个通道，每个通道的大小为 32，即 64×32×32。卷积输出使用批量规范化方式进行规范化，这有助于提高卷积网络的表现性能。在最后一步，使用 LeakyReLU 作为激活函数。

2）第二个卷积层

以下是第二个 Conv2d 层的代码片段：

```
#输入大小:(64,32,32)
nn.Conv2d(64, 128, kernel_size=self.kernal_size,
stride=self.stride, padding=self.padding, bias=self.bias),
nn.BatchNorm2d(128),
nn.LeakyReLU(self.negative_slope, inplace=True),
```

第二个 Conv2d 的第二层接收来自第一层的卷积输出作为输入，其大小为 64 ×32 ×32。该卷积层接收输入，并应用卷积生成 64 个通道的输出，长度为 128，即大小为 128 ×16 ×16，并将输出传递给批量规范化。在最后一步，使用 LeakyReLU 作为激活函数。

3）第三个卷积层

以下是第三个 Conv2d 层的代码片段：

```
#输入大小:(128,16,16)
nn.Conv2d(128, 256, kernel_size = self.kernal_size,
stride = self.stride, padding = self.padding, bias = self.bias),
nn.BatchNorm2d(256),
nn.LeakyReLU(self.negative_slope, inplace = True),
```

第三个 Conv2d 层接收来自第二层的卷积输出作为输入，其大小为 128 ×16 ×16。该卷积层接收输入，并应用卷积生成 128 个通道的输出，长度为 64，即大小为 256 ×8 ×8，并将输出传递给批量规范化。在最后一步，使用 LeakyReLU 作为激活函数。

4）第四个卷积层

以下是第四个 Conv2d 层的代码片段：

```
#输入大小:(256,8,8)
nn.Conv2d(256, 512, kernel_size = self.kernal_size,
stride = self.stride, padding = self.padding, bias = self.bias),
nn.BatchNorm2d(512),
nn.LeakyReLU(self.negative_slope, inplace = True),
```

第四个 Conv2d 层接收来自第三层的卷积输出作为输入，其大小为 256 ×8 ×8。该卷积层接收输入，并应用卷积生成 128 个通道的输出，长度为 64，即大小为 512 ×4 ×4，并将输出传递给批量规范化。在最后一步，使用 LeakyReLU 作为激活函数。

5）第五个卷积层

以下是第五个 Conv2d 层的代码片段：

```
#输入大小:(512,4,4)
nn.Conv2d(512, 1, kernel_size =4, stride =1,
padding =0, bias = False),
```

第五个 Conv2d 层（也就是最后一层）接收来自第四层的卷积输出作为输入，其大小为 512 ×4 ×4。该卷积层接收输入，并应用卷积生成一个通道的输出，长度为 1，即大小为 1 ×1 ×1，并将输出扁平化，然后传递给 sigmoid 激活函数，该激活函数生成介于 0 和 1 之间的输出，这有助于将鉴别器作为二元分类器模型。

请注意，对于所有的层，使用的内核大小均为 4，步幅为 2，填充为 1，偏移为 False，除了最后一层，使用步幅为 1，没有填充。

总之，鉴别器模型将生成器生成的图像作为输入，经过多个卷积层生成单个输出，用以分类图像是真是假。

以下是 Discriminator 类的 forward 方法的代码片段：

```
def forward(self, input_img):
    validity = self.model(input_img)
    return validity
```

结果将整体返回过程的输出。

这是最简单、最容易理解的方法之一，这个方法接收图像作为输入，并将其传递给模型，然后返回输出。

重要提示

在鉴别器模型中，使用的激活函数是 LeakyReLU，该激活函数通常表现得更好，有助于提高生成式对抗网络的性能表现。

6.3.4　配置生成器模型

如前面所述，生成器的作用是生成图像，并且学习如何生成与原始图像一样逼真的虚假图像，其目标是使鉴别器无法将其识别为虚假图像。本质上，生成器模型的目标是通过生成非常接近真实图像的虚假图像来欺骗鉴别器。

首先，创建 Generator 类，该类继承自 PyTorch nn 模型。Generator 类［Generator (nn. Module)］的一些重要属性显示在以下代码段中：

```
self.latent_size = latent_size
self.kernal_size = 4
self.stride = 2
self.padding = 1
self.bias = False
```

关键属性之一是图像的潜在大小（latent_size），默认为 128；其余的属性都与卷积神经网络有关。在这里，使用一个大小为 4 的内核，步幅为 2，在执行卷积时将内核移动两步，并将填充设置为 1 像素，这将为图像的所有边界添加一个额外的像素。最后一个变量用于将偏差设置为 False，即不允许卷积网络向网络添加任何可学习的偏差。

下面是构建生成器模型的代码片段，该模型使用具有卷积层的序列模型：

```
self.model = nn.Sequential(

#输入大小:(latent_size,1,1)
nn.ConvTranspose2d(latent_size, 512, kernel_size=self.kernal_size,
stride=1, padding=0, bias=self.bias),
nn.BatchNorm2d(512),
nn.ReLU(True),
```

```
#输入大小:(512,4,4)
nn.ConvTranspose2d(512, 256, kernel_size = self.kernal_size,
stride = self.stride, padding = self.padding, bias = self.bias),
nn.BatchNorm2d(256),
nn.ReLU(True),

#输入大小:(256,8,8)
nn.ConvTranspose2d(256, 128, kernel_size = self.kernal_size,
stride = self.stride, padding = self.padding, bias = self.bias),
nn.BatchNorm2d(128),
nn.ReLU(True),

#输入大小:(128,16,16)
nn.ConvTranspose2d(128, 64, kernel_size = self.kernal_size,
stride = self.stride, padding = self.padding, bias = self.bias),
nn.BatchNorm2d(64),
nn.ReLU(True),

nn.ConvTranspose2d(64, 3, kernel_size = self.kernal_size,
stride = self.stride, padding = self.padding, bias = self.bias),
nn.Tanh()
#输出大小:3 ×64 ×64
)
```

接下来，将讨论前面的卷积体系结构。重申一下，在构建生成器时，目标是获取图像的潜在大小并生成一些虚假图像。这里，使用了 5 层的逆卷积层，每一层接收输入并将输出传递到下一层。

读者会发现，生成器模型体系结构与鉴别器模型的各个层几乎完全相反。这是符合设计意图的。

重要提示

转置卷积和逆卷积的比较

在深度学习社区中，这两个术语经常互换使用，在本书中也是如此。从数学上讲，逆卷积是一种数学运算，可以起到反转卷积的作用。想象一下，将输入通过卷积层，并收集输出。现在将输出通过逆卷积层，将得到完全相同的输入。逆卷积是多元卷积函数的逆函数。

在这里，我们的目的不是得到完全相同的输入。因此，虽然运算是相似的，但严格来说，它不是逆卷积，而是转置卷积。与转置卷积有点类似，因为它产生的空间分辨率与假设的逆卷积层相同。然而，它对值执行的实际数学运算是不同的。转置卷积层执行正则卷积，但反转其空间变换。

这里所讨论的逆卷积不是很流行，通常社区将转置卷积称为逆卷积，这就是本书采用的含义。

下面将分别讨论这些层。

1. 第一个转置卷积层

以下是第一个 ConvTranspose2d 层的代码片段：

```
#输入大小:(latent_size,1,1)
nn.ConvTranspose2d(latent_size, 512, kernel_size = self.kernal_size,
stride = 1, padding = 0, bias = self.bias),
nn.BatchNorm2d(512),
nn.ReLU(True),
```

第一个 ConvTranspose2d 层将 latent_size（潜在大小）作为输入，其值为 128。该层使用的内核大小为 4，步幅为 1，无填充，并生成大小为 512 的输出。批量规范化有助于提高卷积网络的性能。一旦从 ConvTranspose2d 生成输出，结果就被传递到批量规范化。在最后一步，使用 ReLU 作为激活函数。

2. 第二个转置卷积层

以下是第二个 ConvTranspose2d 层的代码片段：

```
#输入大小:(512,4,4)
nn.ConvTranspose2d(512, 256, kernel_size = self.kernal_size,
stride = self.stride, padding = self.padding, bias = self.bias),
nn.BatchNorm2d(256),
nn.ReLU(True),
```

第二个 ConvTranspose2d 层接收来自第一层的输出作为输入，其大小为（512，4，4）。这个逆卷积层接收 512 个通道，并生成 256 个通道的输出，并将输出传递给批量规范化。在最后一步，使用 ReLU 作为激活函数。

3. 第三个转置卷积层

以下是第三个 ConvTranspose2d 层的代码片段：

```
#输入大小:(256,8,8)
nn.ConvTranspose2d(256, 128, kernel_size = self.kernal_size,
stride = self.stride, padding = self.padding, bias = self.bias),
nn.BatchNorm2d(128),
nn.ReLU(True),
```

第三个 ConvTranspose2d 层接收来自第二层的输出作为输入，其大小为（256，8，8）。这个逆卷积层接收 256 个通道，并生成 128 个通道的输出，然后将输出传递给批量规范化。在最后一步，使用 ReLU 作为激活函数。

4. 第四个转置卷积层

以下是第四个 ConvTranspose2d 层的代码片段：

```
#输入大小:(128,16,16)
nn.ConvTranspose2d(128, 64, kernel_size = self.kernal_size,
```

```
stride = self.stride, padding = self.padding, bias = self.bias),
nn.BatchNorm2d(64),
nn.ReLU(True),
```

第四个 ConvTranspose2d 层接收来自第三层的输出作为输入，其大小为（128，16，16）。这个逆卷积层接收 128 个通道，并生成 64 个通道的输出，并将输出传递给批量规范化。在最后一步，使用 ReLU 作为激活函数。

5. 第五个转置卷积层（最后一层）

以下是第五个 ConvTranspose2d 层（最后一层）的代码片段：

```
nn.ConvTranspose2d(64, 3, kernel_size = self.kernal_size,
stride = self.stride, padding = self.padding, bias = self.bias),
nn.Tanh()
#输出大小:3 ×64 ×64
```

在最后的逆卷积神经网络层，将生成 3 个通道的 64 ×64 大小的输出，激活函数为 Tanh。读者可能会注意到，我们采用了一个不同的激活函数，因为这是一个生成器模型，采用 Tanh 时效果会更好。

对于第一层，使用的是一个逆卷积网络，步幅为 1，无填充，对于其余层，使用的填充大小为 1，步幅为 2。

总之，生成器模型将潜在大小作为输入，经过多个逆卷积层，然后将通道从 128 扩展到 512，再将通道从 256 缩减到 128，最后缩减到 3 个通道。

以下是 Generator 类的 forward 方法的代码片段：

```
def forward(self, input_img):
    input_img = self.model(input_img)
    return input_img
```

这是最简单且易于理解的方法之一，该方法将图像作为输入，传递给模型，然后返回输出。

6.3.5　配置生成式对抗网络模型

我们终于到了实际构建生成式对抗网络模型的阶段，构建该模型需要利用之前构建的鉴别器模型和生成器模型。在生成式对抗网络模型中，了解如何配置损失函数和优化器，以及如何将数据传递给生成器和鉴别器是很重要的。为了获得高质量的结果，我们将尽量减少损失（这意味着生成的图像与真实图像一样好）。下面详细讨论生成式对抗网络模型的 PyTorch Lightning 实现。

使用 PyTorch Lightning 构建生成式对抗网络模型，主要包括以下步骤/方法。

1. 定义模型

创建 GAN 类，这个类继承自 LightningModule 类，在其构造函数中接收以下参数。

- latent_size：表示图像的潜在大小。默认值为 128。
- learning_rate：鉴别器和生成器使用的优化器的学习率0。默认值为 0.000 2。
- bias1 和 bias2：鉴别器和生成器使用的优化器的偏差值。bias1 的默认值为 0.5；bias2 的默认值为 0.999。
- batch_size：批量从数据加载器检索的图像子集的大小。批次大小的默认值为 128。

接下来，我们将分析__init__方法，该方法用于配置和初始化生成式对抗网络模型。以下是__init__方法的代码片段：

```
def __init__(self, latent_size = 128,learning_rate = 0.0002,
bias1 = 0.5,bias2 = 0.999,batch_size = 128):
    super().__init__()
    self.save_hyperparameters()
    self.generator = Generator()
    self.discriminator = Discriminator(input_size=64)
    self.batch_size = batch_size
    self.latent_size = latent_size
    self.validation = torch.randn(self.batch_size, self.latent_size, 1, 1)
```

在以上代码片段中，保存了模型所需的所有超参数，对生成器和鉴别器进行了初始化，并设置了 batch_size 和 latent_size 参数的值。最后，创建了一个变量 validation，将用于模型的验证。

2. 配置优化器和损失函数

为了创建生成式对抗网络模型，需要一个构造来编写一些附加函数。首先设置损失函数。下面是损失函数的代码片段：

```
def adversarial_loss(self, preds, targets):
    return F.binary_cross_entropy(preds, targets)
```

在以上代码片段中，定义了 adversarial_loss 方法，该方法包含两个参数，即 preds（预测值）和 targets（实际目标值）。

该方法将 preds 和 targets 传递给二元交叉熵函数，并返回计算出的熵值。

> **重要提示**
>
> 还可以为生成器和鉴别器提供不同的损失函数。在这里，为了简单起见，只使用二元交叉熵损失函数。

在生成式对抗网络模型中包含了两个子模型——鉴别器和生成器，每个模型都需要不同的优化器，这可以使用 PyTorch Lightning 的 configure_optimizers 方法实现。下面是为生成式对抗模型定义优化器的代码：

```
def configure_optimizers(self):
    learning_rate = self.hparams.learning_rate
```

```
    bias1 = self.hparams.bias1
    bias2 = self.hparams.bias2
    opt_g = torch.optim.Adam(self.generator.parameters(),
lr=learning_rate, betas=(bias1, bias2))
     opt_d = torch.optim.Adam(self.discriminator.parameters(),
lr=learning_rate, betas=(bias1, bias2))
     return [opt_g, opt_d], []
```

在这个方法中，调用了 self. save_hyperparameters 方法。其目的是将发送到__init__方法的所有输入保存到特殊变量 hparams 中。在前面的方法中，我们从 hparams 变量中获取学习率和偏差值。如上所述，生成式对抗模型需要两个优化器：一个用于生成器；另一个用于鉴别器。因此，我们创建了两个优化器：opt_g 是生成器的优化器；opt_d 是鉴别器的优化器。而且，优化器返回两个列表：第一个列表包含多个优化器；第二个列表（在本例中为空）用于传递 LR 调度器。

总之，我们访问了超参数并创建了两个优化器。这个方法返回两个列表作为输出：第一个列表的第一个元素是生成器的优化器；第二个元素是鉴别器的优化器。

重要提示

configure_optimizers 方法返回两个值，这两个值都是列表。其中，第二个列表是一个空列表。第一个列表包含两个值：索引 0 处的值包含用于生成器的优化器，索引 1 处的值包含用于鉴别器的优化器。

另一个重要的生命周期方法是 forward 方法。以下是该方法的代码片段：

```
def forward(self, z):
    return self.generator(z)
```

在上述代码片段中，forward 方法接收输入，并返回生成器模型的输出。

3. 配置训练循环

如前所述，configure_optimizers 方法返回了两个优化器。在训练生成式对抗模型期间访问正确的优化器非常重要，访问优化器信息的方法是使用 PyTorch Lightning 在训练期间作为输入传递的数据。接下来，我们尝试理解传递给训练生命周期方法的输入和训练过程的详细信息。

传递给 training_step 方法的输入参数如下。

- batch：由 birds_train_dataloader 提供的批次数据。
- batch_idx：所提供批次的索引。
- optimizer_idx：识别生成器和鉴别器的两个不同优化器的输入参数。该输入参数可以取两个值——0 表示生成器；1 表示鉴别器。

现在，既然我们已经了解了如何识别生成式对抗网络的优化器，就应该了解如何使用生成器和鉴别器来训练生成式对抗网络模型。

以下是训练生成器的代码片段：

```
real_images, _ = batch
if optimizer_idx = = 0:
    # 生成虚假图像
    fake_random_noise = torch.randn(self.batch_size, self.latent_size, 1, 1)
    fake_random_noise = fake_random_noise.type_as(real_images)
    fake_images = self(fake_random_noise) #self.generator(latent)

    #尝试欺骗鉴别器
    preds = self.discriminator(fake_images)
    targets = torch.ones(self.batch_size, 1)
    targets = targets.type_as(real_images)
    loss = self.adversarial_loss(preds, targets

    tqdm_dict = {'g_loss': loss}
    output = OrderedDict({
        'loss': loss,
        'progress_bar': tqdm_dict,
        'log': tqdm_dict
    })
    return output
```

在上述代码片段中，首先，存储从批次中接收到的图像，这些图像均采用张量格式，存储在变量 real_images 中。为了让模型在 GPU 上运行，必须确保所有张量都使用相同的设备（在这个例子中，就是 GPU）。为了确保这一点，将所有张量转换为同一类型，即指向同一设备。在 PyTorch Lightning 中，建议使用 type_as 方法。该方法可以运行代码扩展到任意数量的 GPU 或 TPU。我们将使用 type_as 方法将当前张量转换为与其他张量相同的类型，以确保所有张量类型都相同，并且可以使用 GPU。有关此方法的更多信息，请参阅 PyTorch Lightning 文档。

为了训练生成器模型，必须能够识别生成器的优化器。可以通过检查 optimizer_idx（必须为 0）来识别生成器的优化器。为了训练生成器模型，主要执行以下三个操作步骤。

（1）生成虚假图像。通过创建一些随机噪声数据，将张量类型转换为与 real_images 张量相同，并将其传递给 self 对象，self 对象将随机噪声数据传递给生成器模型，以生成虚假图像。下面是演示如何实现该功能的代码片段：

```
fake_random_noise = torch.randn(self.batch_size, self.latent_size, 1, 1)
fake_random_noise = fake_random_noise.type_as(real_images)
fake_images = self(fake_random_noise)
```

一旦生成虚假图像，下一步就是计算损失值。但在计算损失值之前，必须先确定虚假图像与真实图像的相似度。通过将虚假图像传递给鉴别器并比较输出，可以很容易地识别出其相似度。在这里，将前一步生成的虚假图像传递给鉴别器，并保存预测结果，结果值可以是 0 或 1。我们还创建了一个目标变量，其值全是 1，这里假设生成器生成的所有图像都是真实图像。很快，在经历了更多的训练周期之后，情况将开始改善。代码如下：

```
preds = self.discriminator(fake_images)
targets = torch.ones(self.batch_size, 1)
targets = targets.type_as(real_images)
```

（2）计算损失值。通过调用实用函数 adversarial_loss 来实现，调用该函数时将传递来自鉴别器的预测值和目标值（这些值均为 1）。代码如下：

```
loss = self.adversarial_loss(preds, targets)
```

（3）返回损失函数和其他属性，以利用正在记录的损失值并显示在进度条上。一旦在训练步骤中返回该损失值，PyTorch Lightning 将负责更新权重。

接下来，我们尝试理解如何训练鉴别器模型。

正如生成器所执行的操作一样，首先要比较优化器索引。仅当优化器索引为 1 时，才会训练鉴别器。为了训练鉴别器模型，主要执行以下三个操作步骤：

（1）训练鉴别器以识别真实的图像。在这里，通过将真实图像传递给鉴别器，并将输出保存为 real_preds 来实现这个功能。然后，创建一个伪张量 real_targets，其值全为 1。因为已经将真实的图像传递给了鉴别器，所以所有实际目标值均设置为 1。最后，计算实际损失值 real_loss。代码如下：

```
real_preds = self.discriminator(real_images)
real_targets = torch.ones(real_images.size(0), 1)
real_targets = real_targets.type_as(real_images)
real_loss = self.adversarial_loss(real_preds, real_targets)
```

（2）由于我们已经用真实图像训练了鉴别器，所以可以用生成器模型生成的虚假图像训练鉴别器。这一步与训练生成器模型类似。首先，创建虚拟随机噪声数据，将其传递给生成器以生成虚假图像，并将其传递给鉴别器。然后，计算虚假损失值 fake_loss。代码如下：

```
# 生成虚假图像
real_random_noise = torch.randn(self.batch_size, self.latent_size, 1, 1)
real_random_noise = real_random_noise.type_as(real_images)
fake_images = self(real_random_noise) #self.
generator(latent)

# 将虚假图像传递给鉴别器
fake_targets = torch.zeros(fake_images.size(0), 1)
fake_targets = fake_targets.type_as(real_images)
fake_preds = self.discriminator(fake_images)
fake_loss = self.adversarial_loss(fake_preds, fake_targets)
```

（3）计算损失值。这里，损失值是实际损失值（即在使用真实图像训练鉴别器时计算得到的损失值）和虚假损失值（即在使用虚假图像训练鉴别器时计算得到的损失值）的总和。代码如下：

```
# 更新鉴别器的权重
loss = real_loss + fake_loss
```

我们将返回损失函数和其他属性，记录损失值，并在进度栏中显示损失值。一旦在训练步骤中返回该损失值，PyTorch Lightning 就将负责更新权重。这将帮助我们完成训练配置。

将训练循环的操作步骤总结如下：根据从 optimizer_idx 接收到的值，训练生成器或者鉴别器，并将损失值作为输出返回。

重要提示

当 optimizer_idx 的值为 0 时，将训练生成器模型；当 optimizer_idx 的值为 1 时，将训练鉴别器模型。

4. 保存生成的虚假图像

同样，必须检查生成式对抗网络模型在各个训练周期的训练和改进情况，以判断该模型是否能产生任何新的鸟类物种。为了在每个训练周期跟踪生成式对抗网络模型，一种方法是在每个训练周期结束时保存一些图像。为了实现这一点，可以使用 PyTorch Lightning 的 on_epoch_end 方法。在每个训练周期结束时，会调用 on_epoch_end 方法。因此，我们将使用 on_epoch_end 方法来保存生成式对抗网络模型所生成的虚假图像。代码如下：

```
def on_epoch_end(self):
    z = self.validation.type_as(self.generator.model[0].weight)
    sample_imgs = self(z)
    ALL_IMAGES.append(sample_imgs.cpu())
    save_samples(self.current_epoch, sample_imgs)
```

在以上代码片段中，对于每一个训练周期，都会生成虚假图像，并调用 save_samples 函数，将虚假鸟类图像保存为一个 . png 格式的图像。

6.3.6　训练生成式对抗网络模型

完成了所有设置后，开始训练生成式对抗网络模型。以下是训练生成式对抗网络模型的代码：

```
model = GAN()
trainer = pl.Trainer(max_epochs=500, progress_bar_refresh_rate=25, gpus=1)
trainer.fit(model, birds_train_dataloader)
```

在以上代码片段中，首先初始化生成式对抗网络模型，然后在启用一个 GPU 的情况下对其进行 500 个训练周期的训练，并使用 fit 方法通过传递生成式对抗网络模型和前面创建的数据加载器来开始训练。

训练生成式对抗网络模型 500 个训练周期后的输出结果如图 6 – 5 所示。

```
GPU available: True, used: True
TPU available: None, using: 0 TPU cores
LOCAL_RANK: 0 - CUDA_VISIBLE_DEVICES: [0]

  | Name          | Type          | Params
------------------------------------------------
0 | generator     | Generator     | 3.8 M
1 | discriminator | Discriminator | 2.8 M
------------------------------------------------
6.6 M     Trainable params
0         Non-trainable params
6.6 M     Total params
Epoch 499: 100% 276/276 [00:33<00:00, 8.19it/s, loss=6.88, v_num=0, g_loss=15.8, d_loss=0.0397]
/usr/local/lib/python3.7/dist-packages/pytorch_lightning/utilities/distributed.py:49: UserWarning: The {progress_bar:dict keyword} was deprecated in 0.9.1 and will be removed in 1.0.0
Please use self.log(...) inside the lightningModule instead.

# log on a step or aggregate epoch metric to the logger and/or progress bar
# (inside LightningModule)
self.log('train_loss', loss, on_step=True, on_epoch=True, prog_bar=True)
  warnings.warn(*args, **kwargs)
/usr/local/lib/python3.7/dist-packages/pytorch_lightning/utilities/distributed.py:49: UserWarning: The {log:dict keyword} was deprecated in 0.9.1 and will be removed in 1.0.0
Please use self.log(...) inside the lightningModule instead.

# log on a step or aggregate epoch metric to the logger and/or progress bar
# (inside LightningModule)
self.log('train_loss', loss, on_step=True, on_epoch=True, prog_bar=True)
  warnings.warn(*args, **kwargs)
```

图 6 – 5　训练生成式对抗网络模型 500 个训练周期后的输出结果

6.3.7　获取虚假鸟类图像的输出

经过 100 个训练周期后的虚假鸟类图像样本如图 6 – 6 所示。首先，对模型进行 100 个训练周期的训练。

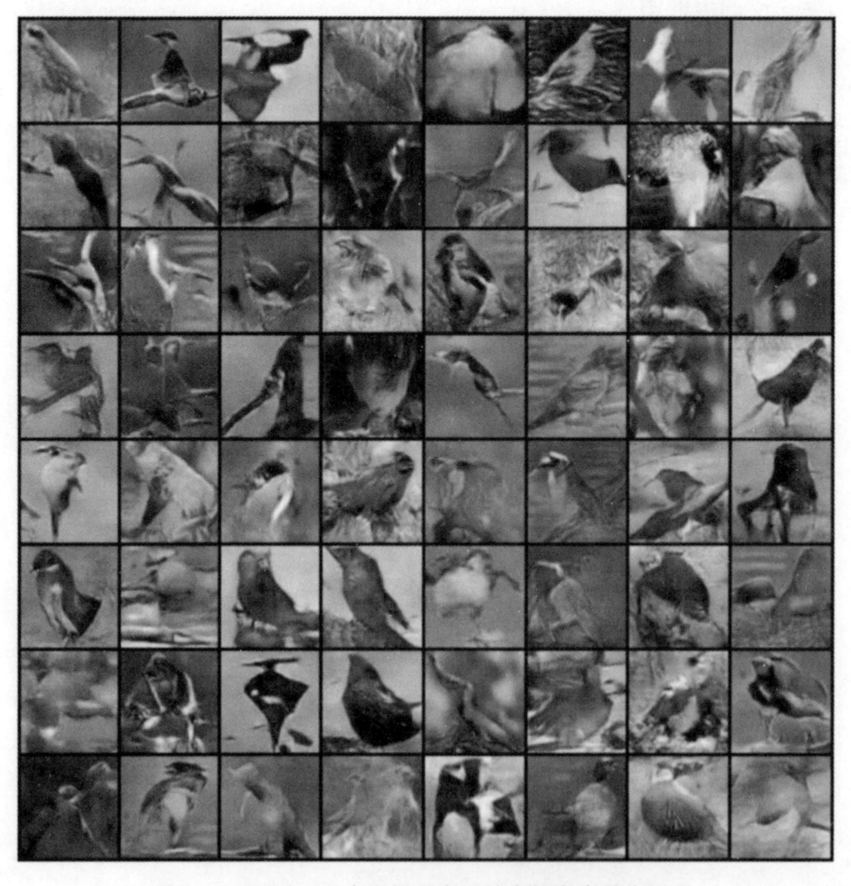

图 6 – 6　经过 100 个训练周期后的虚假鸟类图像样本

正如所见，现在生成了一些看起来像科幻或幻想电影中的鸟类！最后一排的鸟类像企鹅一样！（读者是否曾经见过？这绝对不是在地球上存在的鸟类！）

可以对模型进行更多个训练周期的训练，结果质量将不断提高。例如，可以尝试200，300，400 和 500 个训练周期的训练（更多结果可以在本书的 GitHub 页面上找到）。

经过 200 个训练周期后的虚假鸟类图像如图 6－7 所示。

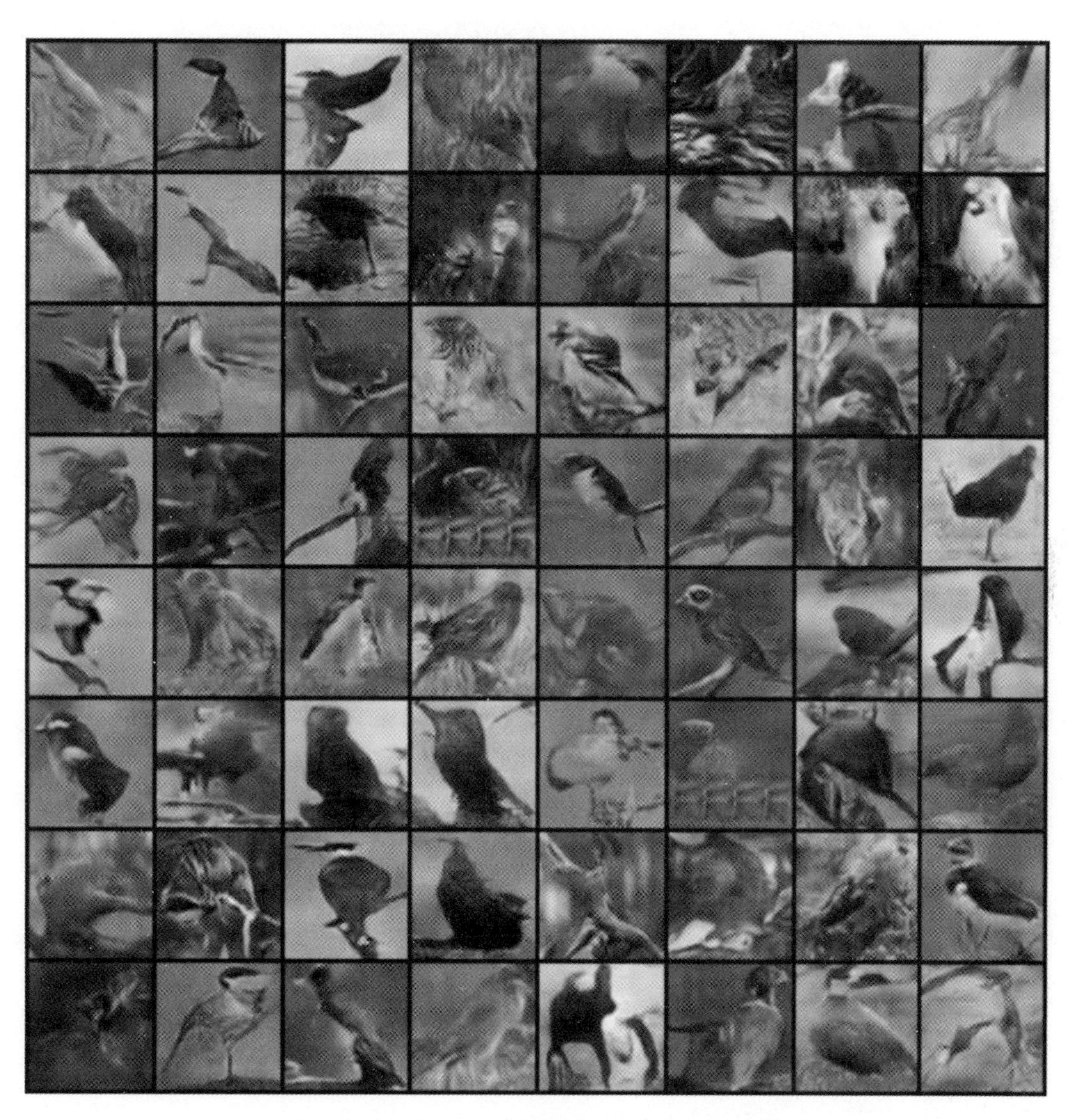

图 6－7 经过 200 个训练周期后的虚假鸟类图像

经过 400 个训练周期后的虚假鸟类图像如图 6－8 所示。

经过 500 个训练周期后的虚假鸟类图像如图 6－9 所示。

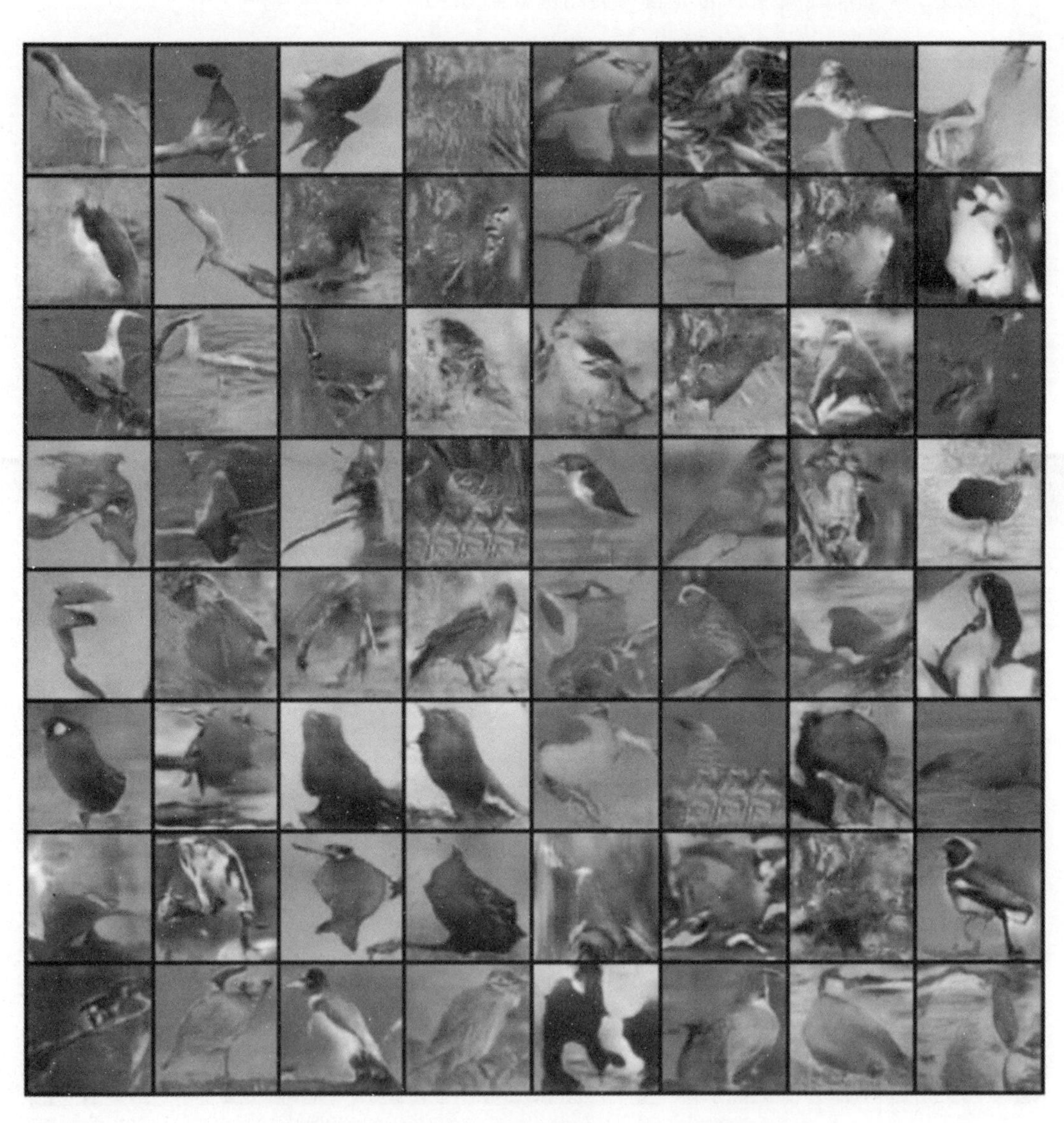

图 6 -8　经过 400 个训练周期后的虚假鸟类图像

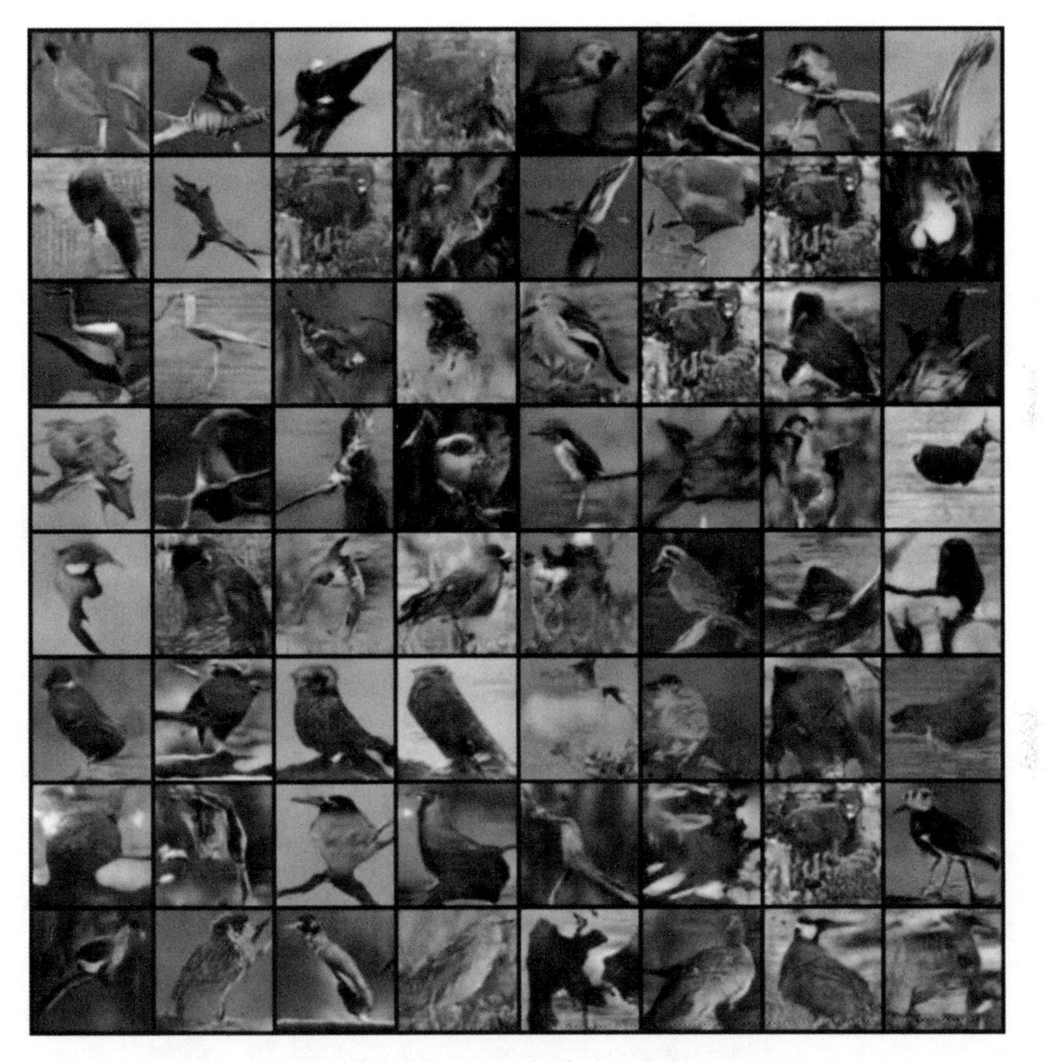

图 6－9　经过 500 个训练周期后的虚假鸟类图像

通过观察可以发现，随着训练周期的增加，模型在生成虚假鸟类图像方面会不断改进。其中一些图像看起来与鸟类相似，有些可能与任何鸟类物种都不相似。总会有一些输出是噪声数据，看起来就像不完整的图像。

生成式对抗网络对批次大小、潜在大小和其他超参数非常敏感。为了提高性能，可以尝试采用更多的训练周期对生成式对抗网络模型进行训练，也可以尝试使用不同的超参数。

重要提示

从真实物体中检测生成式对抗网络生成的虚假物体是一个巨大的挑战，这也是深度学习社区的一个活跃研究领域。可能很容易发现一些虚假的鸟类，因为有些鸟有奇怪的颜色，但并不是全部。有人可能会误认为一些鸟类是奇异的太平洋鸟类，但毫无疑问，它们全都是虚假的。有一些技巧可以用来识别虚假物体，如缺乏对称性或扭曲的颜色。然而，这些并不是完全的证据，而且人类往往会被一张由生成式对抗网络生成的图像所欺骗。

6.4 本章小结

生成式对抗网络是一种强大的方法，不仅可以生成图像，还可以生成绘画，甚至可以生成三维对象（使用生成式对抗网络的新变体）。本章讨论了如何结合使用鉴别器和生成器网络（每个网络都有 5 个卷积层），从随机噪声开始，生成模拟真实图像的图像。通过最小化损失函数和多次迭代，发生器和鉴别器之间可以互动，不断产生更好的图像。最终的结果是产生真实生活中从未存在过的虚假照片。

这是一种强有力的方法，人们对这种方法的道德约束感到担忧。虚假的图像和物品可以用来欺骗人类，然而，它也创造了无尽的新机会。例如，想象一下，在购买一套新衣服时，观看时装模特的照片。使用生成式对抗网络可以生成各种体型、大小、形状和颜色的模特的真实照片，而不是依赖于各种图像的拍摄，这对公司和消费者都有帮助。时装模特并不是唯一的例子。想象一下，在售卖一套房子时，房间里还没有家具，使用生成式对抗网络可以创造出逼真的家居装饰。这同样可以为房地产开发商节省大量资金。生成式对抗网络也是用于增强和深度学习数据生成的强大数据源。此外，还存在更多的可能性，也许人们还没有想到，读者可以亲自想象并进行尝试。

接下来，将继续我们的生成式建模之旅。既然我们已经了解了如何教授机器生成图像，还将尝试教授机器如何在给定图像的上下文中谱写诗篇和生成文本。在下一章中，我们将探索半监督学习，将卷积神经网络和循环神经网络体系结构结合起来，通过让机器理解图像中的内容，生成类似人类撰写的文本、诗歌或歌词。

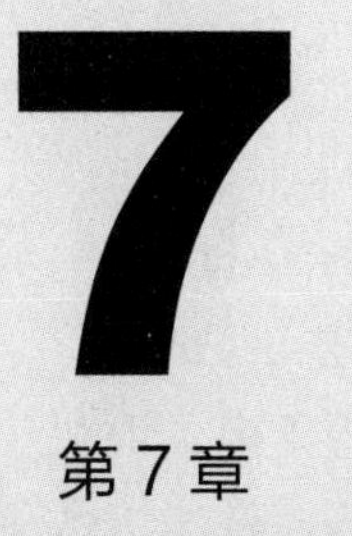

第7章

半监督学习

长期以来，机器学习一直被用于模式识别。然而，最近机器可以用来创造图案的思想激发了人们的想象力。机器能够通过模仿已知的艺术风格来创造艺术，或者在给定任意输入的情况下，提供类似人类视角的输出，这一思想已经成为机器学习的新前沿。

到目前为止，我们看到的大多数深度学习模型涉及的领域包括识别图像（使用卷积神经网络体系结构）、生成文本（使用 Transformer）、生成图像（生成式对抗网络）。然而，作为人类，我们在现实生活中并不总是单纯地将对象视为文本或图像，而是将其视为二者的组合。例如，脸书帖子或新闻文章中的图像可能会伴随一些描述图像的评论。Memes 是一种流行的创造幽默的方式，它将引人入胜的图像与智能文本结合在一起。音乐视频是图像、视频、音频和文本的组合，所有内容有机地组合在一起。如果我们想让机器真正智能化，机器就需要足够智能，能够解读媒体中的内容，并以人类能够理解的方式进行解释。这种多模态（multimodal）学习是机器智能的最大挑战。

如前所述，ImageNet 通过在图像识别方面实现接近人类的性能，推动了深度学习的革命。它还为想象机器可以实现的新可能性打开了大门。其中一种前景是要求机器不仅能识别图像，而且能使用非专业的术语描述图像所包含的内容。这促使微软公司创建了一个名为 COCO 的新众包项目，该项目为图像提供了人工策划的字幕。COCO 项目创建了一套模型，我们在其中训练机器如何写作［类似教授孩子一门语言，给他们看一张苹果的图片，然后在黑板上写下 apple（苹果）这个单词，希望孩子能够使用这个技能书写新单词］。这也为深度学习开辟了一个新的领域，称为半监督学习（Semi - Supervised Learning）。这种学习形式依赖人类提供的输入来开始训练，因此其中包含一个受监督的部分，然而，最初的输入并没有完全用作基本事实或标签。相反，可以以无监督的方式生成输出，无论是否有提示。半监督学习位于有监督学习到无监督学习范围的中间位置，因此被称为半监督学习。不过，半监督学习的最大潜力在于，它有可能教授机器学习图像中的上下文的概念。例如，汽车的图像可能表示不同的东西，这取决于汽车是在移动、静止，还是被停放在展厅中，让机器理解这些差异可以让它解释图像中所发生的事情。

在本章中，读者将了解如何将 PyTorch Lightning 应用于解决半监督学习问题。本章重点介绍一种结合卷积神经网络和循环神经网络体系结构的解决方案。

本章涵盖以下主题。

- 半监督学习入门。
- CNN - RNN 体系结构概览。

- 为图像生成说明文字。

7.1　技术需求

在本章中，主要使用以下 Python 模块（包括其版本号）。

- PyTorch Lightning（版本 1.4.9）。
- numpy（版本 1.19.5）。
- torch（版本 1.9.0）。
- torchvision（版本 0.10.0）。
- NLTK（版本 3.2.5）。
- matplotlib（版本 3.2.2）。

读者可以通过以下 GitHub 链接获取本章中的示例代码：https://github.com/PacktPublishing/Deep-Learning-with-PyTorch-Lightning/tree/main/Chapter07。

本章使用了以下的源数据集：微软上下文中的常见对象（Common Objects in Context，COCO）数据集，可通过网址 https://cocodataset.org/#download 获取。

7.2　半监督学习入门

正如前面所述，半监督学习最令人惊叹的应用之一是教授机器如何解读图像。不仅可以教授机器为某些给定的图像创建说明文字，还可以要求机器对其如何理解图像进行诗意的描述。

如图 7-1 所示，左边是传递给模型的一些随机图像，右边是模型生成的一些诗歌。图 7-1 所示的结果非常有趣，因为很难确定这些抒情诗歌是由机器创造的，还是由人类创作的。

例如，在图 7-1 所示的第一张图片中，计算机可以检测到门和街道，并写下第一节诗歌；在第二张图片中，计算机检测到阳光，并写下一段关于日落和爱情的抒情诗；在第三张图片中，计算机检测到一对情侣在接吻，并写下了几行关于接吻和爱情的诗句。

在这个模型中，图像和文本一起被训练，以便机器通过查看图像来推断上下文。在内部，使用各种深度学习方法，如带长短期记忆网络的卷积神经网络和循环神经网络。模型根据训练数据的样式，对给定对象进行全景预测。例如，如果有包含一面墙的图像，那么我们可以使用该图像生成文本，这取决于唐纳德·特朗普（Donald Trump）、希拉里·克林顿（Hillary Clinton）或其他人可能会说什么。这一引人入胜的新发展使计算机更接近艺术和人类感知。

为了理解这是如何实现的，我们需要理解底层的神经网络体系结构。在第 2 章中，我们讨论了卷积神经网络模型；在第 5 章中，我们讨论了长短期记忆网络模型的一个示例。本章同时使用这两种神经网络体系结构。

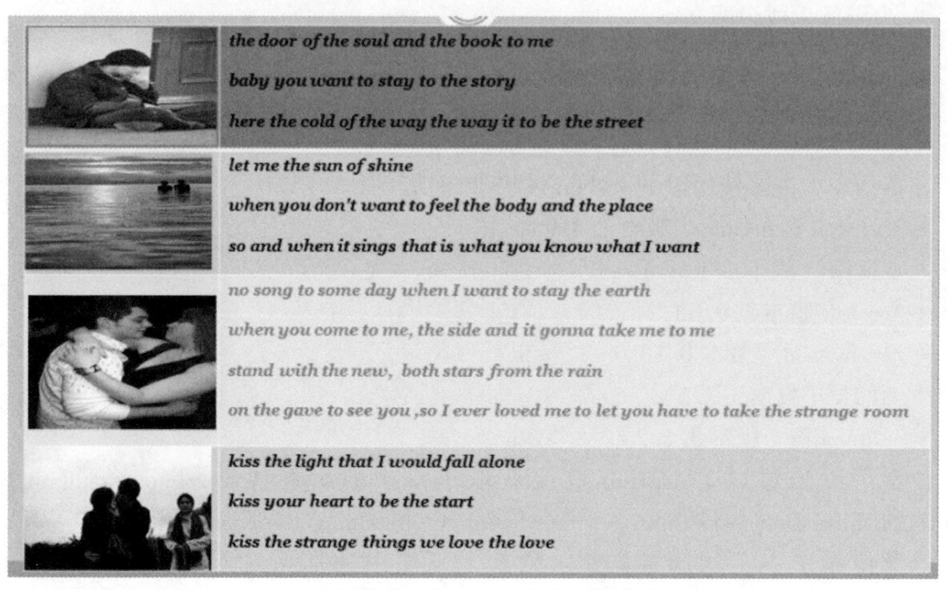

图 7-1　通过分析上下文为给定图像生成诗歌

7.3　CNN-RNN 体系结构概览

虽然半监督学习有许多不同的应用和不同的神经网络体系结构，但我们将从最流行的一种结构开始，这是一种结合了卷积神经网络和循环神经网络的体系结构。

简单地说，首先从一个图像开始，然后使用卷积神经网络识别图像，将卷积神经网络的输出传递给循环神经网络，而循环神经网络将生成文本，如图 7-2 所示。

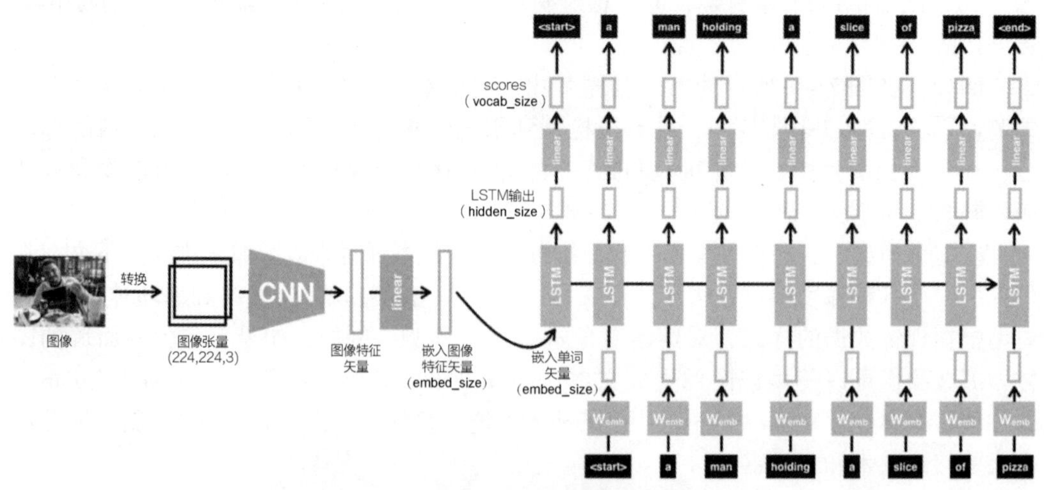

图 7-2　CNN-RNN 级联体系结构

直观地说，该模型不仅可以通过训练识别图像及其句子的描述，从而理解语言和视觉数据相互之间的对应关系，还能使用循环神经网络和多模式循环神经网络生成图像描述。如上所述，长短期记忆网络用于循环神经网络的实现。

Andrej Karpathy 和他的博士生导师 Fei - Fei Li 在 2015 年斯坦福大学的论文 *Generative Text Using Images and Deep Visual - Semantic Alignments for Generating Image Descriptions* 中首次实现了这种体系结构，如图 7 - 3 所示。

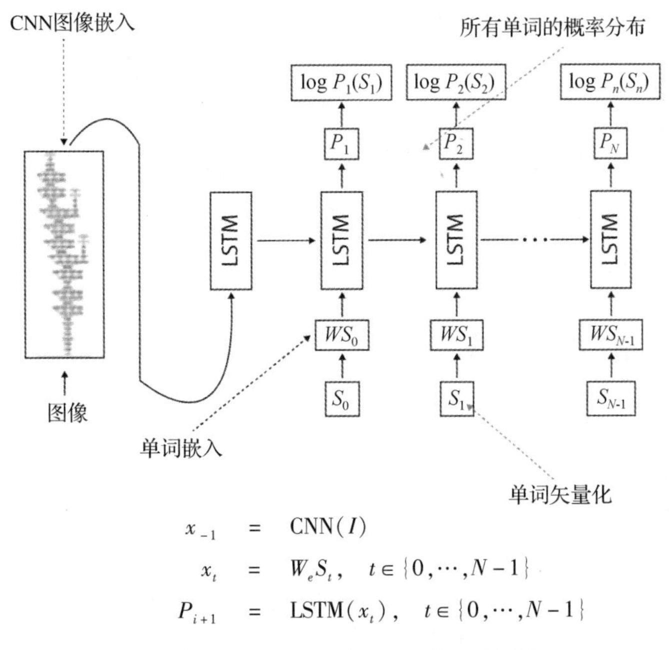

$$
\begin{aligned}
x_{-1} &= \mathrm{CNN}(I) \\
x_t &= W_e S_t, \quad t \in \{0, \cdots, N-1\} \\
P_{i+1} &= \mathrm{LSTM}(x_t), \quad t \in \{0, \cdots, N-1\}
\end{aligned}
$$

图 7 - 3　LSTM 和 CNN 的工作细节

下面快速浏览论文中描述体系结构涉及的若干步骤。

（1）数据集包含人工编写的句子，描述图像中发生的事情。其核心思想在于，人们会频繁地提及某些对象，但不包括对象出现的背景。例如，“Man is sitting on the bench（人坐在凳子上）”这个句子包含多个部分：Man（人）是对象，bench（凳子）是位置，sitting（坐）是动作。由这些部分一起定义了整个图像的上下文。

（2）我们的目标是生成文本，像人类一样描述图像中发生的事情。为了实现该目标，需要将问题转移到一个潜在空间，并创建图像区域和单词的潜在表示。这种多模式嵌入将创建相似上下文的语义地图，并可以为未知的新图像生成文本。

（3）为了实现该目标，首先使用循环神经网络作为编码器，并从 Softmax 之前的最后一层获取特征。为了提取图像和单词之间的关系，我们需要以相同的图像向量嵌入形式表示单词，然后将图像的张量表示传递到循环神经网络模型。

（4）该体系结构使用长短期记忆网络体系结构来实现循环神经网络。特定的双向循环神经网络获取一个单词序列，并将每个单词转换为一个向量。用于文本生成的长短期记忆网络的工作原理与第 5 章中讨论的时间序列模型非常相似，预测句子中的下一个单词。通过在给定前几个字母的整个历史的情况下，预测每个字母，选择最大概率的字母。

（5）长短期记忆网络激活函数设置为线性修正单元（Rectified Linear Unit，ReLU），循环神经网络的训练过程与之前模型中描述的过程完全相同。最后，采用随机梯度下降法（Stochastic Gradient Descent，SGD）等小批量的优化方法，对模型进行优化。

（6）为了对未知的新图像生成描述性文本或说明文字，该模型首先使用循环神经网络图像识别模型，检测对象区域并识别对象。然后，将这些对象作为长短期记忆网络模型的引子或种子，并利用模型预测句子。通过在分布上选取一个字符的最大概率（Softmax），句子预测一次生成一个字符。在生成文本中，提供的词汇表起着关键作用。

（7）如果把词汇表从说明文字改为诗歌，那么模型会学习生成诗歌。如果把词汇表改为莎士比亚的诗歌，那么结果将生成十四行诗。根据提供的词汇表，可以生成任何读者能想象到的文字内容。

7.4　为图像生成说明文字

该模型涉及以下步骤。

（1）下载数据集。

（2）组装数据。

（3）训练模型。

（4）生成说明文字。

7.4.1　下载数据集

在这一步中，我们将下载用于训练模型的 COCO 数据集。

1. COCO 数据集

COCO 数据集是一个大规模的目标检测、目标分割和说明文字数据集（https://cocodataset.org）。该数据集包含 150 万个目标对象实例、80 个目标对象类别，每张图像有 5 个说明文字。读者可以通过网址 https://cocodataset.org/#explore，并通过筛选一个或多个目标对象类型来浏览该数据集。如图 7-4 所示，每张狗的图像的上方都包含一个平铺的超链接图标，用于显示/隐藏 URL、分组及说明文字。

图 7-5 显示了该数据集中的其他一些图像。

2. 提取数据集

在本章中，我们将使用 COCO 2017 训练数据集中的 4 000 张图像以及这些图像的说明文字来训练 CNN-RNN 混合模型。COCO 2017 数据集包含 118 000 多张图像和 590 000 多万条的说明文字。使用如此大的数据集训练模型需要很长的时间，因此从该数据集中筛选出 4 000 张图像及其相关的说明文字，稍后将描述具体的实现方法。首先，需要将所有图像和说明文字下载到 coco_data 文件夹中，实现该步骤的代码如下（Downloading_the_dataset.ipynb）：

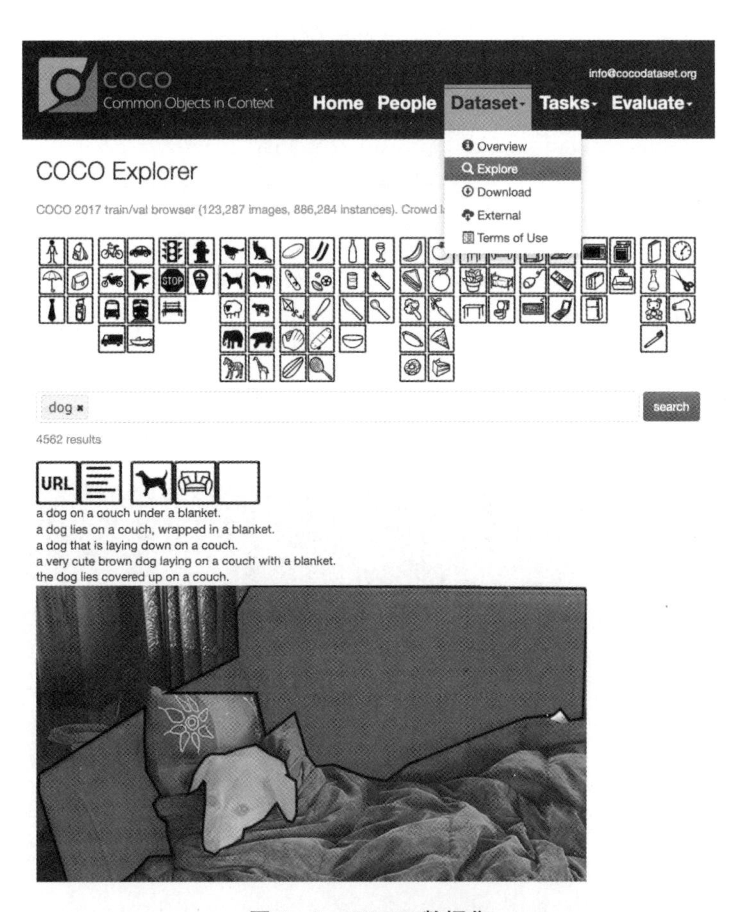

图 7 – 4　COCO 数据集

图 7 – 5　COCO 网站主页上的随机数据集示例

```
!wget http://images.cocodataset.org/zips/train2017.zip
!wget http://images.cocodataset.org/annotations/annotations_trainval2017.zip

!mkdir coco_data

!unzip ./train2017.zip -d ./coco_data/
!rm ./train2017.zip
```

```
!unzip ./annotations_trainval2017.zip -d ./coco_data/
!rm ./annotations_trainval2017.zip
!rm ./coco_data/annotations/instances_val2017.json
!rm ./coco_data/annotations/captions_val2017.json
!rm ./coco_data/annotations/person_keypoints_train2017.json
!rm ./coco_data/annotations/person_keypoints_val2017.json
```

在以上代码片段中，使用 wget 命令从 COCO 网站下载 ZIP 文件。这相当于从 COCO 网站的下载页面（https://cocodataset.org/#download）下载带有箭头标记的文件，如图 7-6 所示。

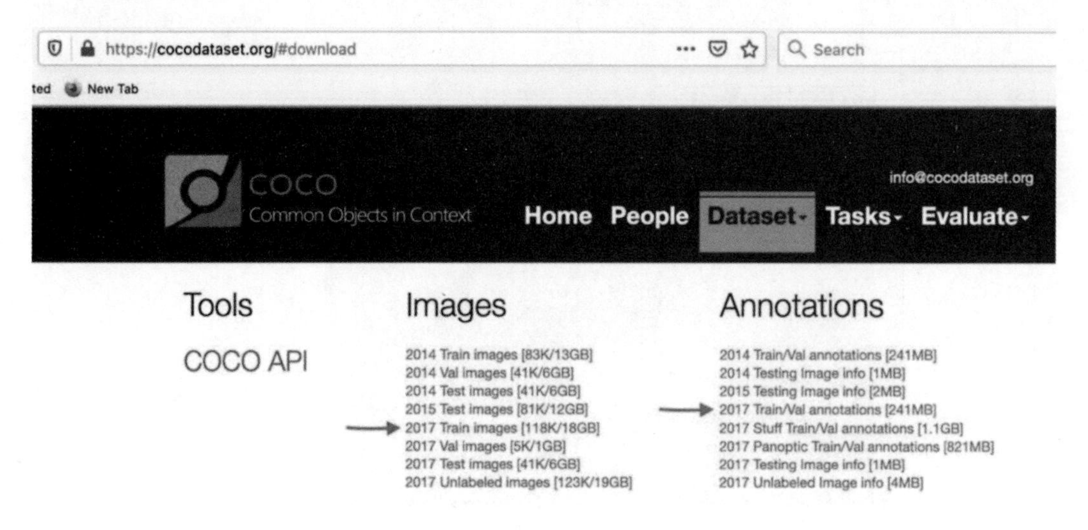

图 7-6　COCO 网站的下载页面

首先解压缩下载的 ZIP 文件，然后删除压缩文件。还需要删除一些不打算使用的提取文件，如包含验证数据的文件。

图 7-7 显示了运行上述代码片段后，coco_data 文件夹中的内容。

```
!ls ./coco_data

annotations  train2017

!ls ./coco_data/annotations

captions_train2017.json  instances_train2017.json

!ls ./coco_data/train2017

000000120643.jpg  000000267049.jpg  000000411223.jpg  000000557785.jpg
000000120644.jpg  000000267055.jpg  000000411225.jpg  000000557794.jpg
000000120645.jpg  000000267059.jpg  000000411226.jpg  000000557804.jpg
000000120648.jpg  000000267064.jpg  000000411238.jpg  000000557811.jpg
000000120655.jpg  000000267067.jpg  000000411241.jpg  000000557812.jpg
```

图 7-7　下载并提取的 COCO 数据

7.4.2 组装数据

虽然深度学习通常涉及大型数据集，如 COCO 2017 中的所有图像和说明文字，但使用如此庞大的数据集训练模型需要性能强大的机器和大量的时间。因此，我们将数据集限制为 4 000 张图像及其说明文字，以便本章中描述的模型可以在几天内（而不是几周内）训练完成。

在本小节中，我们将讨论如何处理 COCO 2017 数据，以筛选出 4 000 张图像及其说明文字，调整图像大小，并从说明文字中创建词汇表。我们将在 Assembling_the_data.ipynb 笔记本中进行编码处理。在笔记本的第一个单元中导入所需要的包。代码如下：

```
import os
import json
import random
import nltk
import pickle
from shutil import copyfile
from collections import Counter
from PIL import Image
from vocabulary import Vocabulary
```

1. 筛选图像及其说明文字

如前一小节所述，通过筛选出四个类别的 1 000 张图像来限制训练数据集的大小。这四个类别分别为 motorcycle（摩托车）、airplane（飞机）、elephant（大象）和 tennis racket（网球拍）。我们也会筛选出这些图片的说明文字。

首先，处理 instances_train2017.json 元数据文件中的注释信息。该文件包含目标对象检测信息（要了解该注释和其他 COCO 数据集注释的详细信息，请参考以下网页 https://cocodataset.org/#format-data）。在目标对象检测注释中，使用 category_id、image_id 和 area 字段有以下两个目的。

- 列出图像中出现的各种类别。
- 按区域降序对图像中的类别进行排序。这有助于我们在筛选过程中确定类别在图像中是否突出。例如，在图 7-8 所示的 COCO 数据集中，箭头所示的网球拍没有人、车、行李等突出。因此，图像的说明文字中没有提及网球拍。

2. 按类别选择图像

在下面的代码片段中，首先读取 JSON 文件并初始化变量：

```
obj_fl = "./coco_data/annotations/instances_train2017.json"
with open(obj_fl) as json_file:
    object_detections = json.load(json_file)
CATEGORY_LIST = [4, 5, 22, 43]
```

```
COUNT_PER_CATEGORY = 1000
category_dict = dict()
for category_id in CATEGORY_LIST:
    category_dict[category_id] = dict()
all_images = dict()
filtered_images = set()
```

图 7-8　非突出类别

为了构造 CATEGORY_LIST，我们在 JSON 文件的 categories 数组中手工查找四个类别的 id。例如，以下是一个类别的条目（读者可以自行选择任何感兴趣的类别）：

```
{"supercategory": "vehicle","id": 4,"name": "motorcycle"}
```

然后，在下面的代码块中，使用 for 循环填充 all_images 和 category_dict 字典：

```
for annotation in object_detections['annotations']:
    category_id = annotation['category_id']
    image_id = annotation['image_id']
    area = annotation['area']
```

```
    if category_id in CATEGORY_LIST:
        if image_id not in category_dict[category_id]:
            category_dict[category_id][image_id] = []
    if image_id not in all_images:
        all_images[image_id] = dict()
    if category_id not in all_images[image_id]:
        all_images[image_id][category_id] = area
    else:
        current_area = all_images[image_id][category_id]
        if area > current_area:
            all_images[image_id][category_id] = area
```

执行上述代码片段中的 for 循环后，字典包含以下内容。

- all_images 字典包含数据集中每个图像的类别及其区域。
- category_dict 字典包含我们感兴趣的四个类别（至少包含一个）的所有图像。

如果将 COUNT_PER_CATEGORY 设置为 -1，则意味着将筛选 CATEGORY_LIST 中指定类别的所有图像。因此，在 if 语句块中，只使用 category_dict 来获取图像。

否则，在 else 语句块中，筛选出四个类别中每个类别突出图像的 COUNT_PER_CATEGORY 计数。在 else 语句块中使用两个 for 循环。在下面代码块显示的第一个 for 循环中，使用 all_images 中特定于图像的类别和区域信息，按区域的降序对每个图像的 category_id 进行排序。换句话说，在这个 for 循环之后，字典中的值是一个类别列表，按其在图像中的突出程度降序排列：

```
for image_id in all_images:
    areas = list(all_images[image_id].values())
    categories = list(all_images[image_id].keys())
    sorted_areas = sorted(areas, reverse=True)
    sorted_categories = []
    for area in sorted_areas:
        sorted_categories.append(categories[areas.index(area)])
    all_images[image_id] = sorted_categories
```

在 else 语句块的第二个 for 循环中，迭代 category_dict 中存储的四个类别的图像，并使用 all_images 中存储的信息筛选出最突出图像的 COUNT_PER_CATEGORY 数量。第二个 for 循环将打印图 7-9 所示的结果。

3. 选择说明文字

在笔记本的下一个单元格中，我们将处理存储在 captions_train2017.json 元数据文件中的说明文字信息。我们将分离出与在前面的笔记本单元中筛选出来的图像相关的说明文字。代码如下：

```
Processing category 4
  Added 1000 images at prominence_index 0 out of 2134 images
  Completed filtering of total 1000 images of category 4
Processing category 5
  Added 1000 images at prominence_index 0 out of 2707 images
  Completed filtering of total 1000 images of category 5
Processing category 22
  Added 1000 images at prominence_index 0 out of 1981 images
  Completed filtering of total 1000 images of category 22
Processing category 43
  Added all 30 images at prominence_index 0
  Added 970 images at prominence_index 1 out of 2621 images
  Completed filtering of total 1000 images of category 43
Processed all categories. Number of filtered images is 4000
```

图 7-9　图像筛选代码的输出结果 1

```
filtered_annotations = []
for annotation in captions['annotations']:
    if annotation['image_id'] in filtered_images:
        filtered_annotations.append(annotation)
captions['annotations'] = filtered_annotations
```

在 JSON 文件中，说明文字存储在数组 annotations 中。数组中的说明文字项如下：

```
{"image_id": 173799,"id": 665512,"caption": "Two men herding a pack of
elephants across a field."}
```

代码将分离出说明文字，这些说明文字的 image_id 值位于 filtered_images 图像集中。

在 captions JSON 文件中，还包含一个数组 images。在下一个 for 循环中，将缩短数组 images，使其存储筛选出来的图像条目。代码如下：

```
images = []
filtered_image_file_names = set()
for image in captions['images']:
    if image['id'] in filtered_images:
        images.append(image)
    filtered_image_file_names.add(image['file_name'])
captions['images'] = images
```

最后，将筛选后的文字说明保存在一个名为 coco_data/captions.json 的新文件中，并使用 copyfile 函数将筛选后的图像文件复制到一个名为 coco_data/images 的新文件夹中，如图 7-10 所示。

```
Number of filtered annotations is 20007
Expected number of filtered images is 4000, actual number is 4000
```

图 7-10　图像筛选代码的输出结果 2

至此，完成了数据组装步骤，结果提供了一个包含 4 000 张图像和 20 000 个说明文字的训练数据集，涵盖四个类别。

4. 调整图像大小

COCO 数据集中的所有图像都是彩色的，但这些图像的大小各不相同。如下文所述，所有图像都将转换为 3 × 256 × 256 的统一大小，并存储在 images 文件夹中。在 Assembling_the_data.ipynb 笔记本中定义的 resize_images 函数的代码如下：

```
def resize_images(input_path, output_path, new_size):
    if not os.path.exists(output_path):
        os.makedirs(output_path)
    image_files = os.listdir(input_path)
    num_images = len(image_files)
    for i, img in enumerate(image_files):
        img_full_path = os.path.join(input_path, img)
        with open(img_full_path, 'r+b') as f:
            with Image.open(f) as image:
                image = image.resize(new_size, Image.ANTIALIAS)
                img_sv_full_path = os.path.join(output_path,img)
                image.save(img_sv_full_path, image.format)
        if (i+1) % 100 == 0 or (i+1) == num_images:
            print("Resized {} out of {} total images.".format(i+1, num_images))
```

传递给 resize_images 函数的参数如下。

- input_path：coco_data/images 文件夹，其中保存了从 COCO 2017 训练数据集中筛选出来的 4 000 张图像。
- output_path：coco_data/resized_images 文件夹。
- new_size：尺寸大小（256 × 256）。

在前面的代码片段中，迭代了 input_path 路径中的所有图像，并调用其 resize 方法来调整每张图像的大小。将每张调整大小后的图像保存到 output_path 文件夹中。

resize_images 函数的输出如图 7 – 11 所示。

```
Resized 2900 out of 4000 total images.
Resized 3000 out of 4000 total images.
Resized 3100 out of 4000 total images.
Resized 3200 out of 4000 total images.
Resized 3300 out of 4000 total images.
Resized 3400 out of 4000 total images.
Resized 3500 out of 4000 total images.
Resized 3600 out of 4000 total images.
Resized 3700 out of 4000 total images.
Resized 3800 out of 4000 total images.
Resized 3900 out of 4000 total images.
Resized 4000 out of 4000 total images.
```

图 7 – 11 resize_images 函数的输出

然后，在同一个笔记本的单元格中，使用以下命令将调整好大小的图像移动到 coco_data/images 文件夹中。

```
!rm -rf ./coco_data/images
!mv ./coco_data/resized_images ./coco_data/images
```

调整好图像大小之后，构建词汇表。

5. 构建词汇表

在 Assembling_the_data. ipynb 笔记本的最后一个单元格中，使用 build_vocabulary 词汇表函数处理与筛选后的 COCO 数据集图像相关的说明文字。该函数创建 Vocabulary 类的一个实例。Vocabulary 类在另一个 vocabulary. py 文件中定义，以便可以在训练和预测阶段重用 Vocabulary 类，稍后我们将讨论。因此，我们在本笔记本的第一个单元格中添加了 from vocabulary import Vocabulary 语句。

下面的代码块显示了 vocabulary. py 文件中 Vocabulary 类的定义：

```
class Vocabulary(object):
    def __init__(self):
        self.token_to_int = {}
        self.int_to_token = {}
        self.current_index = 0

    def __call__(self, token):
        if not token in self.token_to_int:
            return self.token_to_int['<unk>']
        return self.token_to_int[token]

    def __len__(self):
        return len(self.token_to_int)

    def add_token(self, token):
        if not token in self.token_to_int:
            self.token_to_int[token] = self.current_index
            self.int_to_token[self.current_index] = token
            self.current_index += 1
```

我们将说明文字中的每个唯一单词［称为 token（标记）］映射为一个整数。Vocabulary 对象包含一个名为 token_to_int 的字典，用于检索与标记相对应的整数。Vocabulary 对象还包含一个名为 int_to_token 的字典，用于检索与整数相对应的标记。

下面的代码片段显示了 Assembling_the_data. ipynb 笔记本最后一个单元格中的build_vocabulary 函数的定义：

```
    def build_vocabulary(json_path, threshold):
        with open(json_path) as json_file:
            captions = json.load(json_file)
        counter = Counter()
        i = 0
        for annotation in captions['annotations']:
            i = i + 1
            caption = annotation['caption']
            tokens = nltk.tokenize.word_tokenize(caption.lower())
            counter.update(tokens)
            if i % 1000 == 0 or i == len(captions['annotations']):
                print("Tokenized {} out of total {} captions.".format(i,
    len(captions['annotations'])))

        tokens = [tkn for tkn, i in counter.items() if i >= threshold]

        vocabulary = Vocabulary()
        vocabulary.add_token('<pad>')
        vocabulary.add_token('<start>')
        vocabulary.add_token('<end>')
        vocabulary.add_token('<unk>')

        for i, token in enumerate(tokens):
            vocabulary.add_token(token)
        return vocabulary

    vocabulary = build_vocabulary(json_path='coco_data/captions.json',
threshold=4)
    vocabulary_path = './coco_data/vocabulary.pkl'
    with open(vocabulary_path,'wb') as f:
        pickle.dump(vocabulary, f)
    print("Total vocabulary size: {}".format(len(vocabulary)))
```

将 captions JSON 文件（coco_data/captions. json）的位置作为 json_path 参数传递给函数，并将值 4 作为 threshold 参数传递给函数。

首先，使用 json. load 加载 JSON 文件。nltk 表示自然语言工具包（Natural Language Toolkit）。使用 NLTK 的 tokenize. word_tokenize 方法，可以将文字说明句子拆分为单词和标点符号。使用 collections. Counter 对象统计每个标记的出现次数。在 for 循环中处理好所有的说明文字之后，丢弃出现频次低于阈值的标记。

然后，实例化 Vocabulary 对象，并向其添加一些特殊的标记：<start>和<end>用于句子的开头和结尾，<pad>用于填充。当调用 Vocabulary 对象的__call__方法时，如果在 token_to_int 字典中标记不存在，那么会返回特殊标记<unk>。在 for 循环中，将其余的标记添加到 Vocabulary 对象中。

重要提示

在添加任何其他标记之前，必须先将 <pad> 标记添加到词汇表中，因为这个标记确保将 0 指定为该标记的整数值。这将使 <pad> 标记的定义与 coco_collate_fn 的编程逻辑保持一致。在 coco_collate_fn 中，当创建一批填充说明文字时，会直接使用 0，即 torch. zeros( )。

最后，使用 pickle. dump 方法，将词汇表持久化存储在 coco_data 文件夹中。

标记化的输出结果如图 7 - 12 所示。

```
Tokenized 12000 out of total 20012 captions.
Tokenized 13000 out of total 20012 captions.
Tokenized 14000 out of total 20012 captions.
Tokenized 15000 out of total 20012 captions.
Tokenized 16000 out of total 20012 captions.
Tokenized 17000 out of total 20012 captions.
Tokenized 18000 out of total 20012 captions.
Tokenized 19000 out of total 20012 captions.
Tokenized 20000 out of total 20012 captions.
Tokenized 20012 out of total 20012 captions.
Total vocabulary size: 1687
```

图 7 - 12　标记化的输出结果

完成这一步之后，接下来，我们开始训练模型。

重要提示

下载数据集并组装数据是一次性处理步骤。如果需要重新运行模型以恢复或重新启动训练，则无须重复到目前为止的步骤，并且可以直接从下一个步骤开始处理。

7. 4. 3　训练模型

在本小节中，我们讨论模型训练。这个步骤涉及使用 torch. utils. data. Dataset 和 torch. utils. data. DataLoader 加载数据，使用 pytorch_lightning. LightningModule 定义模型，使用 PyTorch Lightning 体系结构的 trainer 来设置训练配置并启动训练流程。下面在 Training_the_model. ipynb 笔记本和 model. py 文件中对本小节讨论的内容进行编码。

首先，将需要的包导入 Training_the_model. ipynb 笔记本的第一个单元格中。代码如下：

```
import os
import json
import pickle
import nltk
from PIL import Image
import torch
import torch.utils.data as data
```

```
import torchvision.transforms as transforms
import pytorch_lightning as pl
from model import HybridModel
from vocabulary import Vocabulary
```

1. 数据集

接下来，我们定义 CocoDataset 类，这个类继承自 torch.utils.data.Dataset 类。CocoDataset 是一个映射样式的数据集，所以在类中定义了__getitem__和__len__方法。__len__()方法返回数据集中的样本总数，而__getitem__()返回给定索引（该方法的 idx 参数，如以下代码块所示）处的样本。代码如下：

```
class CocoDataset(data.Dataset):
    def __init__(self, data_path, json_path, vocabulary,transform=None):
        self.image_dir = data_path
        self.vocabulary = vocabulary
        self.transform = transform
        with open(json_path) as json_file:
            self.coco = json.load(json_file)
        self.image_id_file_name = dict()
        for image in self.coco['images']:
            self.image_id_file_name[image['id']] = image['file_name']

    def __getitem__(self, idx):
        annotation = self.coco['annotations'][idx]
        caption = annotation['caption']
        tkns = nltk.tokenize.word_tokenize(str(caption).lower())
        caption = []
        caption.append(self.vocabulary('<start>'))
        caption.extend([self.vocabulary(tkn) for tkn in tkns])
        caption.append(self.vocabulary('<end>'))

        image_id = annotation['image_id']
        image_file = self.image_id_file_name[image_id]
        image_path = os.path.join(self.image_dir, image_file)
        image = Image.open(image_path).convert('RGB')
        if self.transform is not None:
            image = self.transform(image)

        return image, torch.Tensor(caption)

    def __len__(self):
        return len(self.coco['annotations'])
```

在以上代码中，__init__方法接收 images 文件夹（coco_data/images）作为 data_path 参数，接收 captions JSON 文件（coco_data/captions.json）作为 json_path 参数。还接收 Vocabulary 对象。使用 json.load 加载 captions JSON 文件，并存储在 self.coco 变量中。

__init__方法中的 for 循环创建了 self. image_id_file_name 字典，将图像 ID 映射到文件名。__len__方法返回数据集的总长度。

重要提示

在 COCO 数据集中，每张图像有 5 行说明文字。因为模型要处理每个“图像 - 说明文字”对，所以数据集的长度等于说明文字的总数，而不是图像的总数。

前面代码块中的__getitem__方法返回给定索引的“图像 - 说明文字”对。该方法首先检索与 idx 索引对应的说明文字，对说明文字进行标记化处理，并使用词汇表将标记转换为相应的整数，然后检索与 idx 对应的图像 ID，使用 self. image_id_file_name 字典以获取图像的文件名，从文件中加载图像，并基于 transforms 参数变换图像。

最后，将 CocoDataset 对象作为参数传递给 DataLoader，本小节稍后将进行讨论。但是 DataLoader 还需要一个 collate（校对）函数，接下来将讨论 collate 函数。

2. collate 函数

我们在 Training_the_model. ipynb 的下一个单元格中定义一个名为 coco_collate_fn 的 collate 函数。coco_collate_fn 接收一批图像及其相应的说明文字作为输入，命名为 data_batch。该函数为批处理中的说明文字添加填充。代码如下：

```
def coco_collate_fn(data_batch):
    data_batch.sort(key = lambda d: len(d[1]), reverse = True)
    imgs, caps = zip( * data_batch)

    imgs = torch.stack(imgs, 0)

    cap_lens = [len(cap) for cap in caps]
    padded_caps = torch.zeros(len(caps), max(cap_lens)).long()
    for i, cap in enumerate(caps):
        end = cap_lens[i]
        padded_caps[i, :end] = cap[:end]
    return imgs, padded_caps, cap_lens
```

首先，按说明文字的长度降序对数据进行排序，然后分离图像（imgs）和说明文字（caps）列表。

使用 <batch_size> 表示 imgs 列表的长度。列表中包含 3 × 256 × 256 维度的图像。使用 torch. stack 函数，将其转换为一个 <batch_size> × 3 × 256 × 256 大小的张量。

同样，caps 列表总共有 <batch_size> 个条目，并且包含不同长度的说明文字。使用 <max_caption_length> 表示一个批次中最长说明文字的长度。for 循环将 caps 列表转换为一个名为 padded_caps 的张量，其大小为 <batch_size> × <max_caption_length>。短于 <max_caption_length> 的说明文字将使用 0 进行填充。

最后，coco_collate_fn 函数返回 imgs，padded_caps 和 cap_lens，其中，cap_lens 列表包含该批次中说明文字的实际（非填充）长度。

下面将 CocoDataset 对象和 coco_collate_fn 函数作为参数传递给 DataLoader。

3. 数据加载器

在 Training_the_model. ipynb 笔记本的下一个单元格中，定义 get_loader 函数。代码如下：

```
def get_loader(data_path, json_path, vocabulary, transform,
batch_size, shuffle, num_workers=0):
    coco_ds = CocoDataset(data_path=data_path,
                          json_path=json_path,
                          vocabulary=vocabulary,
                          transform=transform)
    coco_dl = data.DataLoader(dataset=coco_ds,
                          batch_size=batch_size,
                          shuffle=shuffle,
                          num_workers=num_workers,
                          collate_fn=coco_collate_fn)
    return coco_dl
```

get_loader 函数实例化一个名为 coco_ds 的 CocoDataset 对象，并将 coco_ds 和 coco_collate_fn 函数作为参数，传递给 torch. utils. data. DataLoader 类型的 coco_dl 对象的初始化方法。最后，函数返回 coco_dl 对象。

4. 混合 CNN－RNN 模型

该模型在单独文件 model. py 中定义。因此，我们可以在预测步骤中重用该代码，稍后将讨论。从 model. py 文件中可以看出，首先将导入必要的包：

```
import torch
import torch.nn as nn
from torch.nn.utils.rnn import pack_padded_sequence as pk_pdd_seq
import torchvision.models as models
import pytorch_lightning as pl
```

按照惯例，HybridModel 类继承自 LightningModule。在本小节的其余部分，我们将描述卷积神经网络层和循环神经网络层，以及训练配置，如优化器设置、学习率、训练损失和批次大小。

5. CNN 和 RNN 层

我们的模型是卷积神经网络模型和循环神经网络模型的混合。我们将在 HybridModel 类的__init__方法中定义这两个模型的序列层。代码如下：

```
def __init__(self, cnn_embdng_sz, lstm_embdng_sz, lstm_hidden_lyr_sz,
lstm_vocab_sz, lstm_num_lyrs, max_seq_len=20):
    super(HybridModel, self).__init__()
    resnet = models.resnet152(pretrained=False)
```

```
module_list = list(resnet.children())[:-1]
self.cnn_resnet = nn.Sequential(*module_list)
self.cnn_linear = nn.Linear(resnet.fc.in_features,cnn_embdng_sz)
self.cnn_batch_norm = nn.BatchNorm1d(cnn_embdng_sz,momentum=0.01)
self.lstm_embdng_lyr = nn.Embedding(lstm_vocab_sz,lstm_embdng_sz)
self.lstm_lyr = nn.LSTM(lstm_embdng_sz,
                        lstm_hidden_lyr_sz,
                        lstm_num_lyrs,
                        batch_first=True)
self.lstm_linear = nn.Linear(lstm_hidden_lyr_sz,
                        lstm_vocab_sz)
self.max_seq_len = max_seq_len
self.save_hyperparameters()
```

对于卷积神经网络部分，我们使用 ResNet－152 体系结构。这里使用现成的 torchvision. models. resnet152 模型。然而，对于卷积神经网络模型的输出，我们不希望输出一个概率预测，即输出图像属于给定的类别类型（如大象或飞机）的概率。相反，使用卷积神经网络输出的图像的学习表征，然后将其作为输入传递给循环神经网络模型。

因此，首先使用 list(resnet. children())[:-1]语句替换掉模型的最后一个全连接（Fully Connected，FC）Softmax 层，然后使用 nn. Sequential()重新连接所有其他层，最后，添加线性层 self. cnn_linear，后面是批量规范化层 self. cnn_batch_norm。批量规划化用于正则化技术，以避免出现过拟合，并使模型层更稳定。

重要提示

请注意，在前面的代码片段中，实例化预定义 torchvision. models. resnet152 模型时，传递了参数 pretrained = False。在前面的代码片段中显示了 resnet152 模型。这是因为预训练的 ResNet－152 是使用 ImageNet 数据集而不是 COCO 数据集进行训练的，具体可参考其文档中的 ResNet 部分（https://pytorch. org/vision/stable/models. html#id10）。

当然，读者也可以尝试使用 pretrained = True 选项探索模型的准确率。虽然在 ImageNet 上训练的模型可能会提取一些类，如第 3 章所述，但由于两个数据集中图像的复杂性存在巨大的差异，所以可能影响总体准确率。在本小节中，我们决定使用 pretrained = False，从头开始训练模型。

对于__init__方法的循环神经网络部分，我们定义了长短期记忆网络层，如前面的代码块所示。长短期记忆网络层从卷积神经网络获取编码图像表征，并输出一系列单词：一个最多包含 self. max_seq_len 个长度的句子。对于 max_seq_len 参数，使用默认值 20。

接下来，描述在 model. py 文件的 HybridModel 模型类中定义的训练配置。

6. 优化器设置

HybridModel 类的 configure_optimizers 方法返回 torch. optim. Adam 优化器。代码如下：

```
def configure_optimizers(self):
    params = list(self.lstm_embdng_lyr.parameters()) + \
             list(self.lstm_lyr.parameters()) + \
             list(self.lstm_linear.parameters()) + \
             list(self.cnn_linear.parameters()) + \
             list(self.cnn_batch_norm.parameters())
    optimizer = torch.optim.Adam(parameters, lr =0.0003)
    return optimizer
```

在实例化 torch. optim. Adam 时，将 lr = 0. 000 3 作为参数传递。其中，lr 表示学习率。

重要提示

总共有几十种优化器可供选择。优化器的选择是一个非常重要的超参数，对模型的训练方式有很大影响。陷入局部极小通常会导致问题，在这种情况下，首先建议尝试改变优化器。有关所有支持的优化器列表，请参见网址 https://pytorch. org/docs/stable/optim. html。

7. 更改为 RMSprop 优化器

还可以将前面语句中的 Adam 优化器更改为 RMSprop。代码如下：

```
optimizer = torch.optim.RMSprop(parameters, lr =0.0003)
```

RMSprop 与类似本示例的序列生成模型有着特殊的关系。其居中版本首次出现在 Geoffrey Hinton 的一篇题为“*Generating Sequences With Recurrent Neural Networks*（使用递归神经网络生成序列）”的论文中（https://arxiv. org/pdf/1308. 0850v5. pdf），并且对于文字说明生成类型的问题给出了非常好的结果。对于这种模型，使用 RMSprop 优化器可以很好地避免局部极小值。该实现在添加 epsilon 之前，先求梯度平均值的平方根。

在某些情况下，为什么一个优化器比其他优化器工作得更好，这在深度学习中仍然是一个未解之谜。在本章中，为了便于学习，我们同时使用 Adam 和 RMSprop 优化器实施训练。这应该可以让读者为未来的努力和尝试其他各种优化程序做好准备。

8. 训练损失

接下来定义训练损失。我们使用交叉熵损失函数。

HybridModel 类的 training_step 方法使用 torch. nn. CrossEntropyLoss 来计算损失值。代码如下：

```
def training_step(self, batch, batch_idx):
    loss_criterion = nn.CrossEntropyLoss()
```

```
    imgs, caps, lens = batch
    outputs = self(imgs, caps, lens)
    targets = pk_pdd_seq(caps, lens, batch_first = True)[0]
    loss = loss_criterion(outputs, targets)
    self.log('train_loss', loss, on_epoch = True)
    return loss
```

training_step 方法的 batch 参数是前面描述的 coco_collate_fn 函数返回的值，因此我们赋予该值，然后将这些值传递给 forward 方法以生成输出，如语句 outputs = self(imgs, caps, lens)。targets 变量用于计算损失值。

语句 self. log 使用 PyTorch Lightning 框架的日志功能来记录损失值。因此，我们能够提取损失曲线，稍后将在描述训练过程时讨论这一点。

重要提示

有关如何在 TensorBoard 中可视化损失曲线的详细信息，请参阅第 10 章中有关“管理训练”的相关内容。

9. 学习率

如前所述，可以在 HybridModel 类的 configure_optimizers 方法中，通过以下语句更改 lr 学习率：

```
optimizer = torch.optim.Adam(params, lr = 0.0003)
```

重要提示

根据以下网页中的文档所示，默认 lr 值为 1e − 3，即 0.001：https://pytorch. org/docs/stable/generated/torch. optim. Adam. html#torch. optim. Adam。我们将 lr 值更改为 0.000 3，以加快收敛速度。

10. 批次大小

如果使用更大的批次，则允许使用更高的学习率，从而缩短训练时间。我们可以在 Training_the_model. ipynb 中使用 get_loader 函数实例化 DataLoader 的地方，更改批次的大小。代码如下：

```
coco_data_loader = get_loader('coco_data/images',
                              'coco_data/captions.json',
                              vocabulary,
                              transform,
                              256,
                              shuffle = True,
                              num_workers = 4)
```

在以上代码片段中，设置的批次大小为 256。

在使用 HybridModel 类完成训练后，长短期记忆网络输出的句子应该完整地描述输入到卷积神经网络的图像。在下一步中，我们将介绍如何使用 PyTorch Lightning 框架提供的 trainer 来启动模型训练，还将描述如何将前面代码片段中描述的 coco_data_loader 作为参数传递给 trainer。

11. 启动模型训练

在优化器设置中，我们在 model. py 文件中实现了有关 HybridModel 类的编码工作。现在，回到 Training_the_model. ipynb 笔记本，我们在笔记本的最后一个单元中进行编码工作。代码如下：

```
transform = transforms.Compose([
    transforms.RandomCrop(224),
    transforms.RandomHorizontalFlip(),
    transforms.ToTensor(),
    transforms.Normalize((0.485, 0.456, 0.406),(0.229, 0.224, 0.225))])

with open('coco_data/vocabulary.pkl','rb') as f:
    vocabulary = pickle.load(f)

coco_data_loader = get_loader('coco_data/images',
                              'coco_data/captions.json',
                              vocabulary,
                              transform,
                              128,
                              shuffle=True,
                              num_workers=4)

hybrid_model = HybridModel(256, 256, 512,len(vocabulary), 1)
trainer = pl.Trainer(max_epochs=5)
trainer.fit(hybrid_model, coco_data_loader)
```

在训练期间，根据预训练的 ResNet 卷积神经网络模型的要求，将执行 transform 变量中指定的图像预处理和规范化变换。transform 变量作为参数传递给 get_loader 函数，我们在前面讨论了该函数。

然后，从 coco_data/vocabulary. pkl 文件中，加载使用 pickle 持久化存储的 Vocabulary（词汇表）。

接下来，通过调用前面描述的 get_loader 函数，创建一个数据加载器对象 coco_data_loader。

然后，创建一个 HybridModel 实例 hybrid_model，并使用 trainer. fit 方法启动模型训练。如上面的代码块所示，我们将 hybrid_model 和 coco_data_loader 作为参数传递给 trainer. fit 方法。PyTorch Lightning 在训练期间产生的输出结果如图 7－13 所示。

```
coco_data_loader = get_loader('coco_data/images', 'coco_data/captions.json', vocabulary,
                              transform, 128,
                              shuffle=True, num_workers=4)

hybrid_model = HybridModel(256, 256, 512, len(vocabulary), 1)
trainer = pl.Trainer(max_epochs=5)
trainer.fit(hybrid_model, coco_data_loader)
```

```
GPU available: False, used: False
TPU available: False, using: 0 TPU cores
IPU available: False, using: 0 IPUs

  | Name            | Type        | Params
------------------------------------------------
0 | cnn_resnet      | Sequential  | 58.1 M
1 | cnn_linear      | Linear      | 524 K
2 | cnn_batch_norm  | BatchNorm1d | 512
3 | lstm_embdng_lyr | Embedding   | 441 K
4 | lstm_lyr        | LSTM        | 1.6 M
5 | lstm_linear     | Linear      | 885 K
------------------------------------------------
61.6 M    Trainable params
0         Non-trainable params
61.6 M    Total params
246.292   Total estimated model params size (MB)
Epoch 0: 64%                                    100/157 [31:03<17:31, 18.45s/it, loss=3.7, v_num=0]
```

图 7-13 PyTorch Lightning 在训练期间产生的输出结果

重要提示

读者有可能已经注意到，在 pl. Trainer 的实例化过程中，我们只通过设置 max_epochs =5 来对模型进行 5 个训练周期的训练，如前面的代码所示。为了获得真实的结果，需要在 GPU 机器上对模型进行数千个训练周期的训练，以便收敛。

12. 训练进度

为了提高模型训练的速度，我们使用 GPUs 并开启 PyTorch Lightning 训练器的 16 位精度设置。如果系统基础设施有 GPU，那么可以使用 gpus = n 选项启用该选项。其中，n 是要使用的 GPU 数量。为了使用所有可用的 GPU，可以指定 gpus = -1。代码如下：

```
trainer = pl.Trainer(max_epochs =50000,precision =16, gpus = -1)
```

使用较低的学习率有助于模型更好地训练，但训练需要更长的时间。在图 7-14 中，箭头所示曲线显示了 lr =0.000 3 的损失曲线，与 lr =0.001 的另一条损失曲线形成了对比。

使用 RMSprop 优化器进行训练的结果表明，损失率下降趋势良好，如图 7-15 所示。

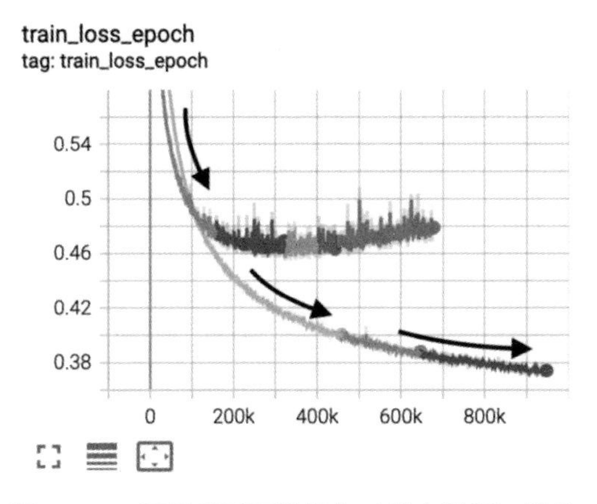

图 7－14　不同学习率的损失（越小越好）轨迹

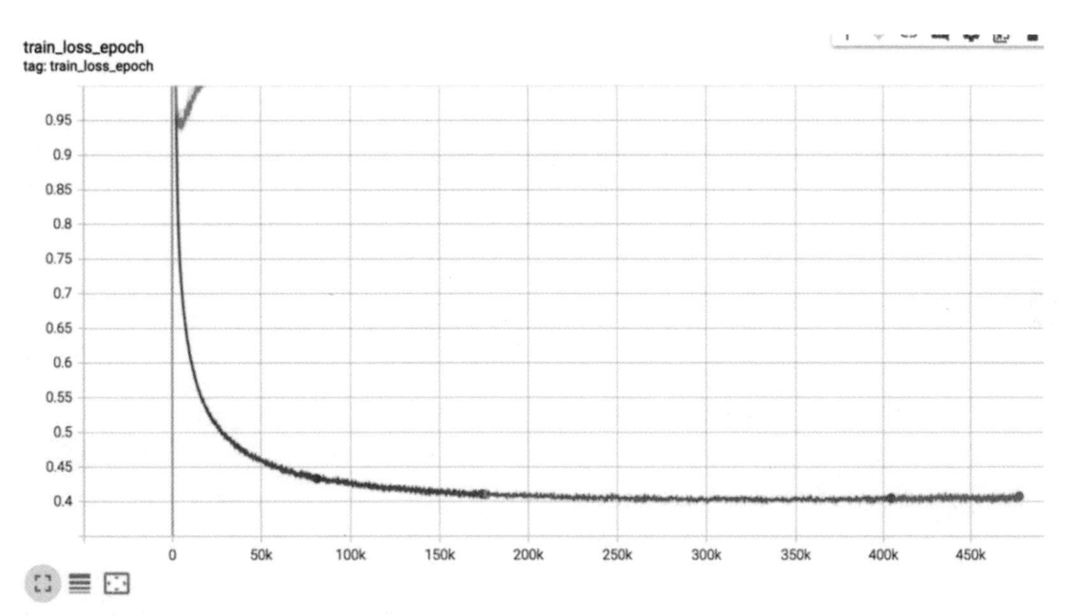

图 7－15　RMSprop 的训练损失

7.4.4　生成说明文字

在“model. py”文件模型中定义的 HybridModel 类包含几个特殊的实现细节，以用于预测。首先，我们描述这些特性，然后在 Generating_the_caption. ipynb 笔记本中描述生成说明文字的代码。

HybridModel 类中包含 get_caption 方法，可以调用该方法为图像生成说明文字。该方法接收图像作为输入，通过正向传递到卷积神经网络，以生成长短期记忆网络的输入特征，然后使用贪婪搜索算法，以最大概率生成说明文字。代码如下：

```
def get_caption(self, img, lstm_sts=None):
    """CNN"""
    features = self.forward_cnn_no_batch_norm(img)
    """LSTM:使用贪婪搜索算法生成说明文字。"""
    token_ints = []
    inputs = features.unsqueeze(1)
    for i in range(self.max_seq_len):
        hddn_vars, lstm_sts = self.lstm_lyr(inputs, lstm_sts)
        model_outputs = self.lstm_linear(hddn_vars.squeeze(1))
        _, predicted_outputs = model_outputs.max(1)
        token_ints.append(predicted_outputs)
        inputs = self.lstm_embdng_lyr(predicted_outputs)
        inputs = inputs.unsqueeze(1)
    token_ints = torch.stack(token_ints, 1)
    return token_ints
```

此外，在 HybridModel 类中，还定义了 forward_cnn_no_batch_norm( ) 方法，将卷积神经网络的正向逻辑分离开来。如以上代码片段所示，这是 get_caption 方法用于正向传递卷积神经网络的方法，以生成长短期记忆网络的输入特征，因为卷积神经网络的预测阶段将省略 cnn_batch_norm 模块。代码如下：

```
def forward_cnn_no_batch_norm(self, input_images):
    with torch.no_grad():
        features = self.cnn_resnet(input_images)
    features = features.reshape(features.size(0), -1)
    return self.cnn_linear(features)
```

在本小节的其余部分中，我们将在 Generating_the_caption. ipynb 笔记本中进行编码工作。首先，在笔记本的第一个单元格中导入必要的包。代码如下：

```
import pickle
import numpy as np
from PIL import Image
import matplotlib.pyplot as plt

import torchvision.transforms as transforms

from model import HybridModel
from vocabulary import Vocabulary
```

在笔记本的第二个单元格中，使用 load_image 函数加载、转换和显示图像。代码如下：

```
def load_image(image_file_path, transform=None):
    img = Image.open(image_file_path).convert('RGB')
    img = img.resize([224, 224], Image.LANCZOS)
    plt.imshow(np.asarray(img))
    if transform is not None:
        img = transform(img).unsqueeze(0)
    return img

# 准备一幅图像
image_file_path = 'sample.png'
transform = transforms.Compose([
    transforms.ToTensor(),
    transforms.Normalize((0.485, 0.456, 0.406),
                         (0.229, 0.224, 0.225))])
img = load_image(image_file_path, transform)
```

然后，通过将检查点传递给 HybridModel.load_from_checkpoint 函数来创建 HybridModel 的实例。代码如下：

```
hybrid_model = HybridModel.load_from_checkpoint("lightning_
logs/version_0/checkpoints/epoch=4-step=784.ckpt")
token_ints = hybrid_model.get_caption(img)
token_ints = token_ints[0].cpu().numpy()

# 将整数转换为字符串
with open('coco_data/vocabulary.pkl','rb') as f:
    vocabulary = pickle.load(f)
predicted_caption = []
for token_int in token_ints:
    token = vocabulary.int_to_token[token_int]
    predicted_caption.append(token)
    if token == '<end>':
        break
predicted_sentence = ''.join(predicted_caption)

# 打印出说明文字
print(predicted_sentence)
```

我们将转换后的图像传递给模型的 get_caption 方法。get_caption 方法返回与文字说明中的标记相对应的整数，因此使用 Vocabulary（词汇表）获取标记，并生成说明文字语句。最后，打印说明文字。

1. 图像说明文字预测

现在可以传递一个未知的新图像（该图像不是训练集的一部分），并要求模型生成说明文字。虽然模型生成的句子还不完美（可能需要数万个训练周期才能收敛），但在

captions. json 文件中进行快速搜索这个完整句子，可以发现这个句子是模型自己创建的。这个句子不属于用来训练模型的输入数据的一部分。

2. 中间结果

该模型的工作原理是从图像中理解类别，然后使用 RNN LSTM 模型为这些类别和子类别操作生成文本。在早期的预测中，读者可能会注意到存在一些噪声。

经过 200 个训练周期之后的训练结果如图 7 – 16 所示。

<start> a female tennis player about to hit the ball. <end>

图 7 – 16　经过 200 个训练周期之后的训练结果

经过 1 000 个训练周期之后的训练结果如图 7 – 17 所示。

<start> a large airplane and a truck next to a building. <end>

图 7 – 17　经过 1 000 个训练周期之后的训练结果

经过 2 000 个训练周期之后的训练结果如图 7 – 18 所示。

```
<start> chinese <unk> next to a large military aircraft.<end>
```

图 7 – 18　经过 2 000 个训练周期之后的训练结果

训练 2 000 个训练周期之后的一张包含大象图像的结果如图 7 – 19 所示。

```
teen black-and-white rared baby elephant on its head in front of another small elephant.<end>
```

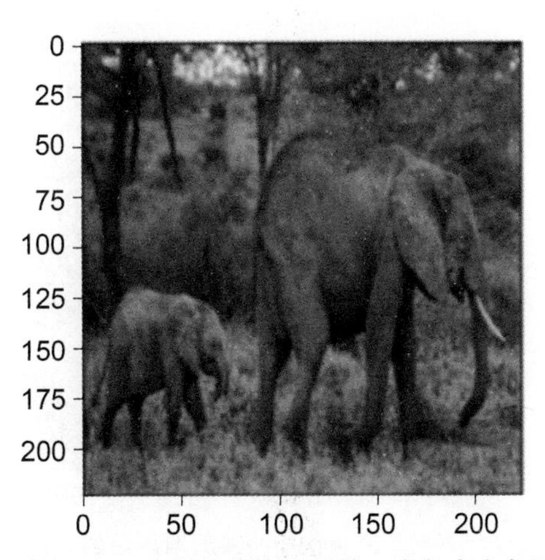

图 7 – 19　训练 2 000 个训练周期之后的一张包含大象图像的结果

3. 训练结果

我们可能会发现，经过 10 000 个训练周期之后，训练结果开始变得更像人类所为。随着时间的推移，训练结果将继续改进。但是，不要忘记，我们只在 4 000 张图像集上训练了这个模型。这限制了模型可以学习的所有语境和英语词汇的范围。如果在数百万张图像上进行训练，那么未知新图像的效果会更好。

我们在 GPU 服务器上训练了这个模型，一共花了 4 天多的时间才完成训练。图 7 – 20 所示是使用 RMSprop 在 7 000 个训练周期之后的结果。其中有一些说明文字预测，批次大小为 256，学习率为 0. 001。

<start> the jet is flying <unk> with the sky behind it. <end>

<start> a man swinging a tennis recquet at a tennis ball. <end>

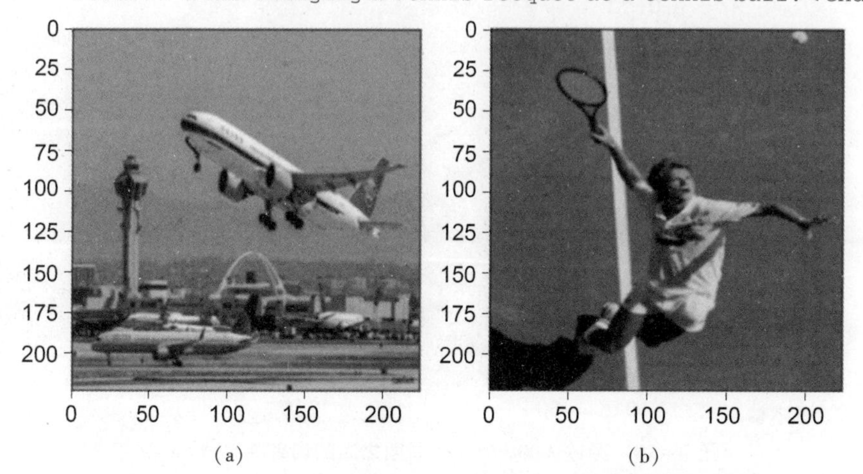

图 7 - 20　使用 RMSprop 在 7 000 个训练周期之后的结果

经过 10 000 个训练周期之后的训练结果如图 7 - 21 所示。

<start> an image of a woman with a racket ready <end>

图 7 - 21　经过 10 000 个训练周期之后的训练结果

正如你所看到的，我们的模型得到了有趣的结果。现在可以像人类一样要求机器生成说明文字了。

7.4.5　进一步改进的方向

至此，我们已经讨论了机器如何为图像生成说明文字，作为额外的练习，读者可以尝试以下方法，以进一步提高自己的技能。

- 尝试各种其他训练参数的组合，如使用不同的优化器、学习率或训练周期。
- 尝试将卷积神经网络体系结构从 ResNet - 152 更改为 ResNet - 50 或其他类似 AlexNet 或 VGnet 的体系结构。

- 使用不同的数据集尝试该项目。半监督领域中还有其他数据集，特定于应用的说明文字，如制造业或医学图像。
- 如前面关于半监督学习入门的内容所述，我们可以使用任何风格，如莎士比亚的诗歌或文本，而不是用简单的英语生成说明文字，方法是先在这些文本上训练模型，然后使用风格转换机制生成说明文字。为了重现前面显示的结果，可以在歌词数据集上进行训练，并让机器模仿它们的诗歌风格。
- 为了进一步拓宽视野，可以尝试结合其他模式。音频也是序列的一种形式，我们可以尝试为某些给定图像自动生成音频评论的模型。

7.5　本章小结

在本章中，我们讨论了如何使用 PyTorch Lightning，基于许多现成的功能轻松地创建半监督学习模型。我们讨论了一个示例——如何使用机器为图像生成说明文字，生成的说明文字就像是由人类书写的一样，还讨论了结合卷积神经网络和循环神经网络体系结构的高级神经网络体系结构的代码实现。

使用机器学习算法创造艺术，为机器学习领域的工作开辟了新的可能性。我们在这个项目中所做的是对这个领域最近开发的算法进行适度包装，将包装后的算法扩展应用到不同的领域。在生成文本中，经常出现的一个挑战是上下文准确率参数（contextual accuracy parameter），该参数根据以下问题来衡量所创建歌词的准确性：这个创造对人类有意义吗？提出某种技术标准来衡量这类模型在这方面的准确率，将是未来一项非常重要的研究。

这种多模式学习的思想也可以扩展到带音频的视频。在电影中，银幕上发生的动作（如打斗、浪漫画面、暴力行为或喜剧情节）与背景音乐之间有着很强的相关性。因此，应该可以将多模式学习扩展到视听领域，预测/生成短视频的背景音乐（甚至可以使用机器学习方法为查理·卓别林的电影重新生成背景音乐）。

在下一章中，我们将讨论最新的，也许是最先进的学习方法，即自监督学习方法。自监督学习方法通过自动生成自己的标签，甚至可以对未标记的数据进行机器学习，从而在该领域开辟了一个全新的前沿。PyTorch Lightning 可能是第一个内置支持自监督学习模型的框架，允许数据科学社区能够轻松访问这些模型，我们将在下一章中进行讨论。

第8章

自监督学习

自机器学习诞生以来，该领域被整齐地划分为两大阵营：有监督学习和无监督学习。在有监督学习中，需要一个带标签的数据集；如果无法提供一个带标签的数据集，那么剩下的唯一选项就是无监督学习。虽然无监督学习听起来很棒，因为它可以在没有标签的情况下工作，但在实践中，聚类等无监督学习方法的应用相当有限。评估无监督学习方法的准确性以及部署无监督学习也没有很好的选择标准。

最实用的机器学习应用程序往往是有监督学习应用程序（例如，识别图像中的目标对象、预测未来的股价或销售额，或者在 Netflix 上向用户推荐适当的电影）。有监督学习的代价是需要精心策划、优等质量、值得信赖的标签。大多数数据集并没有与生俱来的标签，获取此类标签的成本可能相当高，有时甚至根本不可能。ImageNet 是最受欢迎的深度学习数据集之一，由 1 400 多万张图像组成，每个标签标识图像中的一个目标对象。正如我们可能已经猜到的那样，源图像没有这些漂亮的标签，因此 149 000 名员工（大部分是研究生）花了超过 19 个月的时间，使用亚马逊 Mechanical Turk 应用程序对每一张图像进行手动标记。有很多数据集，如医学 X 射线图像/脑肿瘤的 CT 扫描，对每一张图像进行手动标记是根本不可能的，因为正确的标记需要训练有素的医生，而且如果要标记每一张图像，也没有很多专家医生可以参与标记任务。

这就引出了一个问题，我们是否可以提出一种新的方法，这个方法可以在不需要太多标签的情况下工作，如无监督学习，但输出的效果与有监督学习一样令人满意。这正是自监督学习的愿景。

自监督学习是机器学习的最新范式，也是最先进的前沿领域。虽然其理论已经被提出来好几年，但直到去年，自监督学习才能够显示出与有监督学习相当的结果，并被奉为机器学习的未来。图像自监督学习的基础是，即使没有标签，也可以让机器学习真实地表征。只需少量标签（仅占数据集的 1%），就可以获得相当于有监督模型所能达到的良好效果。由于缺乏高质量的标签，所以数以百万计的数据集处于闲置状态，而无监督学习可以释放尚未开发的潜力。

在本章中，首先介绍自监督学习，然后介绍图像识别自监督学习中最广泛使用的体系结构，即对比表征学习（Contrastive Representative Learning）。本章主要涵盖以下主题。

- 自监督学习入门。
- 什么是对比学习。

- SimCLR 体系结构。
- 用于图像识别的 SimCLR 对比学习模型。

8.1 技术需求

在本章中，主要使用以下 Python 模块（包括其版本号）。

- PyTorch Lightning（版本 1.5.3）。
- numpy（版本 1.19.4）。
- torch（版本 1.7）。
- torchvision（版本 0.7）。

读者可以通过以下 GitHub 链接获取本章中的示例代码：https://github.com/PacktPublishing/Deep-Learning-with-PyTorch-Lightning/tree/main/Chapter08。

STL-10 源数据集可通过网址 https://cs.stanford.edu/~acoates/stl10/获取。STL-10 源数据集的快照如图 8-1 所示。

图 8-1 STL-10 源数据集的快照

STL－10 数据集是用于开发自监督学习算法的图像识别数据集。它与 CIFAR－10 类似，但存在一个非常重要的区别：每个类别的标记训练示例都少于 CIFAR－10，只提供了一组非常大的未标记示例，以便在有监督训练之前学习图像表征。

8.2　自监督学习入门

虽然近年来卷积神经网络和循环神经网络等深度学习方法取得了巨大成功，但机器学习的未来一直备受争议。虽然卷积神经网络可以做一些惊人的事情，如图像识别；循环神经网络可以生成文本；而其他先进的自然语言处理方法（如 Transformer）可以取得惊人的效果，但与人类智能相比，这些方法都有严重的局限性。在推理、演绎和理解等任务上，这些方法还无法与人类相比。另外，最值得注意的是，这些方法需要大量具有良好标记的训练数据来学习甚至像图像识别这样简单的东西。

毫不奇怪，这不是人类学习的方式。一个孩子在识别物体之前不需要数以百万计的标记图像作为输入，如图 8－2 所示。与机器学习相比，人类大脑基于极少量的初始信息生成自己的新标签的惊人能力是无与伦比的。

图 8－2　一个孩子学会用很少的标签对物体进行分类

为了扩大人工智能的潜力，人们尝试了各种方法。为了获得接近人类的智力表现，人们提出了两种截然不同的方法，即强化学习（Reinforcement Learning）和自监督学习。

在强化学习中，重点是构建一个类似游戏的环境，在没有明确方向的情况下，让机器学习如何在环境中导航。每个系统都配置为最大化奖励功能，慢慢地，代理通过在每个游戏事件中犯错来学习，然后在下一个事件中最小化这些错误。为了做到这一点，需要对一个模型进行数百万个训练周期的训练，有时会转化为数千年的人类时间。虽然这种方法在围棋等非常复杂的游戏（如 Go 游戏）中击败了人类，并为机器智能设定了新的基准，但显然这不是人类学习的方式。我们在熟练玩一个游戏之前，不会花几千年时间来练习一个游戏。此外，如此多的试验使其学习速度太慢，无法用于任何实际的工业应用。

然而，在自监督学习中，重点是通过尝试创建自己的标签并继续自适应学习，使机器以类似人类的方式进行学习。自监督学习一词是杨立昆提出的，他是图灵奖（相当于计算领域的诺贝尔奖）获得者之一，对深度学习做出了基础性贡献。他还为自监督学习奠定了基础，并使用能量建模方法进行了大量的相关研究。

最值得注意的是，杨立昆认为人工智能的未来既不是有监督学习，也不是强化学习，而是自监督学习，如图 8－3 所示。自监督学习可以说是最重要的领域，有可能颠覆我们理解机器学习的方式。

图 8－3　未来属于“自监督学习”

下面介绍自监督意味着什么。

机器学习的核心概念是，我们可以从多个维度的数据中学习。在有监督学习中，我们有数据（x）和标签（y），可以做很多事情，如预测、分类和目标检测；而在无监督学习中，我们只有数据（x），只能做聚类类型的模型。在无监督学习中，优势是不需要代价高昂的标签，但可以构建的模型种类非常有限。如果我们以无监督的方式开始［只有 x，然后以某种方式为数据集生成标签（y）］，然后继续进行有监督学习，结果会怎么样？

换句话说，如果我们能让机器学会在运行中生成自己的标签呢？目前，假设有一个类似 CIFAR－10 的图像数据集，该数据集由 10 个类别的图像（如鸟、飞机、狗和猫等）组成，分布在 65 000 个标签上。这就是机器识别这 10 个类别需要学习的东西。如果没有像 CIFAR－10 的图像数据集一样提供 65 000 个标签，而是仅只提供 10 个标签（每个类别一个），然后机器找到与这些类别相似的图像，并向这些图像添加标签，那么结果会怎么样呢？如果能做到这一点，那么机器能够自监督其学习过程，并且能够进行扩展以解决以前未解决的问题。

这里提供的自监督学习的定义是一个相当简单的定义。杨立昆主要在能量建模的背景下，将自监督学习定义为一种不仅可以从后向前学习，而且可以从任何方向学习的模型。能量建模是深度学习社区的一个活跃研究领域。在未来，类似概念学习（Concept Learning）的思想可能是革命性的，通过概念学习方法，模型可以同时学习图像和标签的概念。此外，读者可能已经听说过一个自监督学习的应用程序。例如，GPT3 和 Transformer 这样的自然语言处理模型在没有标签的数据集上训练后，仍然可以针对任何任务进行微调或调整。我们可以理解，语言是一种一维数据结构，因为数据通常是朝一个方向流动的（从后到前，就如我们以从左到右的方式阅读英语文章），所以不需要任何标签就可以很容易地学习结构。

在图像或结构化数据等其他领域，没有标签或标签数量非常有限的学习已被证明是一项挑战。我们将在本章中重点关注的一个领域是对比学习（Contrastive Learning），最近几个月对比学习获得了非常有趣的结果。在这个领域中，我们可以从不同的图像中找到相似的图像，而不需要任何与之相关的标签。

重要提示

如果想了解更多关于能量建模的知识，建议通过能量建模的专题讲座了解相关知识。请参阅杨立昆的题为“A Tutorial on Energy – Based Learning（基于能量的学习）”的在线讲座（https://training.incf.org/lesson/energy-based-models-i）。

8.3　什么是对比学习

理解一个图像的思想在于，给定一个特定种类的图像（如一只狗），然后可以通过推理来识别所有其他狗，这些狗具有相同的表示或结构。例如，如果给一个还不会说话也听不懂语言的孩子（例如，不到 2 岁的孩子）看一张狗的照片（或者是一只真正的狗），然后给他一组动物的卡片，其中包括狗、猫、大象和鸟，并问孩子哪张图片与第一张类似，孩子很有可能可以轻松地挑选出上面有狗的卡片。即使我们没有解释这张图片等同于“狗”（换而言之，没有提供任何新标签），孩子也能够做出选择。我们可以认为，一个孩子学会了在一个实例中使用一个标签识别所有的狗！如果机器也能做到这一点，那么结果将非常完美。这就是对比学习！对比学习与监督学习的区别如图 8 – 4 所示。

其背后的原理是一种表征学习。事实上，这种方法的全称是对比表征学习（Contrastive Representation Learning）。孩子知道狗有某种类型的表征（尾巴、四条腿、眼睛等），然后能够找到类似的表征。令人惊讶的是，人类大脑提取表征所需的数据量非常小（即使是一张图像，也足以教人认识一个新的物体）。事实上，儿童发展专家已经从理论上推测，当孩子仅几个月大时，他们就开始通过创建松散的表征（如轮廓）来识别父母和其他熟悉的物体。当孩子开始接收新的视觉数据并开始识别和分类过程时，这是关键的发展阶段之一。视觉能力（使我们看到而不是仅看物体）在我们的智力发展中是至关重要的。同样，在不传递任何标签的情况下，让机器了解图像之间的差

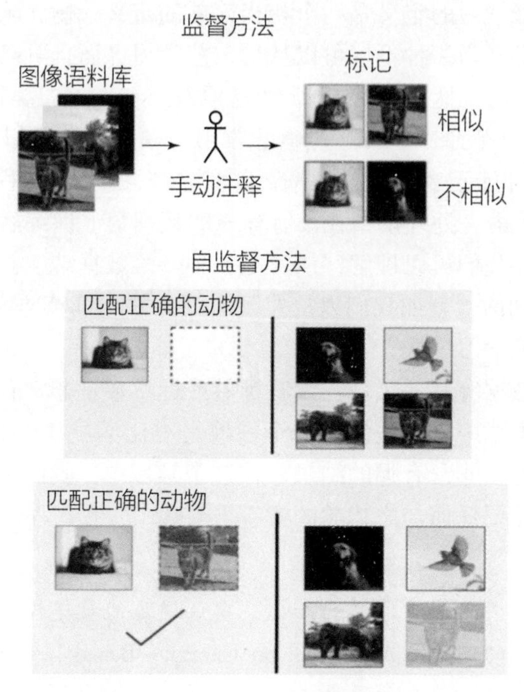

图 8－4 对比学习与监督学习的区别

（图片来源：https://amitness.com/2020/03/illustrated-simclr/）

异是人工智能发展的一个重要里程碑。

人们提出了各种各样的对比学习体系结构，并取得了惊人的成果。一些流行的对比学习体系结构包括 SimCLR、CPC、YADIM 和 NOLO。在本章中，我们将讨论 SimCLR。

8.4 SimCLR 体系结构

SimCLR 表示简单的对比学习体系结构（Simple Contrastive Learning Architecture）。该体系结构基于 Geoffrey Hinton 和谷歌团队发表的论文“*A Simple Framework for Contrastive Learning of Visual Representations*”。Geoffrey Hinton（和杨立昆一样）因其在深度学习方面的工作而共同获得图灵奖。SimCLR 有两个版本：SimCLR1 和 SimCLR2。SimCLR2 是一个比 SimCLR1 更庞大、更密集的网络。在撰写本文时，SimCLR2 是可用的、最好的体系结构更新版本，但如果很快就有一个比前一个更密集、更好的 SimCLR3，也请不要感到惊讶。

与 ImageNet 数据集对比，该体系结构仅使用 1% 的标签就可以实现 93% 的准确率。考虑超过 140 000 标记员（主要是研究生）花费了两年多的时间，在 Mechanical Turk 上手工给 ImageNet 标记标签，这是一个非常了不起的结果。ImageNet 数据集是一项在全球范围内进行的大规模工程。除了标记该数据集所需的时间外，很明显，如果没有谷歌等大公司的支持，其实现将十分困难。许多数据集之所以被闲置，毫无疑问，其原因可能仅是因为它们没有被正确标记。如果我们只需要 1% 的标签就可以获得可比的结果，这将为深度学习的应用领域打开前所未有的大门！

下面简单概述 SimCLR 的工作原理。我们强烈推荐读者阅读前面提到的论文的全文，以了解更多的相关细节。

对比学习背后的理念是，我们希望将相似的图像分组，同时将这些相似的图像与不同的图像区分开来。这个过程发生在一组未标记的图像上。SimCLR 的工作原理如图 8－5 所示。

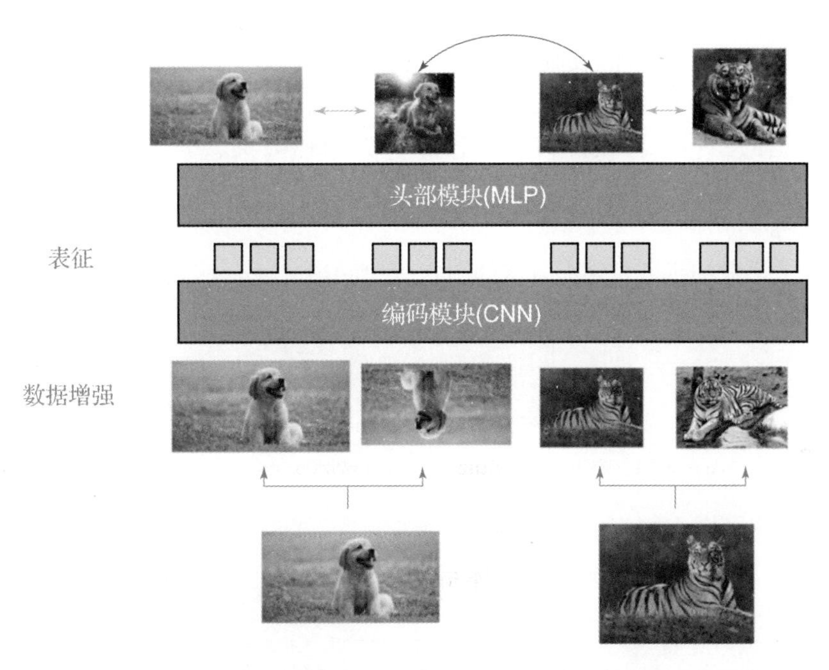

图 8－5　SimCLR 的工作原理（注意：该体系结构是自下而上执行的）

SimSLR 体系结构由以下构建模块组成。

（1）对随机图像组执行数据增强（Data Augmentation）。执行各种数据增强任务。其中一些是标准的，如旋转图像、裁剪图像，以及通过使其灰度化来改变颜色。此外，还可以执行更复杂的数据增强（如高斯模糊）任务。结果表明，数据增强变换得越复杂，对模型越有用。

上述数据增强步骤非常重要，因为我们希望让模型可靠并且一致地学习真实的表征。另一个相当重要的原因是数据集中没有标签。因此，我们无法知道哪些图像实际上彼此相似，哪些彼此不同。从一张图像中获得各种增强图像，可以为模型创建一组确定的“真实”的类似图像。

（2）创建一批包含相似和不相似图像的图像集合。打个比方，可以认为这个批次的数据中包含一些正离子和负离子，通过在它们上面移动一个神奇的磁铁来分离这些正离子和负离子（SimCLR）。

（3）编码器：仅是一个卷积神经网络体系结构。该操作一般采用 ResNet 体系结构

(如 ResNet - 18 或 ResNet - 50)。然而，我们将去掉最后一层，并使用最后一个平均池层之后的输出。该编码器有助于我们学习图像的表征。

(4) 头部模块（也称为投影头）。这是一个多层感知器模型，用于将对比损失映射到应用前一步的表征空间。多层感知器可以是单隐藏层神经网络（如 SimCLR1）或三层网络（如 SimCLR2）。甚至可以使用更大的神经网络进行试验。此步骤用于平衡对齐（将相似的图像保持在一起）和一致性（保留最大数量的信息）。

(5) 用于对比预测的对比损失函数。该函数的任务是识别数据集中的其他正的图像。可以采用专门的损失函数 NT - Xent（归一化温度标度，交叉熵损失）。这个损失函数有助于我们衡量系统在随后的训练周期中是如何学习的。

上述步骤描述了 SimCLR 体系结构，正如我们可能已经注意到的，这个体系结构只适用于未标记的图像。当我们为下游任务（如图像分类）对 SimCLR 进行微调时，SimCLR 的魔力就释放出来了。该体系结构可以为我们学习特征，然后可以将这些特征用于任何任务。

寻找相关图像的半监督学习方法如图 8 - 6 所示。

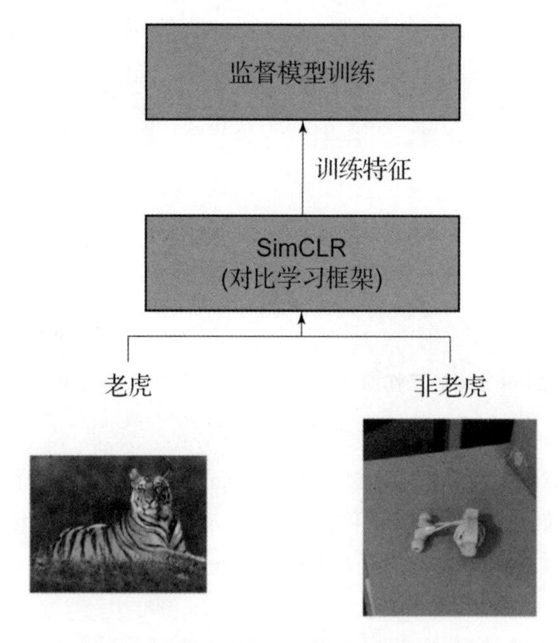

图 8 - 6 寻找相关图像的半监督学习方法

其中一项任务可能是找出数据集中的图像是否与目标相关。假设我们想通过为老虎创建一个图像识别模型来拯救老虎，因此只需要老虎图像。任何相机捕捉的画面都可能包括其他动物（甚至不相关的物体），但并不是所有的图像都会被标记。我们可以使用 SimCLR 体系结构建立一个半监督学习模型，然后对少量标签使用监督分类器，并将数据清理干净。通过将 SimCLR 模型的表征学习获得的权重迁移到后续分类任务中，也可以将其视为迁移学习。

另一个更基本的任务可能是提供很少的标签和特征，通过 SimCLR 体系结构对图像进行分类。读者可能会想到的问题是：“到底需要多少个标签和特征呢？”试验表明，对于标记率仅为 10% 甚至 1% 的下游任务，我们可以获得接近 95% 的准确率。

8.5　用于图像识别的 SimCLR 对比学习模型

如前所述，SimCLR 可以执行以下操作。

- 通过将相似的图像分组在一起并将不同的图像分开，学习特征表征（单位超球面）。
- 平衡对齐（保持相似的图像在一起）和一致性（保留最多的信息）。
- 学习未标记的训练数据。

主要的挑战是使用未标记的数据（来自与标记数据相似但不同的分布）来构建有用的先验知识，然后使用先验知识为未标记数据集生成标签。将在本节中实现的 SimCLR 体系结构如图 8-7 所示。

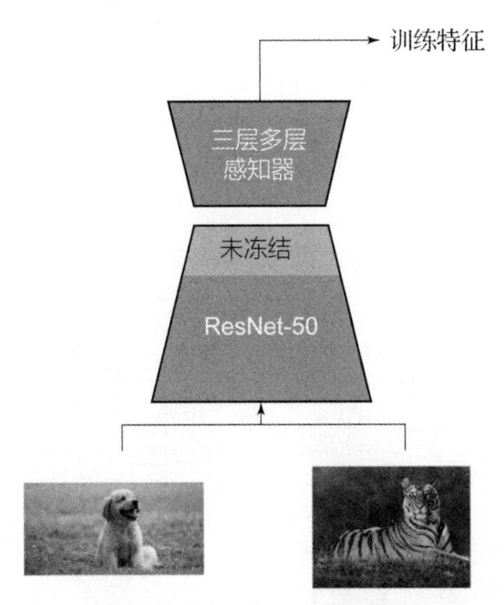

图 8-7　SimCLR 体系结构

首先使用 ResNet-50 作为编码器，然后使用三层多层感知器作为投影头，最后，使用逻辑回归（或多层感知器）作为监督分类器来测量准确率。

实现 SimCLR 体系结构包括以下步骤。

（1）收集数据集。

（2）设置数据增强。

（3）加载数据集。

（4）配置训练。

（5）模型训练。

（6）评估模型的性能。

8.5.1 收集数据集

我们使用来自 https://cs.stanford.edu/~acoates/stl10/的 STL-10 数据集。

如 STL-10 数据集的网页中所述，STL-10 数据集是一个用于开发自监督学习算法的图像识别数据集。该数据集包括以下内容。

- 10 个类别——飞机、鸟、汽车、猫、鹿、狗、马、猴、船和卡车。
- 图像均为 96 像素 ×96 像素的彩色图像。
- 每个类别包含 500 张训练图像（10 个预定义的数据子集）和 800 张测试图像。
- 100 000 张未标记的图像用于无监督学习。这些样例是从类似但分布更广的图像中提取的图像。例如，除了被标记数据集中的动物外，还包含其他类型的动物（熊、兔子等）和车辆（火车、公共汽车等）。

二进制文件分为数据文件和标签文件，分别为 train_X.bin、train_y.bin、test_X.bin 和 test_y.bin。

可以直接从 http://ai.stanford.edu/~acoates/stl10/stl10_binary.tar.gz 下载二进制文件，并将其放入数据文件夹。或者，如果需要在云实例上工作，可以执行位于 https://github.com/mttk/STL10 中的全部 Python 代码。STL-10 数据集也通过 torchvision 模块下的 https://pytorch.org/vision/stable/datasets.html#stl10 获得，也可以直接导入笔记本。

由于 STL-10 数据集是从 ImageNet 中提取的，因此可以使用 ImageNet 上的任何预训练模型的权重来加速训练。

SimCLR 模型依赖于以下三个包，即 pytorch、torchvision 和 pytorch_lightning。作为第一步，安装这些软件包并将其导入笔记本。安装软件包后，我们开始导入所需要的包。代码如下：

```
import os
import urllib.request
from copy import deepcopy
from urllib.error import HTTPError

import matplotlib
import matplotlib.pyplot as plt
import pytorch_lightning as pl
import seaborn as sns
import torch
import torch.nn as nn
import torch.nn.functional as F
import torch.optim as optim
import torch.utils.data as DataLoader

from IPython.display import set_matplotlib_formats
from pytorch_lightning.callbacks import LearningRateMonitor,ModelCheckpoint
from pytorch_lightning.callbacks import ModelCheckpoint
```

```
from pytorch_lightning.callbacks import Callback

import torchvision
from torchvision import transforms
import torchvision.models as models
from torchvision import datasets
from torchvision.datasets import STL10
from tqdm.notebook import tqdm

from torch.optim import Adam

import numpy as np
from torch.optim.lr_scheduler import OneCycleLR

import zipfile
from PIL import Image
import cv2
```

在导入必要的软件包后，必须以 STL-10 格式收集图像。可以将数据从 Stanford 存储库下载到本地数据路径中，以用于进一步处理。注意需要添加下载 STL-10 文件的文件夹的路径。

8.5.2　设置数据增强

首先创建一个数据增强模块。这是 SimCLR 体系结构中极其重要的一步，在这一步中进行变换的丰富程度会极大地影响最终的结果。

重要提示

PyTorch Lightning 还包括各种使用 Bolts 的 SimCLR 现成变换。然而，在本章中我们将手工定义变换。对于各种方法，读者也可以参考以下网址中提供的开箱即用变换：https://pytorch-lightning-bolts.readthedocs.io/en/latest/transforms.html#simclr-transforms。请注意使用正确的 PyTorch Lightning 版本和 torch 版本。

我们的目标是通过创建给定图像的多个副本并对其应用各种增强变换，创建一个可以轻松实现的正集。作为第一步，可以创建任意数量的图像副本。代码如下：

```
class DataAugTransform:
    def __init__(self, base_transforms, n_views=4):
        self.base_transforms = base_transforms
        self.n_views = n_views

    def __call__(self, x):
        return [self.base_transforms(x) for i in range(self.n_views)]
```

在以上代码片段中，创建了同一张图像的四个副本。

接下来，继续对图像应用四个关键的变换。根据最初的论文和进一步的研究，图像的裁剪和大小调整是关键的变换，将有助于模型更好地学习。代码如下：

```
augmentation_transforms = transforms.Compose(
    [
        transforms.RandomHorizontalFlip(),
        transforms.RandomResizedCrop(size = 96),
        transforms.RandomApply([transforms.ColorJitter(brightness = 0.8,
contrast = 0.8, saturation = 0.8,hue = 0.1)], p = 0.8),
        transforms.RandomGrayscale(p = 0.2),
        transforms.ToTensor(),
        transforms.Normalize((0.5,), (0.5,)),
    ]
)
```

在以上代码片段中，增强了图像并执行了以下变换。

- 随机调整大小和裁剪。
- 随机水平翻转。
- 随机颜色抖动。
- 随机灰度。

请注意，对于一个相当大的数据集，数据增强步骤可能需要相当长的时间才能完成。

重要提示

SimCLR 论文中提到的一个比较复杂的变换是高斯模糊，但本书中并没有执行该变换。高斯模糊通过使用高斯函数添加噪声，使图像的中心部分比其他部分具有更多权重，从而使图像模糊。最终的平均效果是减少图像的细节。读者也可以选择在 STL-10 图像上执行高斯模糊变换。在新版 torchvision 中，可以使用以下选项执行高斯模糊变换：#transforms. GaussianBlur(kernel_size = 9)。

8.5.3 加载数据集

现在，我们定义下载并收集数据集的路径。代码如下：

```
DATASET_PATH = os.environ.get("PATH_DATASETS", "bookdata/")
CHECKPOINT_PATH = os.environ.get("PATH_CHECKPOINT", "booksaved_models/")
```

在以上代码片段中，定义了数据集和检查点路径。

现在，把变换应用于 STL-10 数据集，并为其创建两个视图。代码如下：

```
unlabeled_data = STL10(
    root = DATASET_PATH,
    split = "unlabeled",
```

```
    download = True,
    transform = DataAugTransform(augmentation_transforms, n_views =2),
)
train_data_contrast = STL10(
    root = DATASET_PATH,
    split = "train",
    download = True,
    transform = DataAugTransform(augmentation_transforms, n_views =2),
)
```

然后，通过应用数据增强过程，将其转换为 torch 张量进行模型训练。可以通过可视化一些图像来验证前面过程的输出结果。代码如下：

```
pl.seed_everything(96)
NUM_IMAGES = 20
imgs = torch.stack([img for idx in range(NUM_IMAGES) for img in
unlabeled_data[idx][0]], dim=0)
img_grid = torchvision.utils.make_grid(imgs, nrow=8,
normalize=True, pad_value=0.9)
img_grid = img_grid.permute(1, 2, 0)

plt.figure(figsize=(20, 10))
plt.imshow(img_grid)
plt.axis("off")
plt.show()
```

在以上代码片段中，我们打印原始图像和增强图像。结果如图 8 - 8 所示。

图 8 - 8　STL - 10 增强图像

正如所见，各种图像变换已成功应用。同一张图像的多个副本将作为模型学习的一组正的图像对。

8.5.4　配置训练

我们将设置模型训练的配置，包括超参数、损失函数和编码器。

1. 设置超参数

使用 YAML 文件将各种超参数传递给模型训练。使用 YAML 文件可以轻松创建各种实验。代码如下：

```
import yaml # 处理配置文件的加载
# 加载配置文件
config = '
batch_size：128
epochs：100
weight_decay：10e-6
out_dim：256

dataset：
  s：1
  input_shape：(96,96,3)
  num_workers：2

optimizer：
  lr：0.0001

loss：
  temperature：0.05
  use_cosine_similarity：True

lr_schedule：
  max_lr：.1
  total_steps：1500
'''
config = yaml.full_load(config)
```

以上代码片段将加载 YAML 文件，并设置以下超参数的值。

- batch_size（批次大小）：用于训练的批次大小。
- epochs（训练周期）：为其运行训练的训练周期数。
- out_dim（输出维度）：嵌入层的输出维度。
- s：颜色抖动变换的亮度、对比度、饱和度和色调级别。
- input_shape（输入形状）：最终图像转换后模型的输入形状。所有原始图像的大小都将调整为此形状（高度、宽度、颜色通道）。
- num_workers：用于数据加载器的进程数量。可以通过预取和处理数据来提高训练速度。

- lr：用于训练的初始学习率。
- temperature：用于平滑损失函数概率的温度调节参数。
- use_cosine_similarity：在损失函数中是否使用余弦相似性的布尔标志。
- max_lr：循环学习率调度器的最大学习率。
- total_steps：循环学习率调度器的训练步骤总数。

重要提示

在对比学习模型中，批次大小起着非常重要的作用。在 SimCLR 中，已观察到批次越大，结果越好。然而，大批次也需要更多基于 GPU 的计算量。

2. 定义损失函数

定义损失函数的目的是帮助区分正负图像对。原始论文采用了 NTXent 损失函数。现在，我们将继续在代码中实现该损失函数：

```
class NTXentLoss(torch.nn.Module):
    def __init__(self, batch_size, temperature, use_cosine_similarity):
        super(NTXentLoss, self).__init__()
        self.batch_size = batch_size
        self.temperature = temperature
        self.softmax = torch.nn.Softmax(dim = -1)
        self.mask_samples_from_same_repr = self._get_correlated_mask()
        self.similarity_function = self._get_similarity_function(use_
cosine_similarity)
        self.criterion = torch.nn.CrossEntropyLoss(reduction = "sum")

    def _get_similarity_function(self, use_cosine_similarity):
        if use_cosine_similarity:
            self._cosine_similarity = torch.nn.CosineSimilarity(dim = -1)
            return self._cosine_simililarity
    else:
        return self._dot_simililarity

    def _get_correlated_mask(self):
        diag = np.eye(2 * self.batch_size)
        l1 = np.eye((2 * self.batch_size), 2 * self.batch_size,
  k = -self.batch_size)
        l2 = np.eye((2 * self.batch_size), 2 * self.batch_size,
  k = self.batch_size)
        mask = torch.from_numpy((diag + l1 + l2))
        mask = (1 - mask).type(torch.bool)
        return mask

    @staticmethod
    def _dot_simililarity(x, y):
```

```
        v = torch.tensordot(x.unsqueeze(1), y.T.unsqueeze(0),dims=2)
        # x shape: (N, 1, C)
        # y shape: (1, C, 2N)
        # v shape: (N, 2N)
        return v

    def _cosine_simililarity(self, x, y):
        # x 形状: (N, 1, C)
        # y 形状: (1, 2N, C)
        # v 形状: (N, 2N)
        v = self._cosine_similarity(x.unsqueeze(1),y.unsqueeze(0))
        return v

    def forward(self, zis, zjs):
        representations = torch.cat([zjs, zis], dim=0)

        similarity_matrix = self.similarity_function(representations,
representations)

        # 从阳性样本中筛选出分数
        l_pos = torch.diag(similarity_matrix, self.batch_size)
        r_pos = torch.diag(similarity_matrix, -self.batch_size)
        positives = torch.cat([l_pos, r_pos]).view(2 * self.batch_size, 1)

        negatives = similarity_matrix[
self.mask_samples_from_same_repr].view(2 * self.batch_size, -1)

        logits = torch.cat((positives, negatives), dim=1)
        logits /= self.temperature
        labels = torch.zeros(2 * self.batch_size).long()
        loss = self.criterion(logits, labels)

        return loss /(2 * self.batch_size)
```

在以上代码片段中，我们实现了 NTXent 损失函数，该函数测量正图像对的损失。请记住，该模型的任务是最小化正图像对之间的损失，从而最小化该损失函数。

3. 定义编码器

可以使用任何编码器架构（如 VGGNet、AlexNet 或 ResNet 等）。由于原始论文中采用了 ResNet，因此我们也使用 ResNet 作为编码器。代码如下：

```
class ResNetSimCLR(nn.Module):
    def __init__(self, base_model, out_dim, freeze=True):
        super(ResNetSimCLR, self).__init__()

        # 最后一个线性层的输入特征数
```

```
        num_ftrs = base_model.fc.in_features
        # 移除 resnet 的最后一层
        self.features = nn.Sequential( * list(base_model.
children())[ : -1])
        if freeze:
            self._freeze()
```

在以上代码块中，删除了 ResNet 的最后一个 softmax 层，并将该功能传递给下一个模块。接下来，可以使用多层感知器模型生成一个投影头代码块。虽然 SimCLR1 有一个单层多层感知器，但 SimCLR2 有一个三层多层感知器，我们在这里使用这个感知器。其他使用两层多层感知器的模型也取得了良好的效果（请注意，此代码与上述代码属于同一个类）。代码如下：

```
        # 头部投影 MLP - 用于 SimCLR
        self.l1 = nn.Linear(num_ftrs, 2 * num_ftrs)
        self.l2_bn = nn.BatchNorm1d(2 * num_ftrs)
        self.l2 = nn.Linear(2 * num_ftrs, num_ftrs)
        self.l3_bn = nn.BatchNorm1d(num_ftrs)
        self.l3 = nn.Linear(num_ftrs, out_dim)

    def _freeze(self):
        num_layers = len(list(self.features.children())) # 9 层,除了最后两层
                                                          # 全部冻结
        current_layer = 1
        for child in list(self.features.children()):
            if current_layer > num_layers - 2:
                for param in child.parameters():
                    param.requires_grad = True
            else:
                for param in child.parameters():
                    param.requires_grad = False
            current_layer + = 1

    def forward(self, x):
        h = self.features(x)
        h = h.squeeze()
        if len(h.shape) = = 1:
        h = h.unsqueeze(0)
        x_l1 = self.l1(h)
        x = self.l2_bn(x_l1)
        x = F.selu(x)
        x = self.l2(x)
        x = self.l3_bn(x)
        x = F.selu(x)
        x = self.l3(x)
        return h, x_l1, x
```

在以上代码片段中，我们为 ResNet 定义了卷积层，然后冻结了最后一层，并将该特征用作投影头模型的输入，该模型是一个三层多层感知器。

现在，可以从 ResNet 的最后一层或三层多层感知器模型的最后一层提取特征，并将其用作模型已学习图像的真实表示。

重要提示

虽然带有 SimCLR 的 ResNet 将作为 STL－10 的预训练模型提供，但如果我们正在为另一个数据集尝试 SimCLR 体系结构，此代码将有助于从头开始训练体系结构。

4. SimCLR 管道

至此，我们已经为 SimCLR 体系结构准备好了所有构建模块，终于可以构建 SimCLR 管道了。代码如下：

```
class simCLR(pl.LightningModule):
    def __init__(self, model, config, optimizer = Adam,loss = NTXentLoss):
        super(simCLR, self).__init__()
        self.config = config

        #优化器
        self.optimizer = optimizer

        #模型
        self.model = model

        #损失函数
        self.loss = loss(self.config['batch_size'], * * self.config['loss'])

    #预测/推理
    def forward(self, x):
        return self.model(x)

    #设置优化器
    def configure_optimizers(self):
        optimizer = self.optimizer ( self.parameters ( ), * * self.config
['optimizer'])
        scheduler = OneCycleLR(optimizer, * * self.config["lr_schedule"])
        return [optimizer], [scheduler]
```

在以上代码片段中，我们使用配置文件（dictionary）将参数传递给每个模块：optimizer，loss 和 lr_schedule。使用 Adam 优化器，并调用之前构造的 NTXent 损失函数。

接下来，可以在同一个类中添加训练循环和验证循环。代码如下：

```
# 训练循环
def training_step(self, batch, batch_idx):
    x, y = batch
    xis, xjs = x
    ris, _, zis = self(xis)
    rjs, _, zjs = self(xjs)

    zis = F.normalize(zis, dim=1)
    zjs = F.normalize(zjs, dim=1)

    loss = self.loss(zis, zjs)
    return loss

# 验证循环
def validation_step(self, batch, batch_idx):
    x, y = batch
    xis, xjs = x
    ris, _, zis = self(xis)
    rjs, _, zjs = self(xjs)

    zis = F.normalize(zis, dim=1)
    zjs = F.normalize(zjs, dim=1)

    loss = self.loss(zis, zjs)
    self.log('val_loss', loss)
    return loss

def test_step(self, batch, batch_idx):
    loss = None
    return loss

def _get_model_checkpoint():
    return ModelCheckpoint(
    filepath=os.path.join(os.getcwd(),"checkpoints","best_val_models"),
    save_top_k = 3,
    monitor="val_loss"
  )
```

在以上代码片段中，创建了一个模型类，该类接收以下输入参数的值。

- 配置文件中的超参数。
- 作为损失函数的 NTXent。
- 作为优化器的 Adam。
- 作为模型的一个编码器（如果需要，可以更改为 ResNet 以外的任何模型）。

我们进一步定义了训练循环和验证循环来计算损失值，并最终保存模型的检查点。

重要提示

建议构造一个回调类，以保存模型的检查点，并从保存的检查点恢复模型训练。回调类还可以用于传递编码器的预配置权重。有关更多详细信息，请参阅 GitHub 或本书的第 10 章。

8.5.5　模型训练

至此，我们已经定义了模型配置。接下来，可以继续进行模型训练。

首先，使用数据加载器来加载数据。代码如下：

```
train_loader = DataLoader.DataLoader(
                  unlabeled_data,
                  batch_size =128,
                  shuffle = True,
                  drop_last = True,
                  pin_memory = True,
                  num_workers = NUM_WORKERS,
               )
val_loader = DataLoader.DataLoader(
                  train_data_contrast,
                  batch_size =128,
                  shuffle = False,
                  drop_last = False,
                  pin_memory = True,
                  num_workers = NUM_WORKERS,
               )
```

我们使用 ResNet - 50 体系结构作为编码器（当然，读者还可以使用其他 ResNet 架构，如 ResNet - 18 或 ResNet - 152），并对结果进行比较。代码如下：

```
resnet = models.resnet50(pretrained = True)
simclr_resnet = ResNetSimCLR(base_model = resnet, out_dim = config['out_dim'])
```

在以上代码片段中，我们导入了 ResNet 卷积神经网络模型体系结构，并通过设置 pretrained = True 来使用模型的预训练权重加速训练。由于 PyTorch ResNet 模型是在 ImageNet 数据集上训练的，并且 STL - 10 数据集也是从 ImageNet 中抽取的，因此使用预先训练的权重是一个合理的选择。

接下来，启动训练流程。代码如下：

```
model = simCLR(config = config, model = simclr_resnet)
trainer = pl.Trainer()
```

根据所使用的硬件，我们应该会看到图 8 - 9 所示的信息。

```
GPU available: True, used: False
TPU available: False, using: 0 TPU cores
IPU available: False, using: 0 IPUs
```

图 8 - 9　可用于模型训练的 GPU

在前面的代码片段中，我们根据上述体系结构创建了 SimCLR 模型，并使用从数据加载程序传递来的数据集，通过训练器来拟合模型。代码如下：

```
trainer.fit(model, train_loader, val_loader)
```

启动训练过程将显示图 8 - 10 所示的信息。

```
In [ ]: # Fits the model
trainer.fit(model, train_loader, val_loader)

  | Name  | Type         | Params
----------------------------------------
0 | model | ResNetSimCLR | 40.8 M
1 | loss  | NTXentLoss   | 0
----------------------------------------
32.3 M    Trainable params
8.5 M     Non-trainable params
40.8 M    Total params
163.313   Total estimated model params size (MB)

Validation sanity check: 0%                                  0/2 [00:00<?, ?it/s]
```

图 8 - 10　SimCLR 训练过程

目光敏锐的读者可能已经注意到我们正在使用 NTXent 损失函数。

> **重要提示**
>
> 根据可用的硬件，可以使用 PyTorch Lightning 体系结构的各种选项来加快训练过程。如第 7 章所讨论的，如果使用的是 GPU，那么可以使用 gpus = -1 选项，还可以为混合模式精度训练启用 16 位精度。为了了解有关规模化训练流程选项的更多详细信息，请参阅第 10 章。

一旦模型训练完成，就可以保存模型的检查点。代码如下：

```
trainer.save_checkpoint("stl10.ckpt")
```

以上代码将保存模型的检查点。

8.5.6　评估模型的性能

虽然 SimCLR 模型的体系结构可以学习未标记图像的表征，但仍然需要一种方法来衡量其学习这些表征的好坏程度。为了实现该目标，我们使用一个有监督的分类器，该分类器具有一些标记图像（来自原始 STL - 10 数据集），然后使用在 SimCLR 模型中学习的特征，将特征映射应用于通过表征学习学习的图像，最后比较结果。

我们可以尝试通过传递数量非常有限的标签来比较结果，如 500 或 5 000（或

100%~10%），还可以将结果与监督分类器进行比较，监督分类器已使用 100% 的标签进行训练。这将帮助我们比较自监督模型能够从未标记的图像中学习表征的程度。

因此，模型评估包括以下三个步骤。

（1）从 SimCLR 模型中提取特征。

首先需要从 SimCLR 模型中提取特征。为此，我们从检查点加载模型。代码如下：

```
    model_path = os.path.join("stl10.ckpt")
    model.load_from_checkpoint(checkpoint_path = model_path, config = config,
model = resnet)
```

上述代码片段将从检查点（stl10. ckpt）加载预训练的 SimCLR 模型。这将显示正在加载的模型，如图 8－11 所示。

```
In [16]: model.load_from_checkpoint(checkpoint_path=model_path, config=config, model=resnet)

Out[16]: simCLR(
           (model): ResNetSimCLR(
             (features): Sequential(
               (0): Conv2d(3, 64, kernel_size=(7, 7), stride=(2, 2), padding=(3, 3), bias=False)
               (1): BatchNorm2d(64, eps=1e-05, momentum=0.1, affine=True, track_running_stats=True)
               (2): ReLU(inplace=True)
               (3): MaxPool2d(kernel_size=3, stride=2, padding=1, dilation=1, ceil_mode=False)
               (4): Sequential(
                 (0): Bottleneck(
                   (conv1): Conv2d(64, 64, kernel_size=(1, 1), stride=(1, 1), bias=False)
                   (bn1): BatchNorm2d(64, eps=1e-05, momentum=0.1, affine=True, track_running_stats=True)
                   (conv2): Conv2d(64, 64, kernel_size=(3, 3), stride=(1, 1), padding=(1, 1), bias=False)
                   (bn2): BatchNorm2d(64, eps=1e-05, momentum=0.1, affine=True, track_running_stats=True)
                   (conv3): Conv2d(64, 256, kernel_size=(1, 1), stride=(1, 1), bias=False)
                   (bn3): BatchNorm2d(256, eps=1e-05, momentum=0.1, affine=True, track_running_stats=True)
                   (relu): ReLU(inplace=True)
                   (downsample): Sequential(
                     (0): Conv2d(64, 256, kernel_size=(1, 1), stride=(1, 1), bias=False)
                     (1): BatchNorm2d(256, eps=1e-05, momentum=0.1, affine=True, track_running_stats=True)
```

图 8－11　从检查点加载的 SimCLR 模型

现在，可以使用数据加载器来实例化训练数据集和测试数据集的拆分。代码如下：

```
    def get_stl10_data_loaders(download, shuffle = False, batch_size = 128):
        train_dataset = datasets.STL10('./data', split = 'train',
                                       download = download,
                                       transform = transforms.
                                       ToTensor())
        train_loader = DataLoader(train_dataset,
                                       batch_size = batch_size,
                                       num_workers = 2,
                                       drop_last = False,
                                       shuffle = shuffle)
        test_dataset = datasets.STL10('./data', split = 'test',
                                       download = download,
                                       transform = transforms.
                                       ToTensor())
        test_loader = DataLoader(test_dataset, batch_size = batch_size,
```

```
                                    num_workers=2, drop_last=False,
                                    shuffle=shuffle)
    return train_loader, test_loader
```

在以上代码片段中，我们对训练数据集和测试数据集进行了实例化。

接下来，定义特征提取器类。代码如下：

```
class ResNetFeatureExtractor(object):
    def __init__(self, checkpoints_folder):
        self.checkpoints_folder = checkpoints_folder
        self.model = _load_resnet_model(checkpoints_folder)

    def _inference(self, loader):
        feature_vector = []
        labels_vector = []
        for batch_x, batch_y in loader:
            batch_x = batch_x.to(device)
            labels_vector.extend(batch_y)
            features, _ = self.model(batch_x)
            feature_vector.extend(features.cpu().detach().numpy())

        feature_vector = np.array(feature_vector)
        labels_vector = np.array(labels_vector)

        print("Features shape {}".format(feature_vector.shape))
        return feature_vector, labels_vector

    def get_resnet_features(self):
        train_loader, test_loader = get_stl10_data_
loaders(download=True)
        X_train_feature, y_train = self._inference(train_loader)
        X_test_feature, y_test = self._inference(test_loader)

        return X_train_feature, y_train, X_test_feature, y_test
```

在以上代码片段中，我们从训练过的 ResNet 模型中提取特征。可以通过将文件的形状打印出来以验证结果。代码如下：

```
resnet_feature_extractor = ResNetFeatureExtractor(checkpoints_folder)
X_train_feature, y_train, X_test_feature, y_test = resnet_feature_extractor.
get_resnet_features()
```

上述代码片段将显示以下输出结果，其中显示了训练文件和测试文件的形状：

```
Files already downloaded and verified
Files already downloaded and verified
```

```
Features shape (5000, 2048)
Features shape (8000, 2048)
```

至此，一切准备就绪。接下来，我们可以定义有监督的分类器，在自监督特征的基础上训练有监督的模型。

（2）定义有监督的分类器。

我们可以使用任何有监督的分类器来完成这项任务，如多层感知器或逻辑回归。在本模块中，我们选择逻辑回归。因为在第 4 章中讨论了基于 PyTorch Lightning Bolts 的逻辑回归，所以，读者可以复习该内容，以了解逻辑回归的工作原理。下面使用 scikit - learn 模块来实现逻辑回归。

首先，定义 LogisticRegression 类。代码如下：

```
import torch.nn as nn
class LogisticRegression(nn.Module):
    def __init__(self, n_features, n_classes):
        super(LogisticRegression, self).__init__()
        self.model = nn.Linear(n_features, n_classes)

    def forward(self, x):
        return self.model(x)
```

前面的步骤将实例化该类。接下来定义逻辑回归模型的配置。代码如下：

```
class LogiticRegressionEvaluator(object):
    def __init__(self, n_features, n_classes):
        self.log_regression = LogisticRegression(n_features, n_classes).
to(device)
        self.scaler = preprocessing.StandardScaler()

    def _normalize_dataset(self, X_train, X_test):
        print("Standard Scaling Normalizer")
        self.scaler.fit(X_train)
        X_train = self.scaler.transform(X_train)
        X_test = self.scaler.transform(X_test)
        return X_train, X_test

    def _sample_weight_decay():
        weight_decay = np.logspace(-7, 7, num=75, base=10.0)
        weight_decay = np.random.choice(weight_decay)
        print("Sampled weight decay:", weight_decay)
        return weight_decay

    def eval(self, test_loader):
        correct = 0
        total = 0
```

```
        with torch.no_grad():
            self.log_regression.eval()
            for batch_x, batch_y in test_loader:
                batch_x, batch_y = batch_x.to(device), batch_y.to(device)
                logits = self.log_regression(batch_x)

                predicted = torch.argmax(logits, dim =1)
                total + = batch_y.size(0)
                correct + = (predicted = = batch_y).sum().item()

        final_acc = 100 * correct /total
        self.log_regression.train()
        return final_acc
```

在以上代码片段中，定义了以下逻辑回归的参数值：

- 规范化数据集。
- 从 75 个对数间隔值（10^{-7} ~ 10^{7}[①]）的范围内定义 L2 正则化参数。这是一个可以调整的设置。
- 定义了如何在 final_acc 中测量准确率。

现在，可以向分类器提供数据加载器，并要求其对模型进行选择。代码如下：

```
    def create_data_loaders_from_arrays(self, X_train, y_train, X_test, y_test):
        X_train, X_test = self._normalize_dataset(X_train, X_test)
        train = torch.utils.data.TensorDataset(torch.from_numpy(X_train),
torch.from_numpy(y_train).type(torch.long))
        train_loader = torch.utils.data.DataLoader(train, batch_size = 396,
shuffle =False)
```

同样，可以定义 test_loader，方法与定义 train_loader 相同。现在为优化器定义超参数。代码如下：

```
    def train(self, X_train, y_train, X_test, y_test):
        train_loader, test_loader = self.create_data_loaders_from_arrays(X_
train, y_train, X_test, y_test)
        weight_decay = self._sample_weight_decay()
        optimizer = torch.optim.Adam(self.log_regression.parameters(),
                                    3e -4, weight_decay =weight_decay)
        criterion = torch.nn.CrossEntropyLoss()
        best_accuracy = 0
        for e in range(200):
            for batch_x, batch_y in train_loader:
```

① 原书此处有误，应该是上标。——译者注

```
            batch_x, batch_y = batch_x.to(device), batch_y.to(device)
            optimizer.zero_grad()
            logits = self.log_regression(batch_x)
            loss = criterion(logits, batch_y)
            loss.backward()
            optimizer.step()
        epoch_acc = self.eval(test_loader)
        if epoch_acc > best_accuracy:
            #print("Saving new model with accuracy {}".format(epoch_acc))
            best_accuracy = epoch_acc
            torch.save(self.log_regression.state_dict(),'log_regression.pth')
```

在以上代码片段中，使用逻辑回归模型来训练分类器；使用 Adam 作为优化器；使用交叉熵损失作为损失函数，并且保存最佳准确率的模型。现在已经准备好，可以进行模型评估。

(3) 预测准确率。

接下来，可以使用逻辑回归模型来预测准确率。代码如下：

```
    log_regressor_evaluator = LogiticRegressionEvaluator(n_features=X_train_
feature.shape[1], n_classes=10)
    log_regressor_evaluator.train(X_train_feature, y_train, X_test_feature, y_
test)
```

逻辑回归模型将显示该模型相关特征的执行准确率，这些特征是从自监督体系结构中学习而得的，如图 8 - 12 所示。

```
Standard Scaling Normalizer
Sampled weight decay: 5.623413251903491e-06
--------------
Done training
Best accuracy: 73.5375
```

图 8 - 12　准确率结果

从图 8 - 12 可以看出，逻辑回归模型的准确率约为 73%。

读者可能认为逻辑回归模型的准确率并不高，因此有必要在上下文中对其进行讨论。准确率反映了以完全无监督方式学习到的特征，并且没有任何标签。我们将这些学习到的特征与传统分类器进行了比较，就好像存在标签一样。然后，通过传递一小部分标签，可以达到与有标签的数据集基本相当的准确率。如前所述，通过更好的训练能力，可以实现原始论文中提到的结果，即仅使用 1% 的标签就可以实现 93% 的准确率。

强烈建议读者通过改变带标签的训练数据集的数量，并将其与所有标签的完整训练进行比较，以重复评估步骤。这有助于展示自监督学习的巨大威力。

8.6　进一步改进的方向

虽然我们仅通过构建的一个有监督的分类器使用从 SimCLR 模型中学习到的特征，但 SimCLR 模型实用程序不必局限于此。读者可以以各种其他方式使用从未标记图像中学习到的表征。示例如下：

- 使用降维技术对学习到的特征进行比较。使用主成分分析（Principal Component Analysis，PCA），可以将特征映射到更高维空间并进行比较。
- 使用一些异常检测方法（如单类支持向量机）来发现图像中的异常值。

除此之外，读者还可以尝试调整 SimCLR 体系结构代码并构建新模型。以下是一些调整 SimCLR 体系结构的方法。

- 尝试另一种有监督的分类器进行微调（如多层感知器）并比较结果。
- 尝试使用其他编码器体系结构（如 ResNet－18、ResNet－152 或 VGG）进行模型训练，看是否能更好地体现功能。
- 尝试从头开始训练，尤其是将其用于另一个数据集时。找到一组未标记的图像应该并不困难。对于某些类似的类别，可以始终使用 ImageNet 标签作为微调评估分类器的验证标签，或者手动标记一小部分并查看结果。
- 目前，SimCLR 体系结构使用 NTXent 损失函数。如果读者有足够的信心，也可以使用不同的损失函数。
- 尝试生成式对抗网络中的一些损失函数，将生成式对抗网络与自监督表征混合和匹配，可能是一个令人兴奋的研究项目。

最后，不要忘记 SimCLR 只是众多对比学习架构中的一个。PyTorch Lightning 还内置了对其他体系结构的支持，如 CPC，SWAV 和 BYOL。读者也应该尝试一下，并将结果与 SimCLR 进行比较。

8.7　本章小结

自然界或工业中存在的大多数图像数据集都是未标记的，例如，诊断实验室、核磁共振成像或牙科扫描等产生的 X 射线图像。亚马逊评论上生成的图片、谷歌街景或 eBay 等电子商务网站上生成的图片也大多未标记，脸书、Instagram 或 WhatsApp 的大部分图片从未赋予标签，因此也未标记。由于当前的建模技术需要大量手动标记的图像数据集，所以这些图像数据集中有许多内容未被利用，其潜力尚未被开发。降低对大型标记数据集的需求，扩大机器学习的领域范围，这正是自监督学习提供的无限可能性所在。

在本章中，我们讨论了如何使用 PyTorch Lightning 快速创建自监督学习模型，如对比学习。事实上，PyTorch Lightning 是第一个为多个自监督学习模型提供开箱即用支持的框架。我们使用 PyTorch Lightning 实现了 SimCLR 体系结构，并使用内置功能轻松创建了一个模型，如果使用 TensorFlow 或 PyTorch 实现该模型，则需要花费很大气力。我们还观察到，该模型在标签数量有限的情况下表现相当好。只需标记 1% 的数据集，就可以获得与使用 100% 标记集基本相当的结果。可以通过学习未标记图像的表示来区分图像。这种表征学习方法提供了一种额外的学习方法，能够识别集合中的异常图像，或者自动将图像聚类在一起。目前，自监督学习方法（如 SimCLR）被认为是深度学习中最先进的方法之一。

到目前为止，我们已经讨论了深度学习中所有流行的架构：从卷积神经网络开始，到生成式对抗网络，再到半监督学习，最后到自监督学习。接下来，我们将把重点从训练模型转移到部署模型上。在下一章中，我们将讨论如何将模型投入生产，并熟悉对模型进行部署和评分的技术。

第三部分
高级主题

在第三部分的各个章节重点针对高级用户，他们需要使用分布式训练并且基于海量数据对深度学习模型进行训练，同时对模型进行部署和评分。这一部分的各个章节内容也适合希望使用 PyTorch Lightning 构建新算法的研究人员阅读。

第三部分包括以下章节。

- 第 9 章　部署和评分模型
- 第 10 章　规模化和管理训练

第9章

部署和评分模型

在不知情的情况下，我们可能已经体验过本书中讨论的一些模型。回想一下，照片应用程序如何自动检测照片集中的“人脸”，或者如何将某个特定朋友的所有照片组合在一起。这正是一个运行中的图像识别深度学习模型（如卷积神经网络）。或者我们可能熟悉 Alexa 聆听我们的声音，或者在搜索时谷歌自动完成文本输入。这些都是基于自然语言处理的深度学习模型，这些模型使一切都变得那么便利。或者我们可能看到一些电子购物应用程序或社交媒体网站建议为某个产品添加某个说明文字，这是半监督式学习的全部功劳！但是，如何在 Python Jupyter 笔记本中构建一个模型，并将其应用于其他设备？（无论是扬声器、手机、应用程序，还是门户网站）如果没有应用集成，经过训练的模型仍然是一个没有实际意义的统计对象。

为了在生产环境中消费和使用模型，我们必须以能够与各种最终用户应用程序集成的方式提供模型。使用模型的一种流行方式是通过 REST API 端点。一旦创建了 API 端点，就可以将模型插入任何应用服务器，并为各种终端应用程序或边缘设备提供服务。模型的部署涉及将模型转换为一个目标文件，并随后加载该目标文件以进行评分。对模型评分意味着根据给定的输入得到预测的输出。为了给模型评分，我们应该能够将模型集成到应用程序中，即部署模型。在本章中，我们主要讨论如何使用 PyTorch Lightning 框架执行这些操作，以及如何轻松地将 PyTorch Lightning 模型用于生产活动。我们将使用 Flask（一种流行的 Web 开发框架）创建一个简单的 API 端点，以便部署模型。

模型消费面临的另一个挑战是，可以使用不同的框架来训练模型，如 PyTorch Lightning，Caffe 和 TensorFlow。所有这些框架都有自己的文件格式，数据科学家通常需要将一个模型的输出与另一个模型进行集成。在生产环境中部署模型时，可能需要以与框架无关的方式使用模型。在本章中，我们使用检查点在 PyTorch Lightning 框架内对本地部署和评分模型的各种方法进行比较，并介绍开放式神经网络交换（Open Neural Network Exchange，ONNX）格式的使用方法。ONNX 是一种可移植且可互操作的格式，能够跨框架传输深度学习模型。

本章涵盖以下主题：

- 在本地部署和评分深度学习模型。
- 部署和评分可以移植的模型。

9.1 技术需求

在本章中，主要使用以下 Python 模块（包括其版本号）：

- PyTorch Lightning（版本 1.2.10）。
- pytorch（版本 1.9.0）。
- torchvision（版本 0.10.0）。
- flask（版本 1.1.2）。
- pillow（版本 8.2.0）。
- opencv（版本 4.5.3）。
- numpy（版本 1.20.1）。
- json（版本 2.0.9）。
- onnxruntime（版本 1.8.1）。
- Python（版本 3.8.8）。

读者可以通过以下 GitHub 链接获取本章中的示例代码：https://github.com/PacktPublishing/Deep-Learning-with-PyTorch-Lightning/tree/main/Chapter09。

源数据集链接（Kaggle 猫和狗数据集）为 https://www.kaggle.com/tongpython/cat-and-dog。

9.2 在本地部署和评分深度学习模型

一旦一个深度学习模型被训练完成，该模型基本上就包含了关于其结构的所有信息，即模型的权重、层次等。为了能够在以后的生产环境中针对新的数据集使用此模型，我们需要以适当的格式存储此模型。将数据对象转换为可存储在内存中格式的过程称为序列化（Serialization）。模型一旦以这种方式序列化，就是一个自治实体，可以传输或转移到不同的操作系统或不同的部署环境中（如部署或生产）。

然而，一旦模型被转移到生产环境中，我们就必须以原始格式重建模型的参数和权重。这种从序列化格式重新创建的过程称为反序列化（De-Serialization）。

还有其他一些方法可以将机器学习模型产品化，但最常用的方法是在训练结束后，首先使用“某种”格式对模型进行序列化，然后在生产环境中反序列化所保存的模型。

序列化的机器学习模型可以保存为各种文件格式，如 JSON、pickle、ONNX 或预测模型标记语言（Predictive Model Markup Language，PMML）。PMML 可能是最古老的文件格式，在 SPSS 时代用于数据科学的打包软件中，主要用于模型产品化。然而，近年来，pickle 和 ONNX 等格式得到了更广泛的应用。

我们将在本章中讨论其中一些措施的实施方案。

9.2.1 pickle（.PKL）模型文件格式

当前大多数训练都是在 Python 环境中完成的，pickle 是一种简单快速的模型序列化格式。大多数框架都提供 pickle 支持。在默认情况下，许多框架（如 scikit - learn）也使用 pickle 文件格式存储模型。pickle 文件格式将模型转换为字节形式（人类无法直接阅读），并以面向对象的方式采用特殊格式存储模型。

机器学习社区通常将使用 pickle 文件格式进行序列化称为 pickling，并将 pickle 文件格式的反系列化称为 un - pickling。我们可以对以下数据类型的对象进行序列化：布尔值、整数、浮点数、复数、字符串、元组、列表、集合、字典、类和函数。反系列化将字节流转换为 Python 层次结构，以便可以使用模型。

pickle 有一些优点。例如，它可以跟踪先前序列化的对象，在 Python 中有许多内置方法，这使反序列化变得简单而快速，并且通过单独存储类，可以轻松地实现导入功能。

pickle 的主要缺点：它是 Python 固有的文件格式，不提供跨语言支持。即使是不同版本的 Python（如 2. x 和 3. x），也可能存在兼容性的问题。

9. 2. 2　部署深度学习模型

在第 2 章中，我们首先研究了深度学习模型。我们使用卷积神经网络体系结构构建了一个图像识别模型。这是一个使用 Adam 优化器的三层卷积神经网络模型。读者可以在 GitHub 页面上找到模型（https://github.com/PacktPublishing/Deep - Learning - with - PyTorch - Lightning/tree/main/Chapter02）。

在第 2 章中，我们使用的数据集是猫和狗数据集。该模型可以使用二元分类器预测图像中是否包含猫或狗。

在对模型进行训练之后，下一个逻辑步骤是了解如何将其投入生产，并将其集成到应用程序中。虽然识别猫或狗的模型的实际应用非常有限（可能仅是一款教育应用程序，面向幼儿，教授孩子们识别动物，并在孩子们拍照时给予他们反馈），但还有许多其他图像识别模型具有更实际的用途。例如，识别上传的身份证明是否属于其本人。

我们将在训练模型之后继续我们的流程，讨论如何对模型进行部署和评分。

9. 2. 3　保存和加载模型检查点

当训练一个深度学习模型时，我们会在每个阶段不断更新模型参数。换句话说，在整个训练过程中，模型的状态不断变化。虽然在训练过程中，状态保存在内存中，但 PyTorch Lightning 框架会定期自动将模型状态保存到检查点（checkpoint）。这是一个重要的特性，因为如果由于某种原因被中断，保存的检查点可用于恢复模型训练。此外，在一个模型经过充分训练之后，我们可以使用该模型的最终检查点来实例化模型的最终状态，并使用该模型进行评分；使用 LightningModule 类的 load_from_checkpoint 方法，可以加载保存的模型。

在默认情况下，在当前的每个训练周期之后，PyTorch Lightning 框架都会在当前工作目录下的 lightning_logs/version_ < number > 中存储一个检查点。具体来说，默认检查点的文件名为 epoch = < number > - step = < number > . ckpt，并保存在 lightning_logs/version_ < number > /checkpoints 文件夹中。

重要提示

第2章中实现的卷积神经网络模型是在 ImageClassifier 类中定义的，按惯例，它继承自 PyTorch Lightning 框架提供的 ImageClassifier 类。在模型保存时、在模型训练过程中以及在加载和使用模型时的部署和评分过程中，都需要访问这个类对象。因此，我们在其独立的文件（image_classifier. py）中定义类，以方便其可重用。

9.2.4 使用 Flask 部署和评分模型

Flask 是一种流行的 Web 开发框架。在本小节中，我们使用 Flask 创建一个简单的 Web 应用程序，通过一个名为 predict 的 API 访问模型。API 使用 HTTP POST 方法。应用程序包含两个主要组件：

- Flask 服务器。用于获取猫或狗的输入图像，转换图像，使用模型对图像进行评分，并返回图像是猫还是狗的响应结果。
- 客户端。向服务器发送猫或狗的图像，并显示从服务器收到响应的 Flask 客户端。

创建 Web 应用程序的步骤如下。

（1）描述服务器的实现细节。导入需要的所有包。代码如下：

```
import torch.nn.functional as functional
import torchvision.transforms as transforms
from PIL import Image
from flask import Flask, request, jsonify
from image_classifier import ImageClassifier
```

在 torch. nn. functional 上使用 softmax 函数获取概率分布，使用 torchvision. transforms 模块变换图像。PIL 代表 Python Imaging Library（Python 图像库），我们将使用 PIL 加载从客户端接收的图像。当然，如前所述，Flask 框架是服务器应用程序的主干；导入 request 包，它提供了一种处理 HTTP 请求的机制；同时导入 jsonify 包，它提供了发送回客户端的 JSON 表示。ImageClassifier 类在 image_classifier. py 中定义，所以也导入了该模块。

重要提示

用来调整图像大小和居中裁剪图像的 torchvision. transforms 模块功能需要 PIL 模块，这就是使用 PIL 模块加载图像的原因。

（2）加载经过完整训练之后的卷积神经网络模型。代码如下：

```
model = ImageClassifier.load_from_checkpoint("./
lightning_logs/version_0/checkpoints/epoch=99-step=3199.ckpt")
```

在 API 定义之外对模型进行实例化，以便只加载一次模型，而不是在每次 API 调用时加载模型。

（3）定义 API 实现要使用的辅助函数。代码如下：

```
IMAGE_SIZE = 64
def transform_image(img):
    transform = transforms.Compose([
    transforms.Resize(IMAGE_SIZE),
        transforms.CenterCrop(IMAGE_SIZE),
        transforms.ToTensor()
    ])
    return transform(img).unsqueeze(0)

def get_prediction(img):
    result = model(img)
    return functional.softmax(result, dim=1)[:,1].tolist()[0]
```

transform_image 函数接收一个名为 img 的图像作为输入。调用这个函数调整图像的大小，并将其中心裁剪为 64 像素大小（使用 IMAGE_SIZE 变量定义），然后，将图像转换为一个张量，并调用张量的 unsqueeze(0) 方法，以便按照卷积神经网络模型的要求，在位置 0 处插入一个大小为 1 的维度。

get_prediction 函数将变换后的图像作为输入，并将输入传递给模型以获得结果，然后调用 functional. softmax 函数计算概率值。

（4）实例化 Flask 类，并定义一个名为 predict 的 POST API。代码如下：

```
app = Flask(__name__)

@app.route("/predict", methods=["POST"])
def predict():
    img_file = request.files['image']
    img = Image.open(img_file.stream)
    img = transform_image(img)
    prediction = get_prediction(img)
    if prediction >= 0.5:
        cat_or_dog = "dog"
    else:
        cat_or_dog = "cat"
    return jsonify({'cat_or_dog': cat_or_dog})
```

predict 函数将按照以下的顺序执行所有的逻辑：从请求中提取图像文件、加载图像、变换图像并获得预测。客户端需要将一个名为 image 的文件上传到 predict API，所以我们使用名称 request. files['image'] 以检索文件。从模型中得到预测后，使用 0.5 作为输出猫或狗的概率阈值（可以根据应用程序的需要调整阈值）。调用 jsonify 负责将字典转换为 JSON 表示形式，并在 HTTP 响应中将其发送回客户端。

（5）启动 Flask 应用程序。代码如下：

```
if __name__ == '__main__':
    app.run()
```

在默认情况下，Flask 服务器开始在 5000 端口上侦听发送到 localhost 的请求。输出截图如图 9－1 所示。

```
> python server_ckpt.py
 * Serving Flask app "server_ckpt" (lazy loading)
 * Environment: production
   WARNING: This is a development server. Do not use it in a production deployment.
   Use a production WSGI server instead.
 * Debug mode: off
 * Running on http://127.0.0.1:5000/ (Press CTRL+C to quit)
```

图 9－1 启动 Flask 服务器

（6）描述客户机的实现。客户端在 localhost 的 5000 端口上向服务器发送 HTTP POST 请求。在本小节中，我们将在 client. ipynb 笔记本中实现客户端编码。代码如下：

```
import requests

server_url = 'http://localhost:5000/predict'
path = './cat.4001.jpg'
files = {'image': open(path,'rb')}
resp = requests.post(server_url, files=files)
print(resp.json())
```

我们使用 server_url 变量定义服务器 POST API 的 URL，并使用 path 变量定义图像文件所在的位置。

请注意，我们已经将两张图像 cat. 4001. jpg 和 dog. 4001. jpg（见图 9－2）从数据集复制到 GitHub 存储库，因此代码中不需要从 Kaggle 下载完整的数据集。

图 9－2 用于模型评分的图像（图片来源：Kaggle 数据集）

我们还定义了用于加载图像文件的 files 字典，并按照服务器 API 实现的要求，将 image 作为字典的键，然后，使用 HTTP POST 请求将文件发送到服务器，并显示 JSON 响应。

JSON 响应输出如图 9－3 所示。

服务器输出显示了处理一个 HTTP POST 请求接收到的/predict API 的时间戳，以及 200 状态码（表明处理成功）。显示结果如下：

```
127.0.0.1 - - [<timestamp>] "POST /predict HTTP/1.1" 200 -
```

```
In [1]: import requests

In [2]: server_url = 'http://localhost:5000/predict'
        path = './cat.4001.jpg'
        files = {'image': open(path, 'rb')}
        resp = requests.post(server_url, files=files)
        print(resp.json())

        {'cat_or_dog': 'cat'}
```

图 9-3　JSON 响应输出

还可以使用客户机 URL（Client URL、cURL）命令行工具或其他 API 测试工具（如 Postman）将请求发送到服务器。下面的代码片段显示了 curl 命令：

```
curl -X POST -F 'image=@ dog.4001.jpg' http://localhost:5000/predict -v
```

服务器的预测结果如图 9-4 所示。

```
> curl -X POST -F 'image=@cat-and-dog/test_set/test_set/cats/cat.4001.jpg' http://localhost:5000/predict -v
Note: Unnecessary use of -X or --request, POST is already inferred.
*   Trying ::1:5000...
* Connection failed
* connect to ::1 port 5000 failed: Connection refused
*   Trying 127.0.0.1:5000...
* Connected to localhost (127.0.0.1) port 5000 (#0)
> POST /predict HTTP/1.1
> Host: localhost:5000
> User-Agent: curl/7.71.1
> Accept: */*
> Content-Length: 47183
> Content-Type: multipart/form-data; boundary=------------------------9e7f3d31652a7f9c
>
* We are completely uploaded and fine
* Mark bundle as not supporting multiuse
* HTTP 1.0, assume close after body
< HTTP/1.0 200 OK
< Content-Type: application/json
< Content-Length: 21
< Server: Werkzeug/1.0.1 Python/3.8.8
< Date: Mon, 30 Aug 2021 22:14:26 GMT
<
{"cat_or_dog":"cat"}
* Closing connection 0
>
```

图 9-4　服务器的预测结果

图 9-4 中的大部分输出都与 curl 命令的操作有关，因为使用了 -v 选项（对于 verbose）运行该命令。在图 9-4 中，突出显示了直到输出结束时的服务器响应。

9.3　部署和评分可以移植的模型

在数据科学家面前，有很多的深度学习框架，如 TensorFlow，PyTorch，甚至 Caffe 和 Torch 等更老的框架，PyTorch Lightning 框架只是其中最新的一个。数据科学家（基于他们最初研究的内容或舒适度）通常更倾向于其中的某一个框架。一些框架使用 Python，而另一些框架使用 C++。很难在一个项目中标准化一个框架，更不用说一个部门或一家公司了。我们可能会先在 PyTorch Lightning 框架中训练模型，然后过了一段时间之后，需要在 Caffe 或 TensorFlow 中更新模型。因此，在不同的框架之间转移模型，或者在不同的框架和语言之间建立一个“可移植”的模型变得至关重要。ONNX 就是为此目的而设计的一种格式。

在本节中，我们将讨论如何使用 ONNX 格式进行部署，从而实现可移植性。

9.3.1　ONNX 的格式及其重要性

ONNX 是微软公司和脸书于 2007 年首次推出的跨行业模型格式，其目标是实现深度学习硬件和框架的无关性，从而促进互操作性。ONNX 已经越来越多地被许多框架采用，如 PyTorch 和 Caffe。支持 ONNX 的各种深度学习框架如图 9－5 所示。

图 9－5　支持 ONNX 的各种深度学习框架

使 ONNX 从众多模型格式中脱颖而出的原因在于，它是专门为深度学习模型设计的（同时也支持传统模型）格式。ONNX 包括一个可扩展计算图模型的定义和内置操作符，其目标是让数据科学家不再被任何单一的框架所束缚。一个模型一旦保存为 ONNX 格式，就可以在任何平台、硬件或设备（GPU 或 CPU）上运行，而不管是否包含 NVIDIA 或英特尔处理器。

ONNX 简化了整个产品化过程，因为 ONNX 承担了机器学习工程团队的一项任务，以确保框架支持相应的硬件。ONNX 可以很好地支持 Linux、Windows 和 Macintosh 环境，并且为 Python、C 和 Java 提供了 API，这使它成为一个真正通用且统一的模型框架。不出所料，ONNX 近年来变得非常流行，而且 PyTorch Lightning 框架也提供了支持 ONNX 的内置函数。应该注意的是，虽然许多框架支持 ONNX，但并非所有框架都支持 ONNX（即使 ONNX 正在快速发展）。

9.3.2　保存和加载 ONNX 模型

如前所述，PyTorch Lightning 框架使用检查点文件保存模型的状态。检查点文件是加载和部署模型的一种非常特殊的方式，但它不是部署模型的唯一方式。我们可以使用模型的 to_onnx 方法将模型导出为 ONNX 格式。具体步骤如下：

（1）导入 torch 模块和 image_classifier（其中定义了 ImageClassifier 类）。代码如下：

```
import torch
from image_classifier import ImageClassifier
```

（2）加载经过充分训练后的卷积神经网络模型。代码如下：

```
model = ImageClassifier.load_from_checkpoint("./
lightning_logs/version_0/checkpoints/epoch=99-step=3199.ckpt")
```

（3）使用 to_onnx 方法之前要先创建 ONNX 文件的路径。在下面的代码中，该路径命名为变量 filepath，示例输入命名为变量 input_sample。卷积神经网络模型预计输入的大小为（1，3，64，64）。使用 torch. randn 创建样例。代码如下：

```
filepath = "model.onnx"
input_sample = torch.randn((1, 3, 64, 64))
model.to_onnx(filepath, input_sample, export_params=True)
```

结果将在当前工作目录中保存为 model. onnx 文件。

（4）使用 onnxruntime 加载模型。onnxruntime. InferenceSession 将加载模型并创建一个会话对象。代码如下：

```
session = onnxruntime.InferenceSession("model.onnx", None)
```

在下一小节中，我们将讨论如何加载 ONNX 模型并将其用于评分。

9. 3. 3 使用 Flask 部署和评分 ONNX 模型

我们用于演示 ONNX 格式的 Flask 客户端服务器应用程序，与用于检查点格式的应用程序非常相似。具体步骤如下。

（1）导入需要的所有工具包。代码如下：

```
import onnxruntime
import numpy as np

import torchvision.transforms as transforms
from PIL import Image

from flask import Flask, request, jsonify
```

请注意，在这里不再需要导入 image_classifier，因为已经将 PyTorch 模型转换为 ONNX 格式，所以不再需要 ImageClassifier 类。

（2）使用 onnxruntime，通过加载 model. onnx 来创建会话对象。代码如下：

```
session = onnxruntime.InferenceSession("model.onnx", None)
input_name = session.get_inputs()[0].name
output_name = session.get_outputs()[0].name
```

评分模型时需要 input_name 变量和 output_name 变量。实例化 session，并在 API 定义之外定义 input_name 变量和 output_name 变量，以便该逻辑只执行一次，而不是每次调用 API 时都执行一次。

（3）定义 API 实现所使用的辅助函数。代码如下：

```
IMAGE_SIZE = 64
def transform_image(img):
    transform = transforms.Compose([
        transforms.Resize(IMAGE_SIZE),
        transforms.CenterCrop(IMAGE_SIZE),
        transforms.ToTensor()
    ])
    return transform(img).unsqueeze(0)

def get_prediction(img):
    result = session.run([output_name], {input_name:img})
    return int(np.argmax(np.array(result).squeeze(),axis=0))
```

transform_image 函数接收一个名为 img 的图像作为输入。该函数调整图像的大小，并将其中心裁剪为 64 像素大小（使用 IMAGE_SIZE 变量定义的大小），然后，该函数将图像转换为张量，并在张量上调用 unsqueeze(0)，以便在位置 0 插入大小为 1 的维度，因为批处理中只有一张图像。

get_prediction 函数将变换后的图像作为输入。该函数将输入传递给模型，得到结果，然后得到概率。

重要提示

虽然 torchvision. transforms 是 PyTorch 特有的功能，但我们仍然需要在这个 ONNX 示例中继续使用这个功能，因为这就是训练模型的方式。我们不能使用其他图像处理库，如 OpenCV，因为它们有自己的特点，所以使用这些库转换的图像将与我们在训练期间使用的图像不完全相同。

此外，尽管 ONNX 模型需要将一个 NumPy 数组作为输入，但我们使用了 transforms. ToTensor，因为这是我们在训练中对图像进行规范化的方式。参阅说明文档中描述如下："将［0，255］范围内的 PIL 图像或 numpy. ndarray（H×W×C）转换为［0.0，1.0］范围内的 torch. FloatTensor 形状（C×H×W）。"

如前所述，用来调整图像大小和居中裁剪图像的 torchvision. transforms 中的函数变换需要一个 PIL 图像，因此需要使用 PIL 模块加载图像，如下所述。

（4）实例化 Flask 类并定义一个名为 predict 的 POST API。代码如下：

```
app = Flask(__name__)

@app.route("/predict", methods=["POST"])
def predict():
    img_file = request.files['image']
    img = Image.open(img_file.stream)
    img = transform_image(img)
    prediction = get_prediction(img.numpy())
    if prediction >= 0.5:
        cat_or_dog = "dog"
    else:
        cat_or_dog = "cat"
    return jsonify({'cat_or_dog': cat_or_dog})
```

predict 函数包含所有逻辑，按顺序执行以下操作：从请求中检索图像文件、加载图像、变换图像，并获得预测。客户端需要将一个名为 image 的文件上传到 predict API，所以在请求中使用名称 request.files['image']以检索文件。

使用 img.numpy 将 transform_image 函数返回的张量转换为 NumPy 数组。

从模型中得到预测值后，使用 0.5 作为输出猫或狗的概率阈值。调用 jsonify 将字典转换为 JSON 表示形式，并在 HTTP 响应中将其发送回客户端。

（5）将启动 Flask 应用程序。代码如下：

```
if __name__ == '__main__':
    app.run()
```

如前一个示例所述，在默认情况下，Flask 服务器开始监听在 5000 端口上发送到 localhost 的请求。输出结果如图 9-6 所示。

```
> python server_onnx.py
 * Serving Flask app "server_onnx" (lazy loading)
 * Environment: production
   WARNING: This is a development server. Do not use it in a production deployment.
   Use a production WSGI server instead.
 * Debug mode: off
 * Running on http://127.0.0.1:5000/ (Press CTRL+C to quit)
```

图 9-6　Flask 服务器准备就绪

重要提示

在启动 ONNX 服务器之前，请确保终止上一个示例中的检查点服务器，否则，我们将收到一个错误，显示“Address already in use（地址已在使用）”，因为该服务器已在监听 5000 端口，而我们正试图在该端口启动一个新的服务器。

客户机代码完全相同，因为客户机不关心服务器的内部实现——无论服务器使用基于检查点的本机模型实例，还是基于 ONNX 的模型实例进行评分。

客户端的输出结果如图 9－7 所示。

```
In [1]: import requests

In [2]: server_url = 'http://localhost:5000/predict'
        path = './cat.4001.jpg'
        files = {'image': open(path, 'rb')}
        resp = requests.post(server_url, files=files)
        print(resp.json())

        {'cat_or_dog': 'cat'}
```

图 9－7　客户端的输出结果

与在上一个示例中描述的类似，服务器输出在处理/predict API 接收的 HTTP POST 请求时显示时间戳，并指示处理成功的 200 状态码。代码如下：

```
127.0.0.1 - - [<timestamp>] "POST /predict HTTP/1.1" 200 -
```

当然，也可以使用 cURL 命令行工具，将请求发送到 ONNX 服务器。命令如下：

```
curl -X POST -F'image=@dog.4001.jpg'http://localhost:5000/predict -v
```

9.4　进一步的研究方向

至此，我们已经讨论如何部署深度学习模型并为其评分。读者可以进一步探索伴随模型使用而来的其他挑战。示例如下：

- 如何衡量大规模工作负载的评分？例如，每秒提供 100 万次的预测。
- 如何在一定的往返时间内管理评分吞吐量的响应时间？例如，一个请求到达和被服务返回评分之间的往返时间不能超过 20 毫秒。读者还可以考虑在部署时优化此类深度学习模型的方法，如批量推理和量化。
- Heroku 是一种流行的部署选项。读者可以在 Heroku 上的自由层下部署一个简单的 ONNX 模型。还可以在不使用前端的情况下部署模型，也可以使用简单的前端上传文件。当然还可以更进一步使用生产服务器，如 Uvicorn、Gunicorn 或 Waitress，并尝试部署模型。
- 还可以将模型保存为一个 . pt 文件，并使用 JIT 编写模型脚本，然后执行推断。读者可以尝试此选项并比较性能。

这些挑战通常由机器学习工程团队在云工程师的帮助下完成。这个过程通常还包括创建复制系统，该系统可以自动扩展以适应传入的工作负载。

9.5　进一步阅读的资料

以下是 PyTorch Lightning 网站中“*Inference in Production*（生成环境中的推理）”页面的链接网址：https://pytorch-lightning.readthedocs.io/en/latest/common/production_inference.html。

为了了解更多关于 ONNX 和 ONNX 运行时的信息，可以访问其官方网站 https://onnx.ai 和 https://onnxruntime.ai。

9.6 本章小结

数据科学家通常在模型部署和评分方面发挥支持作用。然而，在一些公司中（或规模较小的数据科学项目中，可能没有一个完全稳定的工程团队），数据科学家可能会被要求完成此类任务。本章将有助于我们做好测试和实验部署的准备，以及与最终用户应用程序的集成。

在本章中，我们讨论了 PyTorch Lightning 如何在 Flask 应用程序的帮助下，通过 REST API 端点轻松部署和应用，还讨论了如何通过检查点文件或 ONNX 等可移植文件格式在本机上实现部署和应用。我们已经注意到，在现实生产环境中，当多个团队可能使用不同的框架来训练模型时，可以使用不同的文件格式（如 ONNX）来帮助部署实施过程。

回顾前文，从介绍第一个深度学习模型开始，本书陆续讨论了如何使用越来越多的高级算法（如生成式对抗网络、半监督学习和自监督学习）来完成各种任务，还讨论了如何使用预训练的模型或现成的模型（如 Bolts）来实现训练大型深度学习模型的目标。在下一章中，本书将介绍一些重要的技巧，这些技巧有助于读者在深度学习探索之旅中排除故障，并作为一个现成计算工具指导读者将模型扩展到大规模工作的情况下。

10

第10章

规模化和管理训练

到目前为止，我们在深度学习中经历过一段激动人心的探索旅程。我们学习了如何识别图像、如何创建新图像或生成新文本，以及如何在没有完全标记数据集的情况下训练机器。为了使深度学习模型获得良好的结果需要大量的计算能力，通常需要 GPU 的运算能力，这是一个公开的秘密。在深度学习的早期，数据科学家不得不手动将训练分发到 GPU 的每个节点，但是如今我们已经取得了长足的进步。PyTorch Lightning 消除了与管理底层硬件或将训练推送到 GPU 相关的大多数复杂性操作。

在前面的几章中，我们已经通过暴力算法降低了训练的复杂性。然而，当必须处理大规模数据的大量训练时，这样做是不现实的。在本章中，我们将详细讨论大规模训练模型和管理训练所面临的挑战。我们将描述一些常见的陷阱，以及避免这些陷阱的提示和技巧。我们还将讨论如何设置试验、如何使模型训练适应底层硬件中的问题，以及如何利用硬件来提高训练效率等。读者可以将本章视为进行更复杂的训练所需要的现成计算工具。

在本章中，我们讨论以下的主题，以帮助对深度学习模型进行训练：

- 管理训练。
- 规模化训练。
- 控制训练。

10.1 技术需求

在本章中，我们将使用 PyTorch Lightning 的 1.4.9 版。可以使用下面的命令安装此版本：

```
!pip install pytorch-lightning==1.4.9
```

10.2 管理训练

在本节中，我们将讨论在管理深度模型训练时可能遇到的一些常见挑战，包括在保存模型参数和有效调试模型逻辑方面的故障排除。

10.2.1 保存模型超参数

通常需要保存模型的超参数。其部分原因是模型具有重复性、一致性，以及一些模型的网络结构对超参数非常敏感。

在很多情况下，我们可能会发现自己无法从检查点加载模型。LightningModule 类的 load_from_checkpoint 方法失败，并出现错误。

下面介绍解决方案。

检查点只不过是模型的保存状态。检查点包含模型使用的所有参数的精确值。但是，在默认情况下，传递给__init__方法的模型的超参数的值不会保存在检查点中。在 LightningModule 类的__init__方法中，在调用 self. save_hyperparameters 的同时会将参数的名称和值保存在检查点中。

需要检测并确认我们是否将其他参数（如学习率）传递给 LightningModule 类的__init__方法。如果是，那么需要确保这些参数的值也被保存在检查点中。为了在检查点中保存这些参数，可以在 LightningModule 类的__init__方法中调用 self. save_hyperparameters。

下面的代码片段显示了如何使用 self. save_hyperparameters 在 CNN - RNN 级联模型中保存超参数，该模型在第 7 章中被作为卷积神经网络 - 长短期记忆网络架构的实现。代码如下：

```
def __init__(self, cnn_embdng_sz, lstm_embdng_sz, lstm_hidden_lyr_sz,
lstm_vocab_sz, lstm_num_lyrs, max_seq_len=20):
    super(HybridModel, self).__init__()
    """CNN"""
    resnet = models.resnet152(pretrained=False)
    module_list = list(resnet.children())[:-1]
    self.cnn_resnet = nn.Sequential(*module_list)
    self.cnn_linear = nn.Linear(resnet.fc.in_features,cnn_embdng_sz)
    self.cnn_batch_norm = nn.BatchNorm1d(cnn_embdng_sz,momentum=0.01)
    """LSTM"""
    self.lstm_embdng_lyr = nn.Embedding(lstm_vocab_sz,lstm_embdng_sz)
    self.lstm_lyr = nn.LSTM(lstm_embdng_sz, lstm_hidden_lyr_sz,
            lstm_num_lyrs, batch_first=True)
    self.lstm_linear = nn.Linear(lstm_hidden_lyr_sz,
            lstm_vocab_sz)
    self.max_seq_len = max_seq_len
    self.save_hyperparameters()
```

在以上代码片段中，__init__方法中的最后一行代码调用了 self. save_hyperparameters。

10.2.2 高效调试

由于以下的原因，使用 PyTorch 编写的深度学习模型进行试验和调试可能是一个非常耗时的过程。

- 深度学习模型使用大量的数据进行训练。例如，即使在高性能的硬件（如 TPU 或者 GPU）上运行，也可能需要数天的时间。训练通常是使用多个批次的数据和多个训练周期迭代执行的。笨重的训练—验证—测试周期可能导致编程逻辑中的错误表现出现延迟。
- Python 不是一种编译语言，而是一种解释性语言，因此语法错误（如拼写错误、缺少 import 语句）不会像在 C 和 C++ 等编译语言中一样事先被捕获。只有当 Python 虚拟机运行特定代码行时，才会暴露这种错误。

PyTorch Lightning 框架能否帮助快速捕获程序设计错误，以节省在更正错误后重复运行所浪费的时间呢？

下面介绍解决方案。

PyTorch Lightning 框架提供了不同的参数，可以在模型训练期间传递给 trainer 模块，以减少调试时间。其中的一些参数如下。

- limit_train_batches（限制训练批次）：此参数可传递给 trainer，以控制训练期间使用的数据子集。下面的代码片段提供了一个示例：

```
import pytorch_lightning as pl
...
# 每个训练周期仅使用训练数据的 10%
trainer = pl.Trainer(limit_train_batches = 0.1)
# 每个训练周期仅使用 10 个批次数据
trainer = pl.Trainer(limit_train_batches = 10)
```

此设置对于调试一个训练周期之后发生的某些问题非常有用。此设置可以节省时间，因为它加快了一个训练周期的运行时间。

请注意，对于测试和验证数据，也有类似的参数，分别为 limit_test_batches 和 limit_val_batches。

- fast_dev_run（快速开发运行）：该参数限制训练、验证和测试的批次，以快速检查错误。与 limit_train/val/test_batches 参数不同，此参数禁用检查点、回调、日志记录器等，并且只运行一个训练周期。因此，顾名思义，这个参数只应该在开发过程中用于快速调试。下面的代码片段显示了该参数的应用场景：

```
import pytorch_lightning as pl
...
# 运行 5 个训练、测试和验证批次，然后停止
trainer = pl.Trainer(fast_dev_run = 5)
# 运行 1 个训练、测试和验证批次，然后停止
trainer = pl.Trainer(fast_dev_run = True)
```

- max_epochs（最大训练周期数）：该参数限制了训练周期的数量，一旦达到 max_epochs 参数的数量，训练就会终止。

下面的代码片段显示了在训练卷积神经网络模型时如何使用此参数，以将训练限制为 100 个训练周期：

```
trainer = pl.Trainer(max_epochs=100, gpus=-1)
```

10.2.3　使用 TensorBoard 监测训练损失

在整个训练过程中，需要确保训练损失在不陷入局部极小值的情况下收敛。如果不收敛，则需要调整参数（如学习率、批次大小或优化器），然后重新启动训练过程。应该如何通过可视化损失曲线来监控损失是否在持续减少呢？

下面介绍解决方案。

在默认情况下，PyTorch Lightning 支持 TensorBoard 框架，该框架提供训练损失等指标的跟踪和可视化。通过在 LightningModule 代码中调用 log 方法，可以保存在执行每个批次处理和训练周期期间计算的损失。例如，下面的代码片段显示了如何在 HybridModel 类的 training_step 方法（见第 7 章的 model.py）中定义的记录损失值。

```
def training_step(self, batch, batch_idx):
    loss_criterion = nn.CrossEntropyLoss()
    imgs, caps, lens = batch
    outputs = self(imgs, caps, lens)
    targets = pk_pdd_seq(caps, lens, batch_first=True)[0]
    loss = loss_criterion(outputs, targets)
    self.log('train_loss', loss, on_epoch=True)
    return loss
```

调用 self.log 方法将在内部保存损失值，为此，正如前面提到的，PyTorch Lightning 默认使用 TensorBoard 框架。我们还给这个损失指标起了一个名字，即 train_loss。on_epoch = True 参数表示 PyTorch Lightning 框架不仅记录每个批次的损失，还记录每个训练周期的损失。

前面描述了对上述损失指标的跟踪。接下来，描述损失度量的可视化。我们将在 tensorboard.ipynb 笔记本中实现本小节剩余部分的编码工作。从笔记本中可以看出，只需将 TensorBoard 指向模型训练期间 PyTorch Lightning 创建的 lightning_logs 文件夹所在的位置。因此，从 lightning_logs 的父文件夹中启动 tensorboard.ipynb 笔记本。下面是实现可视化技巧的代码：

```
%load_ext tensorboard
%tensorboard --logdir "./lightning_logs"
```

在以上代码片段中，首先加载 tensorboard 扩展，然后使用 --logdir 命令行参数向其提供 lightning_logs 文件夹所在的位置。

执行笔记本单元格中的代码后，TensorBoard 框架将在单元格下方启动，如图 10－1 所示。

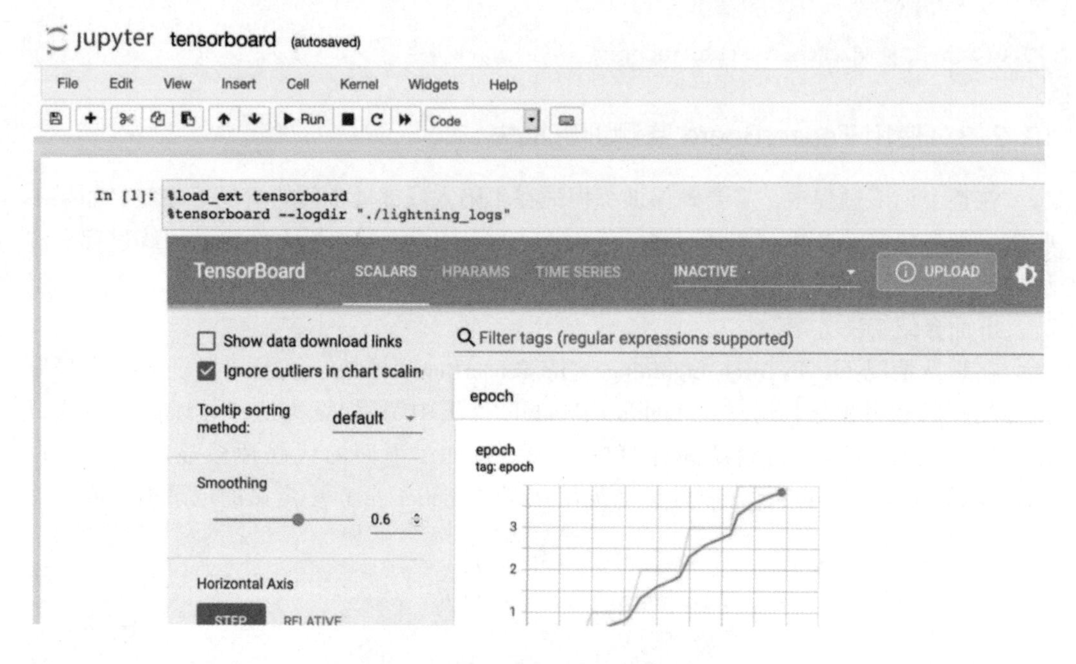

图 10－1　用于可视化损失的 TensorBoard

重要提示

TensorBoard 框架可能需要几秒的时间才能显示出来，尤其是在模型训练期间运行了数千个训练周期的情况下。TensorBoard 加载所有度量数据需要更长的时间。

回到前面代码片段中 training_step 方法的定义，其中调用 self. log 方法时使用的损失指标的名称为 train_loss。TensorBoard 会显示两个损失图表。在 TensorBoard 中的 epoch 和 hp_metric 图表的下方向下滚动鼠标，然后展开 train_loss_epoch 和 train_loss_step 选项卡，如图 10－2 所示。

请注意，PyTorch Lightning 框架会自动将_epoch 和_step 附加到代码中提供的 train_loss 之后，以便区分 epoch 度量和 step 度量。这是因为我们通过将 on_epoch = True 参数传递给 self. log 方法，要求框架除了记录前面代码片段中每个步骤的损失值之外，还要记录每个训练周期的损失值。

图 10－3 显示了两个损失图表。

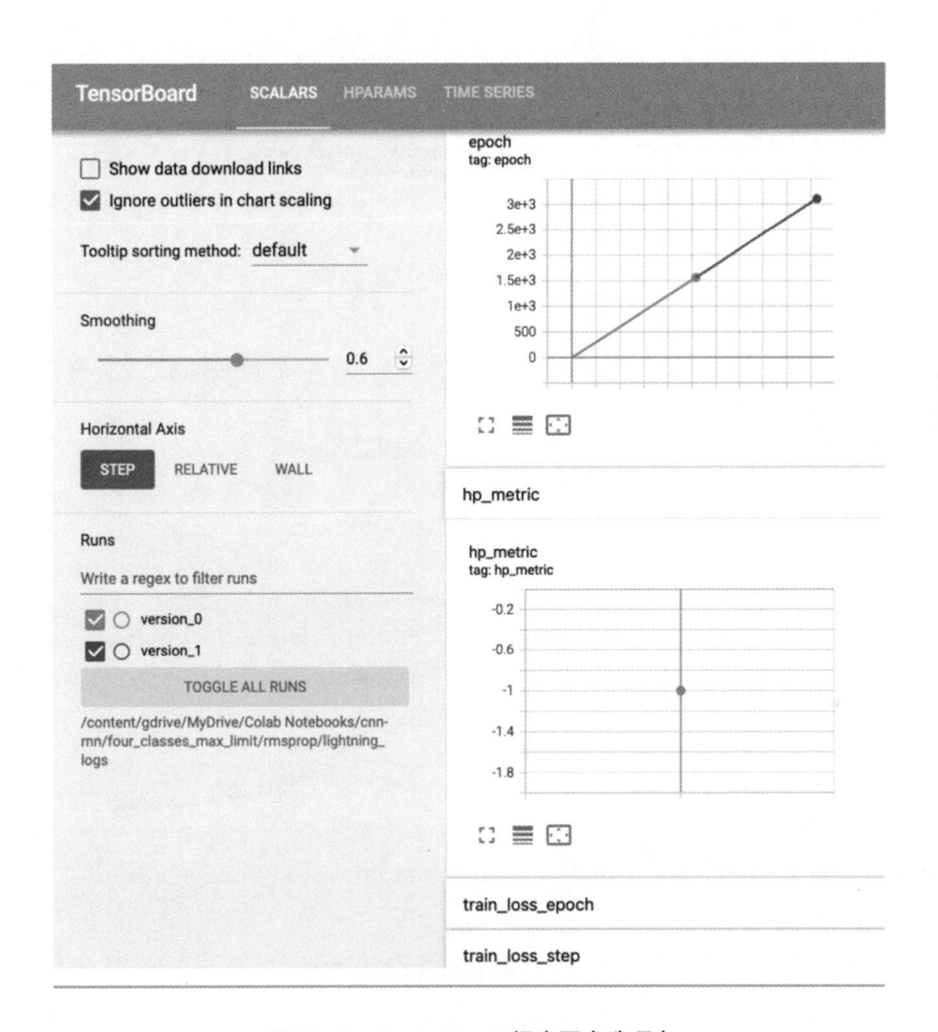

图 10－2 TensorBoard 损失图表选项卡

最后，请注意，不同的版本会自动使用不同的颜色。在图 10－3 的左下方，第一个单选按钮用于版本 0（version_0），第二个单选按钮用于版本 1（version_1）。如果训练过程跨越多个版本，那么可以通过勾选这些版本号旁边的复选框或单击单选按钮，来选择显示其中一个或多个版本的度量指标。例如，图 10－4 中的训练共包含 8 个版本。对于版本 0 到版本 5，我们使用了 0.001 的学习率值，但由于训练没有收敛，随后将学习率降低到 0.000 3，并重新开始训练，因此创建了后续版本。我们在图 10－4 中仅选择了版本 6 到版本 8，以可视化学习率为 0.000 3 的损失曲线。

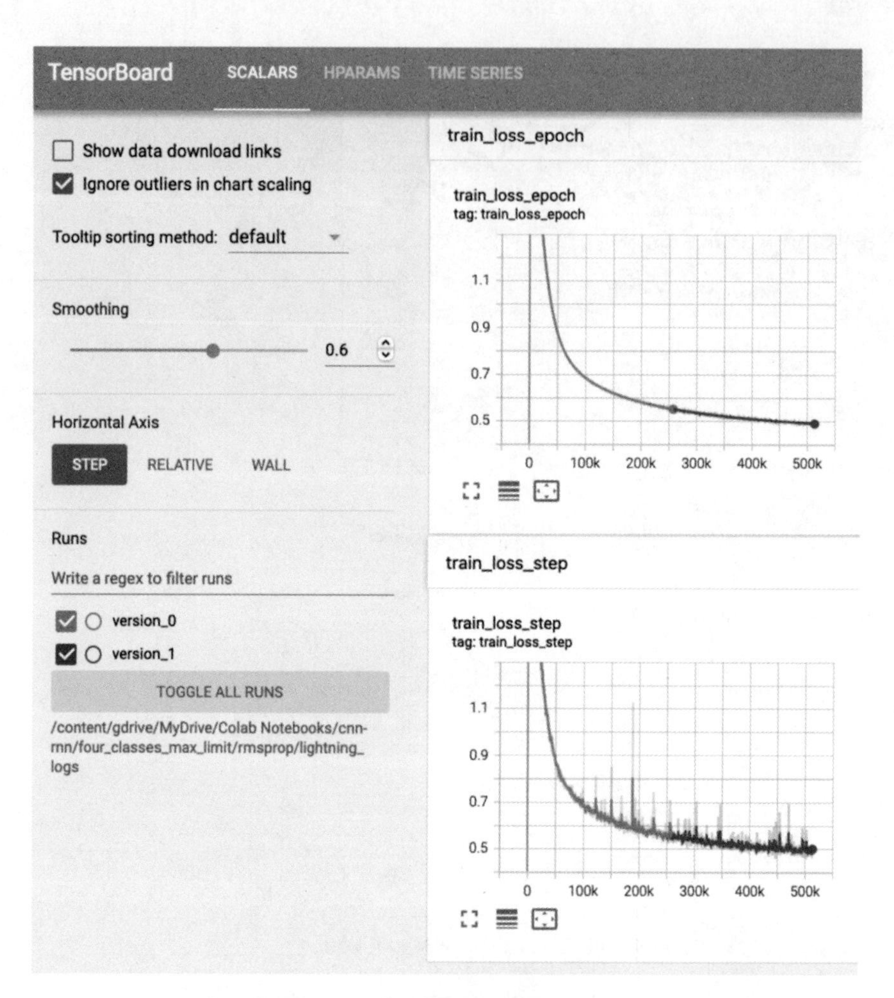

图 10 - 3　TensorBoard 损失图表

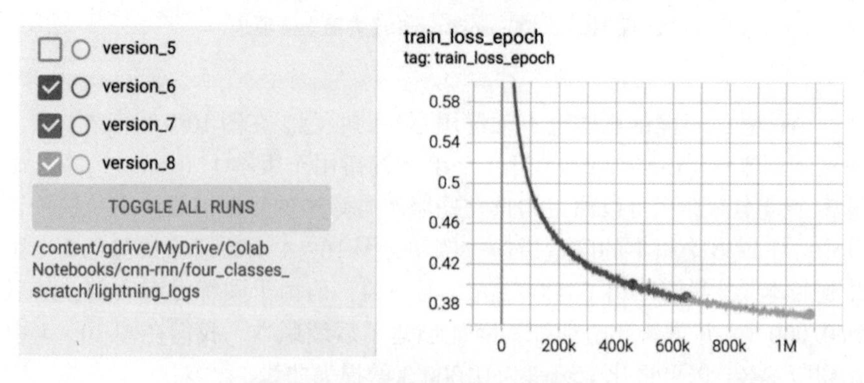

图 10 - 4　TensorBoard 选择版本

10.3　规模化训练

规模化训练需要我们加快海量数据的训练过程，并更好地利用 GPU 和 TPU 的计算能力。在本节中，我们将讨论有效地使用 PyTorch Lightning 中的功能来实现规模化的一些技巧。

10.3.1　利用多个工作线程加速模型训练

PyTorch Lightning 框架如何帮助加速模型训练？其中一个有用的参数是 num_workers。该参数来自 PyTorch。PyTorch Lightning 在其基础上，通过提供有关工作线程的数量来构建该参数。

下面介绍解决方案。

PyTorch Lightning 提供了一些加速模型训练的功能。例如，可以为 num_workers 参数设置非零值，以加快模型训练速度。下面的代码片段提供了一个示例：

```
import torch.utils.data as data
...
dataloader = data.DataLoader(num_workers=4, ...)
```

num_workers 的最佳值为多少取决于批次大小和机器配置。一般的指导原则是从一个等于机器上 CPU 核数的数字开始。正如 https://pytorch-lightning.readthedocs.io/en/latest/guides/speed.html 中阐述的：“最好的办法是慢慢增加 num_workers 的数量，一旦发现自己的训练速度并没有改善，就停止增加 num_workers 的数量。”

请注意，PyTorch Lightning 提供了有关 num_workers 的建议，在 DataLoader 中使用参数 num_workers=1 时模型训练的运行输出结果如图 10-5 所示。

```
6.4 M     Trainable params
0         Non-trainable params
6.4 M     Total params
25.643    Total estimated model params size (MB)
/usr/local/lib/python3.7/dist-packages/pytorch_lightning/trainer/data_loading.py:106: UserWarning: The dataloader, train
  f"The dataloader, {name}, does not have many workers which may be a bottleneck."
```

图 10-5　在 DataLoader 中使用参数 num_workers=1 时模型训练的运行输出结果

图 10-5 中突出显示的文本是框架给出的一个警告。以下是图 10-5 中用户警告旁边的全文：

```
"UserWarning: The dataloader, train dataloader, does not have many workers which may be a bottleneck. Consider increasing the value of the 'num_workers' argument (try 4 which is the number of cpus on this machine) in the 'DataLoader' init to improve performance.
```

其中文意思是“用户警告：训练数据加载器指定的工作线程太少，这可能是一个瓶颈。请考虑在 dataloader 的 init 方法中增加 num_workers 参数的值（请尝试值 4，这是这台机器上的 CPU 数量）以提高性能。”

请注意，可以在 Jupyter 笔记本环境（如 Google Colab、Amazon SageMaker 和 IBM Watson Studio）中设置底层硬件的配置。

例如，在 Google Colab 的 Change Runtime Type 设置中，可以将 Runtime shape 字段设置为 High - RAM，而不是 Standard，这样就可以增加传递给数据加载器的参数 num_workers 的值。

10.3.2 GPU/TPU 训练

CPU 通常不足以达到模型训练所需的速度，因此可以选择使用 GPU。如果使用的是谷歌云或基于笔记本的服务（如 Colab），那么也可以选择使用 TPU，TPU 是专门为深度学习模型设计的处理单元。接下来，我们讨论 PyTorch Lightning 框架如何使用 GPU/TPU 硬件。

下面介绍解决方案。

如果运行 Jupyter 笔记本的机器底层硬件包含 GPU/TPU，那么应该使用 GPU/TPU 来加速训练。通过简单更改传递给训练器的参数，PyTorch Lightning 框架可以很容易地切换到 GPU/TPU。以下的代码片段中提供了一个示例：

```
import pytorch_lightning as pl
...
# 使用两个 gpus
trainer = pl.Trainer(gpus =2)
# 使用所有的 gpus
trainer = pl.Trainer(gpus = -1)
```

我们可以使用传递给训练器的 gpus 参数来指定 GPU 的数量。将其设置为 -1 以指定需要使用所有的 GPU。以下的代码片段显示了我们在训练卷积神经网络模型时如何使用此参数：

```
trainer = pl.Trainer(max_epochs =100, gpus = -1)
```

对于 TPU 训练，可以使用训练器的 tpu_cores 参数。代码如下：

```
# 使用 1 个 TPU 核
trainer = Trainer(tpu_cores =1)
# 使用 4 个 TPU 核
trainer = Trainer(tpu_cores =4)
```

请注意，在 Google Colab 中，可以更改运行时类型，将硬件加速器设置为 GPU 或 TPU，而不是 None。

Google Colab 中的 Notebook settings（笔记本设置）对话框如图 10 -6 所示。

图 10 -6 中的设置将帮助我们在 Google Colab 上启用 GPU 服务。

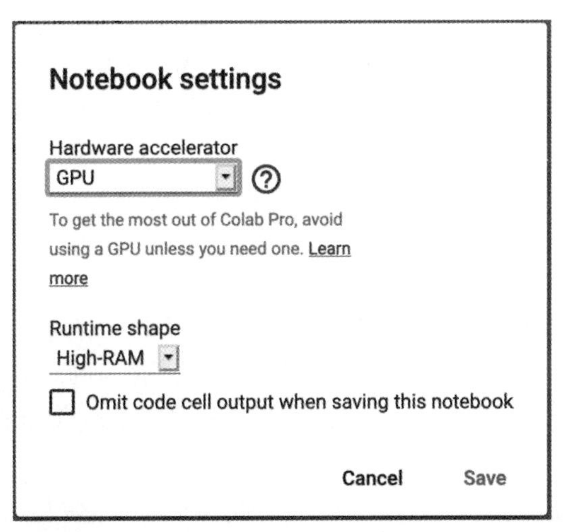

图 10－6　Google Colab 中的 Notebook settings（笔记本设置）对话框

10.3.3　混合精度训练/16 位精度训练

诸如卷积神经网络之类的深度学习模型将高维对象（如图像）转换为低维对象（如张量）。换句话说，我们不需要精确的计算，如果能够牺牲一点精度，就可以在速度上得到很大的提升。TPU 提高性能的方法之一就是基于上述理念。但是，对于非 TPU 环境，没有提供这种功能。

如前一小节所述，使用更好的处理单元（如 GPU 或多 CPU）可以显著提高训练性能。然而，我们还可以在框架级别启用较低的精度。通过将参数 precision 传递给训练器模块，PyTorch Lightning 可以实现混合精度训练。

下面介绍解决方案。

混合精度训练使用两个不同精度的浮点数，即 32 位浮点数和 16 位浮点数。这样可以减少模型训练期间的内存占用，进而提高训练性能。

PyTorch Lightning 支持 CPU 和 GPU 以及 TPU 的混合精度训练。以下示例显示了如何将 precision（精度）选项与 GPU 选项一起使用：

```
import pytorch_lightning as pl
...
trainer = pl.Trainer(gpus = -1, precision =16)
```

结果模型训练速度更快，性能提升的幅度相当于将训练周期的数量减少一半。在第 7 章中，我们已经看到，使用 16 位精度可以将卷积神经网络模型的训练速度提高 30%～40%。

10.4　控制训练

在训练过程中，通常需要有一个审计、平衡和控制机制。假设我们正在训练一个

1 000 个训练周期的模型，但是由于网络故障导致在运行 500 个训练周期时训练被中断。应该如何在确保不会丢失所有进度的同时从某一点恢复训练，或者在云计算环境中保存模型的检查点？接下来，将讨论如何应对这些实际挑战，应对这些挑战通常是工程师日常工作的一部分。

10.4.1 使用云计算时保存模型检查点

在 Google Colab 等云计算环境中托管的笔记本上存在资源限制和空闲超时时间。如果在模型开发过程中超过这些限制，则笔记本将被停用。由于云计算环境固有的弹性(这是云计算的价值主张之一)，当笔记本被停用时，底层的计算和存储资源也将被停用。如果刷新已停用笔记本的浏览器窗口，笔记本通常会使用全新的计算/存储资源重新启动。

资源限制或空闲超时，在云计算环境中托管的笔记本被停用后，将无法再访问检查点文件夹和检查点文件。解决这个问题的一种方法是使用安装的驱动器。

下面介绍解决方案。

正如之前提到的，PyTorch Lightning 会自动将上一个训练周期的状态保存在检查点中，在默认情况下，该检查点会保存在当前工作目录中。然而，由于底层基础设施的瞬时性，用于启动笔记本的机器的当前工作目录，并不是在云计算笔记本中保存检查点的最佳选择。在这样的环境中，云计算提供商通常提供持久存储服务，通过持久存储可以从笔记本访问检查点。

接下来，介绍如何在 Google Colab 中使用 Google Drive 持久存储，即使用一个云计算笔记本。按以下步骤进行操作。

(1) 将 Google Drive 导入笔记本。代码如下：

```
from google.colab import drive
drive.mount('/content/gdrive')
```

(2) 使用以/content/gdrive/MyDrive 开头的路径，引用 Google Drive 中的目录。请注意，在执行 drive.mount()语句时，系统将提示我们通过 Google 验证并输入授权码，如图 10-7 所示。

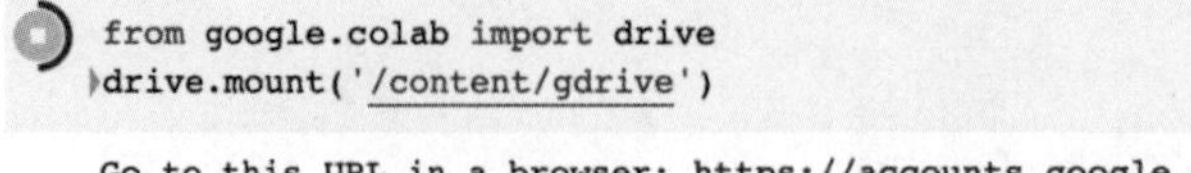
from google.colab import drive
drive.mount('/content/gdrive')
Go to this URL in a browser: https://accounts.google.com/o/oauth2/auth?client_id=94
Enter your authorization code:

图 10-7 输入授权码

(3) 单击超链接 https://accounts.google.com，选择谷歌账户并登录，然后将网页上显示的授权码复制并粘贴到文本字段中。

(4) 使用 PyTorch Lightning 训练器模块中的 default_root_dir 参数，将检查点路径更改为 Google Drive。例如，下面的代码将检查点存储在 Google Drive 的 Colab Notebooks/cnn 目

录中。其完整路径为/content/gdrive/MyDrive/Colab Notebooks/cnn。代码如下：

```
import pytorch_lightning as pl
...
ckpt_dir = "/content/gdrive/MyDrive/Colab Notebooks/cnn"
trainer = pl.Trainer(default_root_dir=ckpt_dir,max_epochs=100)
```

在/content/gdrive/MyDrive/Colab Notebooks/cnn 目录中，检查点存储在 lightning_logs/version_<number>/checkpoints 目录结构下。

10.4.2　更改检查点功能的默认行为

如何更改 PyTorch Lightning 框架的检查点功能的默认行为？

下面介绍解决方案。

在默认情况下，PyTorch Lightning 架构会自动将上一个训练周期的状态保存到当前工作目录中。为了允许用户更改此默认行为，PyTorch Lightning 框架在 pytorch_lightning.callbacks 中提供了 ModelCheckpoint 类。在本小节中，我们介绍两个由 ModelCheckpoint 类定制的示例，具体如下所示。

(1) 选择每 n 个训练周期保存一次，而不是保存上一个训练周期的状态。代码如下：

```
import pytorch_lightning as pl
...
ckpt_callback = pl.callbacks.ModelCheckpoint(every_n_epochs=10)
trainer = pl.Trainer(callbacks=[ckpt_callback],max_epochs=100)
```

传递给 ModelCheckpoint 的 every_n_epochs 参数用于指定保存检查点的周期数。在以上代码片段中，every_n_epochs 参数值为 10。然后使用 callbacks 数组参数将 ModelCheckpoint 传递给训练器。前面的代码将把检查点保存在当前工作目录中，但是，我们可以使用传递给训练器的 default_root_dir 参数更改该位置。代码如下：

```
import pytorch_lightning as pl
...
ckpt_dir = "/content/gdrive/MyDrive/Colab Notebooks/cnn"
ckpt_callback = pl.callbacks.ModelCheckpoint(every_n_epochs=10)
trainer = pl.Trainer(default_root_dir=ckpt_dir,
                     callbacks=[ckpt_callback],
                     max_epochs=100)
```

此定制仅存储训练周期数为 10 的整数倍的最新检查点，也就是说，在第 10 个训练周期后保存了一个检查点，然后在第 20 个训练周期后保存当前的新检查点，最后在第 30 个训练周期后再保存当前的新检查点，依此类推。

(2) 保存最近的 5 个检查点而不是一个，或者期望保存所有的检查点。

我们可能希望保存多个检查点，以便稍后对检查点进行比较分析。可以使用

ModelCheckpoint 的 save_top_k 参数实现这一点。在默认情况下，框架只存储最新的检查点，因为 save_top_k 参数的默认值为 1。可以将 save_top_k 设置为 -1 以保存所有检查点。当该参数与 every_n_epochs = 10 参数一起使用时，将保存训练周期数为 10 的整数倍的所有检查点。代码如下：

```
import pytorch_lightning as pl
...
ckpt_dir = "/content/gdrive/MyDrive/Colab Notebooks/cnn"
ckpt_callback = pl.callbacks.ModelCheckpoint(every_n_epochs=10,
                                             save_top_k=-1)
trainer = pl.Trainer(default_root_dir=ckpt_dir,
                                             callbacks=[ckpt_callback],
                                             max_epochs=100)
```

如图 10-8 所示，所有训练周期数为 10 的整数倍的检查点都已保存到 Google Drive 中。请注意，训练周期从 0 开始，因此从 epoch=9 开始的检查点对应于第 10 个训练周期，从 epoch=19 开始的检查点对应于第 20 个训练周期，依此类推。

Name ↑	Owner	Last modified	File size
epoch=9-step=319.ckpt	me	12:27 PM me	73.4 MB
epoch=19-step=639.ckpt	me	12:29 PM me	73.4 MB
epoch=29-step=959.ckpt	me	12:30 PM me	73.4 MB
epoch=39-step=1279.ckpt	me	12:32 PM me	73.4 MB
epoch=49-step=1599.ckpt	me	12:34 PM me	73.4 MB
epoch=59-step=1919.ckpt	me	12:36 PM me	73.4 MB
epoch=69-step=2239.ckpt	me	12:38 PM me	73.4 MB
epoch=79-step=2559.ckpt	me	12:40 PM me	73.4 MB
epoch=89-step=2879.ckpt	me	12:41 PM me	73.4 MB
epoch=99-step=3199.ckpt	me	12:43 PM me	73.4 MB

图 10-8　显示训练周期为 10 的整数倍的所有检查点

请注意，还可以使用 ModelCheckpoint 对象的 best_model_path 和 best_model_score 属性来访问最佳模型检查点。

10.4.3　从保存的检查点恢复训练

深度学习模型需要很长时间（通常是几天）才能完成训练过程。在此期间，如何查看任何中间结果？或者，如果训练过程因故障中断，如何从保存的检查点恢复训练？

下面介绍解决方案。

托管在云计算环境（如 Google Colab）中的笔记本存在资源限制和空闲超时问题。如果在开发模型的过程中超过了这些限制，那么笔记本将被停用，其底层文件系统将无法访问。在这种情况下，应该使用云计算提供商的持久存储服务来保存检查点。例如，在使用 Google Colab 时，使用 Google Drive 存储检查点。

但即便如此，训练也可能因超时或基础设施中的某些问题、程序逻辑中的问题等中断。在这种情况下，PyTorch Lightning 框架可以使用训练器的 resume_from_checkpoint 参数恢复训练。这对于深度学习算法非常重要，因为这类算法通常需要对大量数据进行长时间的训练，所以可以避免浪费时间去重新训练模型。

以下代码使用保存的检查点来恢复模型的训练：

```
import pytorch_lightning as pl
...
ckpt_dir = "/content/gdrive/MyDrive/Colab Notebooks/cnn"
latest_ckpt = "/content/gdrive/MyDrive/Colab Notebooks/cnn/
lightning_logs/version_4/checkpoints/epoch=39-step=1279.ckpt"
ckpt_callback = pl.callbacks.ModelCheckpoint(every_n_epochs=10, save_top
_k=-1)
trainer = pl.Trainer(default_root_dir=ckpt_dir,
callbacks=[ckpt_callback], resume_from_checkpoint=latest_ckpt,
max_epochs=100)
```

上述代码使用训练器的 default_root_dir 参数指定 Google Drive 中保存检查点的位置。此外，为 ModelCheckpoint 类指定了 every_n_epochs 和 save_top_k 参数，因此所有对应训练周期 10 倍的检查点都会被保存。最后，也是十分重要的一点是，代码使用了 epoch = 39 - step = 1279. ckpt（对应于第 40 个训练周期，因为训练周期编号从 0 开始）作为传递给训练器的参数 resume_from_checkpoint 的值。

如图 10 - 9 所示，PyTorch Lightning 框架实现了从检查点文件中恢复状态，其中第一行中突出显示的文本表明，训练从第 40 个训练周期处恢复执行。

```
Restoring states from the checkpoint file at /content/gdrive/MyDrive/Colab Notebooks/cnn/lightning_logs/version_4/checkpoints/epoch=39-step=1279.ckp
LOCAL_RANK: 0 - CUDA_VISIBLE_DEVICES: [0]
Restored all states from the checkpoint file at /content/gdrive/MyDrive/Colab Notebooks/cnn/lightning_logs/version_4/checkpoints/epoch=39-step=1279.

  | Name              | Type             | Params
-------------------------------------------------------
0 | conv_layer1       | Conv2d           | 84
1 | relu1             | ReLU             | 0
2 | pool              | MaxPool2d        | 0
3 | conv_layer2       | Conv2d           | 168
4 | relu2             | ReLU             | 0
5 | fully_connected_1 | Linear           | 6.1 M
6 | fully_connected_2 | Linear           | 250 K
7 | fully_connected_3 | Linear           | 15.1 K
8 | fully_connected_4 | Linear           | 122
9 | loss              | CrossEntropyLoss | 0
-------------------------------------------------------
6.4 M     Trainable params
0         Non-trainable params
6.4 M     Total params
25.643    Total estimated model params size (MB)
/usr/local/lib/python3.7/dist-packages/pytorch_lightning/trainer/data_loading.py:327: UserWarning: The number of training samples (32) is smaller th
  f"The number of training samples ({self.num_training_batches}) is smaller than the logging interval"
Epoch 40: 62%  20/32 [00:09<00:05, 2.33it/s, loss=0.21, v_num=10, train_accuracy=0.9
```

图 10 - 9 恢复训练

图 10 - 9 中的最后一行位于进度条之前，训练从第 40 个训练周期开始恢复执行

（同样，这实际上是第 41 个训练周期，因为训练周期的编号从 0 开始）。

注意，我们用于恢复训练的检查点位于 lightning_logs/version_4/checkpoints/epoch = 39 - step = 1279. ckpt 处，对应 version_4。因此，后续检查点 50 ~ 100 将保存在 version_5 目录下，如图 10 - 10 所示。

Name ↑	Owner	Last modified	File size
epoch=49-step=1599.ckpt	me	Sep 24, 2021 me	73.4 MB
epoch=59-step=1919.ckpt	me	Sep 24, 2021 me	73.4 MB
epoch=69-step=2239.ckpt	me	Sep 24, 2021 me	73.4 MB
epoch=79-step=2559.ckpt	me	Sep 24, 2021 me	73.4 MB
epoch=89-step=2879.ckpt	me	Sep 24, 2021 me	73.4 MB
epoch=99-step=3199.ckpt	me	Sep 24, 2021 me	73.4 MB

图 10 - 10　检查点 50 ~ 100 将保存在 version_5 目录下

这可以作为故障安全机制跟踪所有保存的检查点，并使用不同的时间段模型来比较模型训练的结果。

重要提示

在 PyTorch Lightning 1.5 版中，训练器的 resume_from_checkpoint 参数已更改。上述代码将在技术要求部分提到的版本（即版本 1.4.9）上成功生效。如果我们使用的是版本 1.5，可以使用训练器的 fit 方法中的 ckpt_path 参数。代码如下：

```
trainer = pl.Trainer(…)
trainer.fit(ckpt_path = latest_ckpt, ...)
```

10.4.4　使用云计算时保存下载和组装的数据

在深度学习模型进行训练的过程中，对数据进行下载和组装通常是一次性的处理步骤。尽管有时我们可能会意识到，为了创建更好的模型，需要进一步清理已处理的数据或获取更多的数据，但数据在某一点之后将不会发生变化，因此必须将其冻结。

另外，对模型的训练可能需要几天甚至几周才能完成。训练模型涉及对数据进行数千次或数十万次的迭代，调整模型的超参数，并通过避免局部极小值重新启动或恢复训练以实现收敛。如何确保数据处理步骤不会非必要地重复？如何在整个训练过程中提供相同的已处理的数据副本？

下面介绍解决方案。

我们可以将处理后的数据打包并保存，然后在整个模型训练过程中解包并使用这些数据。这在云笔记本环境中尤其重要，因为云笔记本环境的底层基础设施都处于瞬时状态。接下来，通过一个示例，讨论如何修改在第 7 章中使用的笔记本。

在第 7 章中，我们使用了三个不同的笔记本进行数据处理，即 download_

data. ipynb、filter_data. ipynb 和 process_data. ipynb。第二个和第三个笔记本从上一个笔记本的结束处继续执行。假设这两个笔记本中来自上一个笔记本的数据均位于当前工作目录中，换句话说，当前工作目录充当三个笔记本之间的公共上下文，如果笔记本是在云环境中启动的，则情况肯定并不是如此。这三个笔记本都将被分配各自独立的计算和存储基础设施。以下要点描述了如何解决这个问题。

（1）将这三个笔记本合成在一起。从 download_data. ipynb 的内容开始，然后附加 filter_data. ipynb 中的单元格，最后附加 process_data. ipynb 中的单元格。假设将这个合成笔记本简单命名为 data. ipynb。合成的笔记本将下载 COCO 2017 数据集、筛选数据、调整图像大小并创建词汇表。

（2）将以下代码单元格附加到 data. ipynb 中，以打包处理后的数据。

```
! tar cvf coco_data_filtered.tar coco_data
! gzip coco_data_filtered.tar
```

以上代码中创建了一个名为 coco_data_filtered. tar. gz 的压缩包，并将其存储在当前工作目录中。

（3）将以下代码单元格附加到 data. ipynb 笔记本中，用于将 coco_data_filtered. tar. gz 压缩包存储在计算云基础设施之外的持久性存储中。其中，data. ipynb 笔记本在计算云基础设施中运行。以下代码使用一个已安装的 Google Drive 来保存数据包，但我们可以使用云提供商支持的任何其他持久性存储服务。

```
from google.colab import drive
drive.mount('/content/gdrive')
! cp ./coco_data_filtered.tar.gz /content/gdrive/MyDrive/Colab Notebooks/
cnn-rnn
```

上述代码首先将 Google Drive 安装在/content/gdrive 目录中，然后，将数据包保存在 Colab Notebooks 文件夹中的 cnn-rnn 子文件夹中。

重要提示

在执行前面的 drive. mount 语句时，系统将提示我们通过 Google 验证并输入授权码，如 10.4.1 小节所述。

10.5 进一步阅读的资料

我们已经讨论了一些对常见故障排除有用的关键提示和技巧。有关如何加速模型的训练过程或其他主题的更多详细信息，请参阅有关“Speed up model training（加速模型训练）”的文档。以下是相关文档的链接网址：https://pytorch-lightning. readthedocs. io/en/latest/guides/speed. html。

我们已经描述了 PyTorch Lightning 默认情况下如何支持 TensorBoard 日志框架。以下是 TensorBoard 网站的链接网址：https://www.tensorflow.org/tensorboard。

此外，PyTorch Lightning 还支持 CometLogger，CSVLogger、MLflowLogger 和其他日志框架。有关如何启用这些类型的日志记录器的详细信息，请参阅有关“Logging（日志记录）”的文档。以下是相关文档的链接网址：https://pytorch-lightning.readthedocs.io/en/stable/extensions/logging.html。

10.6　本章小结

我们之所以编写这本书，一开始只是好奇深度学习和 PyTorch Lightning 究竟是什么。任何初次接触深度学习的人或 PyTorch Lightning 的初学者都可以尝试简单的图像识别模型，然后通过学习有关迁移学习或者利用其他预训练的体系结构等技能，继续深入对深度学习以及 PyTorch Lightning 方面的研究。本书充分利用了 PyTorch Lightning 框架，不仅用于图像识别模型，还用于自然语言处理模型、时间序列、逻辑回归和其他传统机器学习等的挑战。在学习的过程中，我们讨论了循环神经网络、长短期记忆网络和 Transformer。

在本书的第二部分中，我们探讨了特殊的深度学习模型，如生成式对抗网络模型、半监督学习模型和自监督学习模型，这些模型扩展了机器学习领域中可能的艺术。这些模型不仅是高级模型，还是创造艺术的超酷方式，并且非常有趣。在本书的第三部分中，我们讨论了将深度学习模型引入生产的入门知识，以及规模化和管理大型训练工作负载的常见故障排除技术，从而为本书画上了圆满的句号。

虽然本书的主要目标是帮助那些正在开始深度学习之旅的人士快速入门，但我们希望使用其他框架的人士也能发现这是一种快速而简单的方法，从而可以过渡到 PyTorch Lightning 框架。

虽然我们的学习旅程可能会随着这一章的结束而结束，但相信读者的深度学习之旅才刚刚开始！在人工智能领域，我们仍然需要开发新的算法以回答许多尚未被回答的问题，还需要设计新的体系结构以解决许多尚未被解决的问题。未来几年将是数据科学家关注深度学习的高光时刻！有了 PyTorch Lightning 等工具，我们就可以专注于做一些很炫酷的事情，例如，研究新方法或构建新模型，同时让框架完成枯燥的底层工作。尽管在过去的几年里出现了与深度学习有关的所有光芒、魅力和炒作，但机器学习社区几乎还没有抵达大本营。我们仍然处于登顶人工通用智能（Artificial General Intelligence，AGI）之山的早期阶段，从 AGI 的顶部可以看到一台真正可以与人类智能媲美的机器。成为机器学习社区的一员，将使读者成为改变人类的冒险之旅的其中一分子！

因此，在本书结束之际，我们欢迎读者来到尚未探索的人工智能维度，希望读者能在探索的旅途中有所发现，并对人类产生影响。欢迎进入机器学习的世界!!!